高等院校石油天然气类规划教材

钻井与完井工程基础

（富媒体）

主　编　尹　虎

副主编　李　皋　曾德智

石油工业出版社

内 容 提 要

本书以油气井钻井与完井工程的基本理论和工艺技术为主线，系统介绍了与钻井相关的地质力学理论、钻井地质环境，详细阐述了钻井过程中的钻井液工艺、钻井参数优化、钻井压力控制、井眼轨迹测量与控制、固井、完井，重点体现了油气井工程的完井与储层保护技术。本书侧重方法、原理和基本概念，对于复杂的计算分析进行了弱化处理，突出了钻井工程与地质工程的结合。

本书可作为普通高等院校非石油工程专业的本科教学用书，也可作为本科为非石油工程专业的跨专业研究生教材，还可供油气井工程技术人员参考。

图书在版编目（CIP）数据

钻井与完井工程基础：富媒体/尹虎主编. —北京：石油工业出版社，2022.8
高等院校石油天然气类规划教材
ISBN 978 - 7 - 5183 - 5458 - 0

Ⅰ.①钻… Ⅱ.①尹… Ⅲ.①油气钻井-高等学校-教材②完井-高等学校-教材 Ⅳ.①TF2

中国版本图书馆 CIP 数据核字（2022）第 108750 号

出版发行：石油工业出版社
　　　　　（北京市朝阳区安定门外安华里 2 区 1 号楼　100011）
　　　　　网　　址：www.petropub.com
　　　　　编辑部：(010) 64523579
　　　　　图书营销中心：(010) 64523633
经　　销：全国新华书店
排　　版：三河市燕郊三山科普发展有限公司
印　　刷：北京中石油彩色印刷有限责任公司

2022 年 8 月第 1 版　　2022 年 8 月第 1 次印刷
787 毫米×1092 毫米　开本：1/16　印张：13
字数：331 千字

定价：32.90 元
（如发现印装质量问题，我社图书营销中心负责调换）

前　言

　　钻井与完井工程是石油工程最重要的组成部分，同时也是一门综合性的工程学科，涉及地质、机械、化学、计算机等众多科学门类。本书是根据非石油工程专业教学计划和人才培养要求编写的专业课教材，同时也可以作为油气井工程技术人员的参考用书。本教材对教学内容和章节进行了科学的编排，符合循序渐进的学习原则，有利于课堂讲授（32 学时左右）和学生自学。全书系统讲述了油气井钻井与完井工程的基本理论和工艺技术，重点侧重方法、原理和基本概念，弱化了复杂的计算分析，突出了钻井工程与地质工程的结合。教材采用单独一章"钻井工程地质环境"来介绍与油气井工程相关的钻井工程地质力学问题，在后续章节也着重介绍了如地质导向、储层保护等工程地质一体化的内容，能够满足培养跨专业复合人才的要求。全书从钻井地质环境、钻井装备与工具、钻井液工艺、钻井参数优化、钻井压力控制、井眼轨道测量与控制、固井、完井与储层保护技术等多方面系统地讲述了钻井工程所涉及的基本理论、基本概念和基本方法。本教材增加了富媒体资源，有助于学生通过视频快速掌握相关知识点。

　　本教材的初稿于 2021 年 1 月完成，经过资源勘查工程、勘查技术与工程等专业的试用，又进行了部分修改和完善，配备了便于学生自学和有利于基本知识掌握的习题。

　　本教材由西南石油大学油气井工程研究所的部分教师集体编写而成，尹虎担任主编，李皋、曾德智担任副主编。具体编写分工如下：第一章、第五章、第七章由尹虎编写，第二章由高佳佳编写，第三章由杨火海编写，第四章由白杨编写，第六章由郭昭学编写，第八章由曾德智编写，第九章由张兴国编写，第十章由李皋编写，全书由尹虎统稿。

　　本教材在编写过程中参考了钻井和完井工程等方面的教材和专著，在此对引用文献的作者表示衷心的感谢。

　　由于编者水平所限，书中难免有不当和错误之处，诚请使用本教材的师生和广大读者批评指正。

编者

2022 年 5 月

目　录

富媒体资源目录

第一章 绪 论

钻井是利用一定的工具和技术在地层中钻出一个较大孔眼的过程。石油工业中常用到的井一般是直径为 100~500mm，深几百米到几千米深的圆柱形孔眼。石油钻井是油气勘探和开发的重要手段——要直接了解地下的地质情况，证实用其他勘探方法得到的地下油气构造和其含油气情况及储量，以及将地下的油气资源开发利用，都需要通过钻井工作来实现。钻井工作始终贯穿于地质勘探、区域勘探和油气田开发这些阶段中。钻井的速度和质量直接影响着油气田勘探开发的速度和效益。

第一节 钻井与完井方法发展历程

所谓钻井方法，就是为了在地下岩层中钻出符合要求的孔眼而采用的钻孔方法。不同的方法所采用的工具和工艺也不同，其主要区别在于如何破碎岩石，怎样取出岩屑、净化井眼、稳固井眼并形成稳定的通道。石油钻井方法自古老的人工掘井和人力冲击钻井法发展到后来的顿钻钻井法和旋转钻井法。目前普遍使用的是旋转钻井法。

一、中国古代人工顿钻

我国是世界上最早发现、开采和利用石油及天然气的国家之一。早在两千年前我国古代劳动人民就发现了能够燃烧的石油。科学术语"石油"是北宋著名科学家沈括在《梦溪笔谈》中首次提出的："鄜、延境内有石油……生于水际沙石，与泉水相杂惘惘而出。"据记载，四川自流井气田的开采约有两千年历史。宋末元初（13 世纪），已大规模开采自流井的浅层天然气。1850 年钻成磨子井，在 1200m 深处钻达今三叠系嘉陵江统石灰岩第三组深部主气层，发生强烈井喷，火光冲天，投产日产气量约 $5 \times 10^4 m^3$。从汉朝末年开始，在自流井大规模开采天然气煮盐以来，共钻井数万口，采出了几百亿立方米天然气和一些石油。这样长的气田开采历史在世界上也是罕见的。

人工顿钻就是我国在北宋时代发明的卓筒井钻井技术。卓筒意为直立之筒，井眼直径小，约 10~12cm。由于井越来越深，地下淡水不断渗入井筒。为了阻隔淡水侵入，发明了"木竹"，下入井内以隔绝淡水，即现在的套管。为了从小口径的井筒内把岩屑清除出来，或汲取井内卤水，又创造了装有底部活门的吞泥筒（扇泥筒），即带有底部单流阀的提捞筒或捞砂筒。卓筒井采用冲击方式破碎井底岩石，用捞砂筒捞出井底已破碎了的岩石，用竹质绳索悬持井内工具，用立轴大滚筒卷绕竹索，向井内下入木制套管以加固井壁，封隔地层淡水。

人工顿钻是靠人力、捞砂筒、特殊钻头、悬绳、游梁等来完成的。实际上是利用了杠杆原理及自由落体的下落冲击作用来钻井的（图 1-1）。其特点是破岩与清岩相间进行，冲击力小、破碎效率低、设备简单、起下钻方便。

图 1-1 人工顿钻示意图

中华民族的祖先，以其勤劳、勇敢和智慧，在认识、利用和开采石油及天然气资源方面一直走在世界前列，积累了丰富的知识和宝贵的经验，给后人留下了一笔极其珍贵的文化遗产。

二、机械顿钻

机械顿钻工艺原理与人工顿钻基本一样（图 1-2），只是用机械部分取代人力。这一时期大概在 1859 年至 1901 年，美国开始应用工业革命的成果，将蒸汽机作为动力应用在钻机上，使用了硬度更高的钢铁制造钻井设备和工具，用钢丝绳代替竹绳或麻绳，发明了蒸汽动力绳索顿钻钻机，形成了近代顿钻钻井技术（又称机械顿钻钻井技术），能够钻出口径小而且深度更深的井。

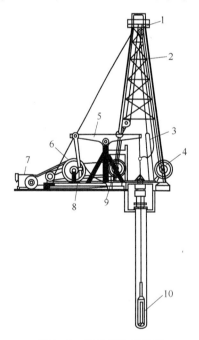

图 1-2 机械顿钻示意图

1—天车；2—井架；3—捞砂筒；4—钻井绳滚筒；5—游梁；6—大皮带轮；7—动力机；8—曲柄与连杆；9—吊升滚筒；10—钻头

用该法钻井的工艺过程是：钻头用钢丝绳悬吊，周期性地将钻头提到一定的高度后再释放以向下冲击井底，将井底岩石击碎，使井眼向下加深。在不断冲击的同时，向井内注水，使岩屑、泥土混合成泥水浆，当井内岩屑积累到一定量时，为了清除岩屑，需将钻头自井内提出，下入捞砂筒捞出井内的泥水浆，使新井底暴露出来，然后再继续下入钻头冲击钻进。如此交替进行，直至钻达所要求的深度为止。

顿钻钻井法的钻头和捞砂筒都是用钢丝绳下入井内，所以起、下钻费时少，所用设备也很简单。但它破岩和清岩相间进行，取出岩屑的作业不连续，不能进行井内压力控制，钻头功率小，破岩效率低，钻井速度慢，且只适用于钻直井，不能满足石油行业发展的需要。在石油钻井领域，顿钻钻井法已基本被旋转钻井法所替代。

三、旋转钻井

1. 转盘旋转钻井法

在 1901 年左右旋转钻井方法出现。旋转钻井是指使钻头在一定的钻压下吃入地层，同时在旋转力矩的作用下连续不断地将岩石切削或碾压成碎屑，并通过循环钻井流体（即钻井液，俗称泥浆）将岩石碎屑带到地面的一种钻井方法。与顿钻钻井法相比，该法可大幅度提高钻井效率及适应各种复杂的井下地层情况。旋转钻井通常是利用井口转盘带动钻柱旋转。转盘旋转钻井的设备组成和工作原理如图 1-3 所示。在钻进时钻头接触地层，在上部钻柱重量的加压下吃入地层，在钻头旋转的过程中破碎整个井底，同时向井内泵入具有一定性能的钻井液并保持循环，以清洗井底，清除岩屑，以便继续钻进。一口井的钻井过程见视频 1-1。

视频 1-1
钻井过程

井架、天车、游车、大钩及绞车组成起升系统，以悬持、提升、下放钻柱。接在水龙头下的方钻杆卡在钻盘中，下部承接钻柱（包括钻杆和钻铤）、钻头。钻柱是中空的，可通过循环钻井液对井底进行清洗。工作时动力机驱动转盘通过方钻杆带动井中钻柱，从而带动钻头旋转。通过控制绞车刹把，可调节由钻柱重量施加到钻头上的压力（即钻压），使钻头以适当的压力压在岩石面上，连续旋转破碎岩石。与此同时，动力机也驱动钻井泵工作，使钻井液经由钻井液池—地面管汇—水龙头—钻柱内孔—钻头—井底—钻柱与井壁的环形空间—钻井液槽—钻井液池，形成循环流动，以连续地携带出被破碎的岩屑，清洗井底。

钻杆代替了顿钻中的钢丝绳，它不仅能够完成起下钻具的任务，还能够传递扭矩和施加钻压到钻头，同时又提供了钻井液的入井通道，从而保证了钻头在一定的钻压作用下旋转破岩，提高了破岩效率，并且在破岩的同时，井底岩屑被清除出来，因此提高了钻井速度和效益。

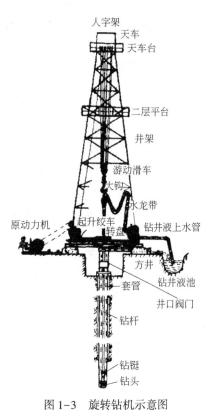

图 1-3　旋转钻机示意图

2. 井下动力钻具旋转钻井法

转盘旋转钻井法虽然大大提高了破岩效率和钻进能力，但由于用长达数千米的钻柱从地面将扭矩传递到钻头进行破岩，钻柱在井中旋转时不仅消耗掉过多的功率，而且可能发生钻杆折断事故。因此进一步发展出现了井下动力钻具旋转钻井法，简称井下动力钻井法。1923 年苏联工程师研究出了涡轮钻具，在 20 世纪 40 年代开始得到广泛应用。之后又出现了电动钻具和螺杆钻具，三者统称为井下动力钻具，它们在钻定向井中有其特殊的优越性。

井下动力钻具旋转钻井法是把转动钻头的动力由地面移到井下，直接安置在钻头之上。在钻进时，整个钻柱是不旋转的，此时钻柱的功能只是给钻头施加一定的钻压、形成钻井液通路和承受井下动力钻具外壳的反扭矩。井下动力钻具的动力由地面钻井泵或电源提供。

四、完井工程

自从有了油气的勘探和开发，有了钻井和采油，就有了完井。完井技术的进步是与钻井、油藏、采油工艺技术的发展紧密相连并相互促进的。在早期，对完井的认识仅停留在下套管固井和射孔上，完井技术仅仅是固井技术和射孔技术的结合，属于钻井工程的一部分。随着对储层岩石的深入研究和采油工艺的需要与发展，人们认识到完井不仅仅是射开油层，而且要封闭井下对采油生产不利的地层，并有选择地在不同的生产时期打开不同的生产层，使生产层与井筒有最优的连通，追求油气流有最小的流动阻力、全井有最大产量、在全井的寿命中井的大修最少、井的寿命最长、成本最低等目标。也就是说，应尽量延长井的寿命并在油气井的有效寿命期间获得最大的经济效益。将完井与地质、钻井、采油、油藏等理论结合在一起，完井的技术和理论才能得到长足的发展，完井才能成为促进油气勘探和开发技术进步的重要手段。

在科学技术的发展过程中，许多新理论、新方法、新工艺和新技术在石油工程领域得到了广泛应用，完井工程的概念也在不断地扩大和完善。现代完井工程将保护油气层、防砂控砂、完井管柱设计、完井方法优选、完井参数优化工序都包括在内。因此，现代完井是衔接钻井工程和采油工程的一个重要且相对独立的工程环节，是从钻开生产层开始，到下生产套管、注水泥固井、射孔、防砂、排液，直至投产的一项系统工程，其目的是建立生产层与井筒之间的良好通道，保证油气井长期高产稳产。

完井工程所涉及的理论主要包括岩石力学理论、岩石沉积理论、油气层的储油结构理论、各种油气的渗流流动理论等，涉及的工艺范畴包括油气地质勘探、钻井、井下作业、采油等工艺过程。完井所决定的是在哪些层位完井，如何打开、连通生产层，如何封闭其他对生产不利的层位，决定井下的各种管柱的具体尺寸，决定一口井所能使用的开采方式和能采取的生产措施等。因此，把完井说成是联系钻井和采油两大生产环节的工程是恰如其分的。

第二节　现代钻井与完井技术的发展概况

随着现代科学技术的发展，钻井与完井技术也得到迅速发展，其特点是：从早期的经验钻井发展到科学化钻井；从浅井、中深井发展到深井、超深井；从钻直井（垂直井）、定向井发展到大斜度定向井、丛式井、水平井；从陆地钻井发展到近海和深海钻井。

在20世纪60年代初期以前，传统的转盘钻井技术仍在国外占主导地位。在这一时期，引入了射流理论和技术，开发了"三合一"牙轮钻头，出现了喷射钻井，机械钻速大幅提高。在喷射钻井的基础上，将优化的参数从水力参数扩大到机械参数，出现了最优化技术，目标直指降低钻井成本。这两项技术的研发与应用，标志着传统的转盘钻井已趋于成熟。

20世纪60年代中后期，相继开发出螺杆钻具和照相式单点、多点测斜仪，再加上井眼轨道设计方法和底部钻具组合受力与变形分析方法的发展，为20世纪70年代定向井、丛式井钻井技术的发展与广泛应用打下了良好基础。从此，在钻井工作中，井下动力钻井的比重逐步上升，转盘钻井的比重逐步下降。

20 世纪 70 年代，计算机技术的引入和无线随钻测量技术的研发，是钻井技术发展的一个新的里程碑。计算机作为一种高效计算工具，推动了钻井数学建模与定量分析，加快了科学化钻井的发展；计算机作为接收、处理、存储信息的先进工具，又成为钻井控制系统的广义控制器。随钻测量（MWD）的研发，是遥测遥传技术引入钻井的结果，之后开发出无线随钻测斜仪，在测量内容方面向工程和地质两类参数扩展。聚晶金刚石复合片（PDC）钻头的研发成功，是硬质耐磨新材料和烧结新工艺引入钻井的结果，延长了钻头的使用寿命，提高了机械钻速。以上新技术的出现，除了进一步提高了定向井和直井的钻井效率外，更重要的是为 20 世纪 80 年代发展水平钻井技术创造了条件。

20 世纪 80 年代，导向螺杆钻具替代了直螺杆钻具和弯接头，导向螺杆钻具与 MWD 结合应用，再加上井眼轨迹控制理论和井下摩阻、扭矩计算方法的发展，成功地实现了水平井钻井的几何导向。1989 年第一代随钻测井（LWD）开发成功，使水平井钻井技术由几何导向发展到地质导向，进一步保证了水平井"少井高产"优势的发挥。另外，20 世纪 80 年代前期是深井钻井的高峰期，仅美国在 1982 年就完成深井超深井 1289 口。确保井下安全与质量，是深井超深井钻井的关键。深井超深井钻井技术的突出进展，是研发出垂直钻井系统（VDS）的结果，标志着井斜控制技术开始向自动化方向有了突破性发展。

在 20 世纪 80 年代末，保护油气层技术的快速发展主要依靠认识上的提高——认为对油气层造成损害主要是井内液柱压力大于地层压力造成的，这个压力差越大，对油气藏造成的伤害越大，而不是钻井液密度大对油气层造成损害大。实际上对油气层造成的伤害贯穿在整个施工过程中，包括钻井、测井、固井、射孔、酸化、压裂、洗井、注水、修井等作业施工过程均能对油气层造成伤害。认识上的另一个提高就是应该针对不同类型油气藏岩层特点使用不同的钻井液、射孔液、酸化液。这些工作液要和油气层岩性配伍，才能减少对油气层造成的伤害，而不是无目的地降低失水，减少固相含量等。使用合理的钻井液密度，保证平衡压力钻井只是保护油气层的前提。国外形成了系列配套的储层评价、工程评价试验技术，发展和应用了一些对地层损害小的钻井液、完井液，并在现场应用。我国在引入国际先进技术的基础上，形成了完整的保护油气层理论和方法，包括岩性测定与分析、储层敏感性评价技术、油气层损害机理研究、矿场油气层损害评价技术、保护油气层的钻井液完井液技术、保护油气层的固井技术、负压射孔技术和保护油气层的酸化压裂投产技术，使我国在保护油气层总体技术方面从 20 世纪 90 年代以来均处于国际先进水平。

20 世纪 90 年代，钻井技术发展突飞猛进。新的工艺技术（定向井、水平井、分支井、大位移井、欠平衡钻井、气体钻井、鱼骨井等）和新的工具设备（PDC 钻头、MWD、LWD、地质导向钻井系统等）为石油天然气工业带来了前所未有的辉煌。欧美等发达国家，已钻成逾万米的超深井以及高难度大位移井。

进入 21 世纪后，钻井与完井技术开始朝着自动化、信息化、智能化的方向发展，也取得了一定的成就。主要有以下几方面：（1）地面钻井自动化，主要包括交流变频电驱动钻机、顶部驱动装置、自动排管设备、全自动井口设备、全自动钻杆处理装置、自动控压系统、一体化司钻控制室、多参数测量仪及综合录井仪等；（2）井下自动化，主要包括 MWD、LWD、近钻头地质导向仪（井下"眼睛"）、随钻地震（井下"望远镜"）、自动垂直钻井系统及旋转导向钻井系统（井下"方向盘"）、智能完井技术；（3）钻井信息化，主要体现在远程实时作业中心，实现钻前方案优化、钻中决策支持、钻后效益评估功能。中国的钻井企业近年来开展了卓有成效的信息化建设工作，国内各大石油公司都建立了自己的数据中心，在"十三五"期间也基本实现了钻井动态数据的实时采集、传输和远程监控。

随着大数据、人工智能、云计算等技术的快速发展，以人工智能为代表的第四次工业革命已经来到。在自动化、智能化和无人化技术大潮的推动下，石油钻井技术也正经历由自动化钻井转向智能化钻井发展的阶段。智能钻井技术将是未来很长一段时间钻井技术发展的重要领域。

第三节　油气井的类型

油气井是为了寻找和开发油气而钻的井。在油气勘探开发过程中，对于一口具体的井，由于其钻井目的不同而要求不同，因此便产生了不同的类型。井类型的不同主要代表着钻井目的和要求的不同，而其钻井方法、工艺过程等基本上是相同的。

按钻井目的不同而划分的井类型主要有两大类：探井和开发井。

一、探井

探井是为探明地质情况、获取地下地层油气资源分布及相应性质等方面资料而钻的井，它包括地质浅井、地层探井、预探井、详探井和资料井等。

地质浅井：为配合地面地质和地球物理工作，以了解区域地质构造、地层剖面和局部构造为目的，一般使用轻便钻机所钻的井。例如剖面探井、制图井、构造井等。

地质探井（基准参数井）：在很少了解的盆地和凹陷中，为了解地层的沉积年代、岩性、厚度、生储盖层组合，并为地球物理解释提供各种参数所钻的井。

预探井：在地震详查和地质综合研究基础上所确定的有利圈闭范围内，为了发现油气藏所钻的井；在已知油气田范围内，以发现未知新油气藏为目的所钻的井。

详探井：在已发现的油气圈闭上，以探明含油气边界和储量，了解油气层结构变化和产能为目的所钻的探井，又称评价井。

资料井。在已开发油气田内，为了研究开发过程中地下情况变化所钻的井。

二、开发井

开发井是指以开发为目的，为了给已探明的地下油气提供通道，或为了采用各种措施使油气被开采出来所钻的井。一般包括浅油气井、油气井、注入井和检查（观察）井等。

浅油气井：为了开发很浅的油气层，一般用轻便钻机所钻的 500m 以内的采油、采气井。

油气井：为开发油气田，用大中型钻机所钻的采油、采气井，又称生产井。石油钻井中钻的大多数井都是此类井。

注入井：为合理开发油气田，提高采收率及开发速度，用以对油气田进行注气、注水以补充和合理利用地层能量所钻的井。用于注水所钻的井称为注水井，用于注气所钻的井称为注气井。

检查井：在已开发的油气田内，为了研究开发过程中地下情况的变化所钻的井。

课程思政　中国古代钻井史上的"三口井"

我国是古代钻探技术的发源地，在世界钻井历史上有着辉煌的一笔。在中国古代钻井史上有"三口井"能代表其辉煌的历史。

"第一口井"是蜀郡守李冰带领当地百姓打出了世界上第一口盐井——广都盐井，时间约是公元前225年至公元前251年。《华阳国志》记载"……又识察水脉，穿广都盐井诸陂池，蜀于是盛有养身之饶焉"，从此拉开了人类凿井采卤熬盐、发掘地下资源的历史序幕。这种井井口比较大，井深比较浅，又叫大口浅井。该井为了配合卤水的开采，采用了一种类似于天车的装置，它比西方同类装置早出现1600多年。

"第二口井"是在北宋庆历年间的卓筒井，它是这一类井的总称。1041—1053年，经过历代劳动人民的摸索积累，井盐凿井工艺获得长足进步和重大突破，形成并创立了一整套顿钻钻凿小口径深井（卓筒井）的精湛技术，使中国古代钻井技术得到完善与定型。四川地区的井盐开发生产由此进入一个新的发展时期，百余年间盐井总数骤增数倍。正如北宋文学家苏轼考察所记述："自庆历、皇祐以来，蜀刃开筒井，用圜刃凿如碗大……凡筒井皆用机械，利之所在、人无不知"。由四川盐工发明的冲击式顿凿井技术，井深可达200~400m不等，它是现代油气钻井的前身，比西方早了800年。

"第三口井"是清朝道光年间四川自贡的燊海井。这口井既产卤又产气，燊意为天然气源源不断，海就是卤水像海水一样汲取不完。这口井是古代钻井技术的巅峰之作，是人类应用简陋钻井工具成功凿出的世界上第一口超千米深井，集中体现了19世纪前叶人类成熟的传统钻井工艺所达到的技术高峰。

直到1808年，美国人约瑟夫·拉夫纳采用顿钻方法才在美国的卡诺瓦地区打出第一口盐井，比中国整整晚了700多年。英国著名科学家李约瑟先生指出，人类深钻技术的故乡在中国，而中国深钻技术的发源地在四川，"今天在勘探油田时用的这种钻探井或凿洞技术，肯定是中国人发明的"。罗伯特·K.G.坦普尔所著《中国：发明与发现的国度》一书中详细记载了很多中国的伟大科技成就。当提到卓筒井时，他认为是中国宋代盐井钻井技术直接引发了西方现代钻井技术的发明，就连机械钻井取盐、采石油、采天然气，都是在卓筒井技术的基础上演变而来。

习题

1. 简述我国古代钻井技术取得的主要技术成就。
2. 现代旋转钻井与顿钻的主要区别是什么？
3. 通过查阅资料文献，列举我国油气井工程在近20年来取得的主要技术成果。
4. 什么是探井？探井有哪些主要的类型？
5. 什么是开发井？开发井有哪些主要的类型？

第二章　钻井工程地质环境

钻井是以不断破碎井底岩石而逐渐钻进的过程。了解岩石的工程力学性质，是为选用合适的钻头和确定最优的钻井参数提供依据。地层原岩因在井眼形成过程中被钻井液循环带出地面，其对井眼壁面的原有支撑作用由钻井液液柱压力替代，即井眼形成过程涉及井眼与地层之间的压力平衡问题。对此问题处理不当则会发生井涌、井喷或压漏地层等复杂工况或事故，迫使钻进过程难以进行，甚至造成井眼报废。所以，在一个区块钻井之前，充分认识和了解该地区的工程地质资料（包括岩石的力学性质、地层压力特性等）是进行待钻井工程设计的重要基础。

第一节　岩石的力学性质

岩石力学性质即岩石受外力作用时变形或者破坏的性质，包括变形特性和强度特性。钻井过程作用在井底岩石上的力，有上覆岩层压力、钻井液液柱压力、地层孔隙压力等。研究岩石在各种应力状态下的力学性质和破碎特点，有利于了解和掌握钻井所面对的工作对象——地层。

一、岩石的弹性变形特性

1. 弹性、弹性模量与泊松比的概念

任何物体，均为许多被称为分子的小质点所组成。分子之间互有作用力（引力或斥力）。当有外力作用于物体使其变形时，这种分子间作用力便阻碍其变形。待物体因受外力而变形至某一程度，分子间的作用力与外力平衡。此时物体便处于平衡状态。除去外力，物体恢复原状的特性称为弹性。

外部应力作用使材料发生的变形处于弹性范围内时，其应力与应变的关系可由胡克定律表述：

$$\sigma = E\varepsilon \qquad (2-1)$$

式中，σ 为物体的应力，为单位面积上的内力，MPa；ε 为单位长度的变形量，无量纲；E 为弹性模量，又称作杨氏（Young's）模量，MPa。

由式（2-1）可以看出，外力引起弹性体的内力随外力而变化。外力使弹性体变形，而内力则抵抗变形，且企图消除弹性体已发生的变形。弹性模量 E 则不随上述条件变化，只与弹性体本身的特性有关。这里 E 代表了物体对弹性变形的抵抗能力。

纵向外力 σ_z 施加于弹性体，使其在纵向 z 轴产生应变 ε_z。同时，在横向 x 轴和 y 轴产生应变 ε_x 和 ε_y。对于各向同性均质弹性体材料，有以下关系式：

$$\mu = -\frac{\varepsilon_x}{\varepsilon_z} = -\frac{\varepsilon_y}{\varepsilon_z} \qquad (2-2)$$

式中，μ 为泊松比。如式（2-2）中 $\varepsilon_x \neq \varepsilon_y$，表明弹性体为各向异性介质。

2. 岩石的弹性模量与泊松比

上述几个概念同样适用于岩石。但岩石一般不是理想的材料，因此受外力后不会服从理想弹性的胡克定律，岩石的弹性模量也不会是一个固定的数值，而是在一个范围内变化。一些常见岩石的弹性模量及泊松比见表2-1。

表 2-1　常见岩石的弹性模量与泊松比

岩石	弹性模量 E, 10^4 MPa	泊松比 μ	岩石	弹性模量 E, 10^4 MPa	泊松比 μ
黏土	0.03	0.38~0.45	花岗岩	2.6~6.0	0.26~0.29
致密泥岩	—	0.25~0.35	玄武岩	6~10	0.25
页岩	1.5~2.5	0.10~0.20	石英岩	7.5~10	—
砂岩	3.3~7.8	0.30~0.35	正长岩	6.8	0.25
石灰岩	1.3~8.5	0.28~0.33	闪长岩	7~10	0.25
大理岩	3.9~9.2	—	辉绿岩	7~11	0.25
白云岩	2.1~16.5	—	岩盐	—	0.44

岩石的弹性模量还与加载载荷大小有很大的关系。当载荷小时，各种应变情况下的弹性模量差别不大。当载荷大时，这种差别则比较显著。当岩石被拉伸时，其弹性模量随载荷的增加而减小。与此相反，当岩石被压缩时，其弹性模量随载荷的增加而增加，如图2-1所示。

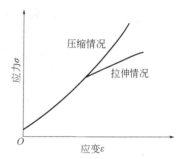

图 2-1　岩石在弹性范围内的
应力应变简略曲线

沉积岩的主要特征是层理。层理对弹性模量及泊松比有明显的影响。表2-2是几种沉积岩因层理所表现出数值上的差异。岩石的弹性模量和泊松比的各向异性值可用平行于层理（以 // 符号表示）和垂直于层理（以 ⊥ 符号表示）的试验测量方法获得。

表 2-2　几种沉积岩的各向异性

岩石名称	E, 10^4 MPa		泊松比 μ	
	//	⊥	//	⊥
粗砂岩	0.93~4.19	1.73~4.54	0.10~0.45	0.12~0.36
中砂岩	2.87~4.19	2.68~3.37	0.12	0.10~0.22
细砂岩	2.83~4.95	2.90~4.60	0.10~0.22	0.15~0.36
粉砂岩	1.01~3.23	0.84~3.05	0.15~0.50	0.28~0.47

二、岩石的强度

1. 简单应力条件下岩石的强度

物体受外力作用而达到破坏时的应力，称为物体的强度。强度属于物体的机械性质，是衡量物体抵抗外力破坏的能力。按破坏前物体残余变形的大小，可分为塑性和脆性两种。脆性物体在极小的残余变形下即被破坏，而塑性物体的破坏只在显著的残余变形之后才发生。岩石的外载荷形式不一样，岩石的强度也不一样。根据岩石的受载方式，岩石的强度可分为单轴抗压强度、单轴抗拉强度、抗剪强度及抗弯强度。

1）单轴抗压强度

一般的单轴抗压强度试验，通常在常温常压下用抗压强度试验机测定（视频 2-1）。将岩样放置于压力机的压板之间，施加轴向载荷直到破坏，并记录其应力和应变的压缩试验数据，如图 2-2 所示。取压坏岩样时的外力除以岩样横截面积，即得岩样的单轴抗压强度：见式(2-3)。

$$\sigma_c = p/A \qquad (2-3)$$

式中，σ_c 为岩石的单轴抗压强度，MPa；p 为破坏时轴向载荷，N；A 为岩样的横截面积，cm^2。

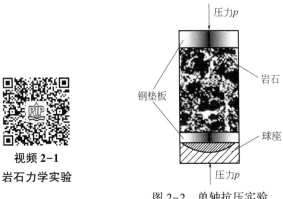

视频 2-1
岩石力学实验

图 2-2　单轴抗压实验

许多部门都采用单轴抗压强度这一性质，应用较广。抗压强度虽不能直接用于石油钻井的井下条件，但仍在使用。如美国 IADC 按照岩石的抗压强度的高低划分地层，便于钻头选型。美国休斯公司也将常见岩石的抗压强度列在三牙轮钻头手册上，以便选用钻头时参考。

2）单轴抗拉强度

岩石的单轴抗拉强度可用与金属拉伸试验相同的方法测定，岩样拉断时的应力即为岩石的单轴抗拉强度，这种求岩石单轴抗拉强度的方法较为直观。但由于岩石非常脆，用夹头将夹持岩样直接拉伸可能会将其夹碎。直接测定岩石单轴抗拉强度在试验技术上有许多困难，所以广泛采用各种间接方法测定岩石的单轴抗拉强度。比较常用的间接测量方法，即著名的巴西劈裂实验法。该方法从径向两端加压圆盘形岩样，使之破裂（见图 2-3，视频 2-2）。

若岩样的直径为 d，厚度为 t，岩样破裂时的载荷为 p，则单轴抗拉强度 S_t 为

$$S_t = \frac{0.02p}{\pi dt} \qquad (2-4)$$

式中，S_t 为岩石单轴抗拉强度，MPa；p 为岩样破裂时的压力，N；d 为岩样的直径，cm；t 为岩样的厚度，cm。

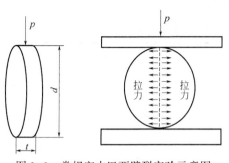

视频 2-2
巴西劈裂实验

图 2-3　常规室内巴西劈裂实验示意图

3）抗剪强度

抗剪强度为在剪切力作用下岩石破坏时的应力。较为直观的测定方法是将方块长条岩样固定在支架上，支架在岩样下方形成一个支点，与岩样上方的切力合在一起构成一对剪切力，当剪切力足够大时，岩样被剪断。此时岩样单位面积上的剪应力即岩石的抗剪强度。

4）抗弯强度

抗弯强度为在弯曲力矩作用下岩石发生破坏时的应力。可用简支梁法测定，将长方条形岩样下方支在两支点上，在上方位于两下支点中央处通过支点向下加压力。岩样受弯曲力矩，当岩样被压到折断时的应力即岩石的抗弯强度。

一些岩石的单轴抗压强度 σ_c、单轴抗拉强度 S_t 和抗剪强度 τ_s 的数值列于表 2-3。

表 2-3　部分岩石的单轴抗压强度、单轴抗拉强度、抗剪强度

岩石	σ_c MPa	S_t MPa	τ_s MPa	岩石	σ_c MPa	S_t MPa	τ_s MPa
粗粒砂岩	142	5.1		白云岩	162	6.9	11.8
中粒砂岩	151	5.20		石灰岩	138	9.1	14.5
细粒砂岩	185	7.95		花岗岩	166	12	19.8
页岩	14~61	1.7~8		正长岩	215.2	14.3	22.1
泥岩	18	3.2		辉长岩	230	13.5	24.4
石膏	17	1.9		石英岩	305	14.4	31.6
含膏灰岩	42	2.4		辉绿岩	343	13.4	34.7
安山岩	98.6	5.8	9.6				

如以抗压强度 σ_c 为 1，则其余应变形式的强度与抗压强度的粗略关系见表 2-4。一般来说，岩石的单轴抗压强度>抗剪强度>单轴抗弯强度>单轴抗拉强度。

表 2-4　岩石各种强度间的比例关系

岩石	单轴抗压强度	单轴抗拉强度	抗剪强度	抗弯强度
花岗石	1	0.02~0.04	0.09	0.03
砂岩	1	0.02~0.05	0.10~0.12	0.06~0.20
石灰岩	1	0.04~0.10	0.15	0.06~0.10

沉积岩的层理对强度的影响甚大，表 2-5 是几种沉积岩在平行于层理方向（用//表示）

和垂直于层理方向（用⊥表示）测出的结果。

表 2-5　几种沉积岩的各向异性（不同方向的强度）

岩石	单轴抗压强度 10^{-1}MPa		单轴抗拉强度 10^{-1}MPa		抗剪强度 10^{-1}MPa		抗弯强度 10^{-1}MPa	
	//	⊥	//	⊥	//	⊥	//	⊥
粗砂岩	1185~1575	1423~1760	44.3	51.4~52.5	483	470	111~172	103
中砂岩	1170~2160	1470~2060	77.0	52.0	336~594	482~618	162~226	131~194
细砂岩	1378~2410	1335~2205	80.7~118	60~79.5	432~595	524~649	208.5~265.3	177.5
粉砂岩	344~1045	554~1147	—	—	48~113	129~198	22.7~166	43.0

2. 室内三轴试验条件下岩石强度的特点

上面讨论的岩石强度问题，可以给出岩石强度的一般概念。岩石在地层深处处于各向受压的状态，通过模拟这种压力条件的三轴试验，可以了解岩石在压力条件下的强度特点。

三轴应力试验是在复杂应力状态下测试岩石机械性质的可靠方法。图 2-4 表示了两种三轴试验的方案。其中方案（a）是最常见的三轴压缩试验方案，称为拟三轴压缩试验。它

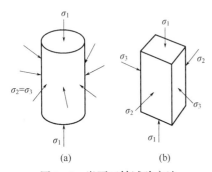

图 2-4　岩石三轴试验方法

是将圆柱状的岩样置于一个高压容器中，首先用液压使其四周处于均匀压缩的应力状态，然后保持此压力不变，对岩样进行纵向加载，直至破坏，试验过程中记录下纵向应力和应变关系曲线。方案（b）称作真三轴压缩试验，与拟三轴压缩试验的区别在于岩样试件须加工成方块体。

三轴压缩试验过程中，岩石强度主要表现在两个方面：

（1）岩石强度增加。对于所有岩石，当围压增加时强度均增大，但所增加的幅度因岩石类型差异而不同。通常，围压对砂岩、花岗岩强度的影响要比石灰岩和大理岩大。此外，压力对强度的影响程度并不是在所有压力范围内均一样，在开始增大围压时，岩石的强度增加比较明显，再继续增加围压时，相应的强度增量变得越来越小，最后当压力很高时，有些岩石（如石灰岩）的强度便趋于常量。

根据试验资料（图 2-5），随围压增加，大理岩的强度也增大至 390MPa，增加了 254MPa。当围压从 0 增大至 155MPa 时，砂岩的强度由 69MPa 增大至 330MPa。

根据另一试验资料（图 2-6）可知，不同类型岩石受围压的影响也不同。如砂岩试样，当围压从 0 增大至 200MPa 时，其抗压强度增大 12 倍左右；而岩盐的抗压强度仅增大一倍左右。其余岩石，如白云岩、硬石膏、大理岩、石灰岩、页岩试样的抗压强度，在此条件下增大 4~10 倍。

（2）在三轴应力条件下，岩石机械性质的一个显著变化的特点就是随着围压的增大，岩石表现出从脆性向塑性的转变，并且围压越大，岩石破坏前所呈现出来的塑性也越大。岩石的塑性变形增大，脆性破坏转变为塑性变形或塑性破坏。岩石在围压影响下变形的试验资料列于表 2-6。

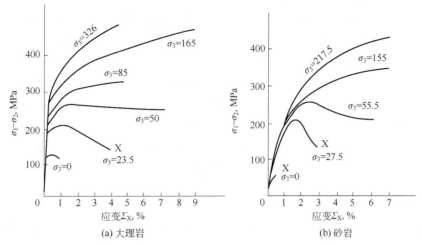

(a) 大理岩   (b) 砂岩

图 2-5 三轴试验的应力—应变曲线（图中有 X 者为脆性破坏）

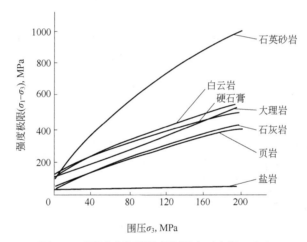

图 2-6 围压对岩石强度的影响（室温 24℃）

表 2-6 岩石在围压下的塑性变形

岩石	在下列围压下破坏的变形量,%	
	围压 100MPa	围压 200MPa
某石英砂岩	2.9	3.8
某白云岩	7.3	13.0
某硬石膏	7.0	22.3
某大理岩	22.0	28.8
某砂岩	25.8	25.9
某石灰岩	29.1	27.2
某页岩	15.0	25.0
某盐岩	28.8	27.5

  一般认为岩石的总变形量达到 3%~5%，就开始具有塑性性质，或已实现了从脆性到塑性的转变。表 2-6 中除石英砂岩仍然保持脆性破坏之外，其余岩石均已具有明显的塑性性

质。岩性不同，岩石从脆性转变为塑性的围压也不同。

勃拉克（A. D. Black）和格林（S. J. Green）在 1978 年发表了美国盐湖城全尺寸深井模拟钻井装置的钻进试验结果，确定了 Bonne Terre 白云岩、Colton 砂岩和 Mancos 页岩由脆性向塑性转化时的压力依次为 100～150MPa、40～70MPa 和 20～40MPa。

对于深井钻井而言，认识并了解岩石从脆性向塑性转变的压力具有重要意义。因为脆性破坏和塑性破坏是两种本质上完全不同的破坏形式，破坏这两类岩石要应用不同的破碎工具（不同结构类型的钻头），采用不同的破碎方式（冲击、压碎、挤压、剪切或切削、磨削等）以及不同的破碎参数的合理组合，才能取得较好的破岩效果。因此，了解各类岩石的塑性性质、脆性性质及临界压力，是设计、选择和使用钻头的重要依据。

三、岩石的硬度和塑性系数

牙轮钻头破碎岩石的过程中，有一种在垂直向下的载荷作用下压入岩石并破坏岩石的作用，将这种作用简化为用压头压入岩石并使之破坏的作用过程，求出岩石局部压坏时的单位载荷，以此代表岩石的机械性质，称之为岩石的硬度。故硬度可理解为岩石抵抗其他物体压入其内的能力，即岩石的抗压入强度。

常用压模和压头压入法测定岩石硬度。在如图 2-7 的实验装置上，用图 2-8 的平底压头加载并压入岩石，记录下载荷与吃入深度的相关曲线（图 2-9）。

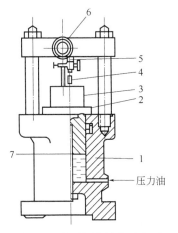

图 2-7 岩石硬度的实验装置

1—液缸缸体；2—液缸柱塞；3—岩样；4—压头；
5—压力机上压板；6—千分表；7—柱塞导向杆

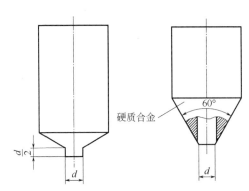

图 2-8 平底圆柱压头

d—压头直径，mm

由载荷与压入深度关系曲线图 2-9 可知，对应的硬度 P_y 用下式计算：

$$P_y = P/S \tag{2-5}$$

式中，P 为产生脆性破碎时压模上的载荷，对于塑性岩石，取产生屈服（即从弹性变形开始向塑性变形转化）时的载荷，N；S 为压模的底面积，mm^2。

钻井过程中，破岩工具在井底岩层表面施加载荷，使岩层表面发生局部破碎。岩石的压入硬度在石油钻井的岩石破碎过程中有一定的代表性，它在一定程度上能相对反映钻井时岩石的抗破碎性能。我国按岩石硬度的大小将岩石分为 3 类 12 级，作为选择钻头的主要依据之一，见表 2-7。

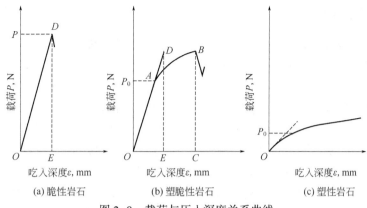

图 2-9　载荷与压入深度关系曲线

表 2-7　岩石硬度分类表

类别	软				中				硬			
级别	1	2	3	4	5	6	7	8	9	10	11	12
硬度 N/mm²	< 98	98 ~245	245 ~490	490 ~980	980 ~1470	1470 ~1960	1960 ~2940	2940 ~3920	3920 ~4900	4900 ~5880	5880 ~6860	> 6860

用岩石的塑性系数作为定量表征岩石塑性及脆性大小的参数。塑性系数 K 为岩石破碎前耗费的总功 A_F 与弹性变形功 A_E 的比值。

$$K = A_F / A_E \qquad (2-6)$$

图 2-9（a）中 A_F 及 A_E 用 P—ε 曲线下面的面积计算。故脆性岩石的塑性系数 $K = A_F / A_E =$ 面积 ODE/面积 $ODE = 1$。

图 2-9（b）是塑脆性岩石，P—ε 曲线包含弹性变形和塑性变形两个变形区，塑性变形末端也产生脆性破坏，故硬度 P_y 的计算法仍可用式（2-6）。塑性系数 $K = A_F / A_E = S_{OABC} / S_{ODE} = 1 \sim 6$。这类岩石的 K 值一般取 $1 \sim 6$。

图 2-9（c）是塑性岩石，其特点是只有塑性变形，而无脆性破碎。故其硬度 P_y 按式（2-6）计算，取 P—ε 曲线中的屈服点 P_0 代替之。塑性岩石的 K 值，因 AF 不能从 P—ε 曲线中求出，故取无穷大 ∞。岩石塑性系数分类情况见表 2-8。

表 2-8　塑性系数分类表

类别	1	2	3	4	5	6
塑性系数	1	>1~2	2~3	3~4	4~6	6~∞
岩石属性	脆性	塑脆性 低塑性→高塑性				塑性

岩石硬度及塑性系数两项机械性质，可直接用岩心来测量，这对于理解岩石破碎过程中的性质有所帮助。但是试验条件与实际情况不同，许多实际因素，如钻头结构、钻头转速、冲击载荷、钻井液性质、水力因素、岩石压力、地层压力、井下温度等均未考虑，而这些因素的影响又是很显著的。因此，在利用这些数据时，还应考虑到这些因素的影响。

四、岩石的研磨性

在用机械方法破碎岩石的过程中，破岩工具在破碎岩石的同时，工具本身也受到磨损。岩石磨损工具能力称为岩石的研磨性。研究岩石的研磨性对于正确地设计和选择使用钻头，提高钻头的进尺，延长其工作面的寿命，提高钻井速度是极重要的问题。

岩石的研磨性取决于矿物的硬度、颗粒粗糙度、胶结强度。盐岩、泥岩和一些硫酸盐岩、碳酸盐岩（当不含有石英颗粒时）属于研磨性最小的岩石；其次石灰岩和白云岩等属于低研磨性的岩石；火成岩的研磨性一般属于中等或较高，视其所含长石和石英成分的多少以及颗粒度和多晶矿物间的硬度差而定。岩石含长石及石英成分少、粒度细、矿物间的硬度差小的研磨性也小些，反之则研磨性较高。岩石含有刚玉矿物成分具有高研磨性。沉积碎屑岩的研磨性主要视其石英颗粒的含量及其胶结硬度而定，石英颗粒含量越多、粒度越粗、胶结强度越小的岩石，其研磨性越高，反之，石英颗粒的含量少、颗粒细、胶结强度大的岩石，其研磨性较低。

关于岩石的研磨性，目前主要有钢杆钻磨法（巴隆）、铁钉环钻法、圆盘摩擦法（史立涅尔）和球磨法（美国矿业局）等测试方法，在石油行业尚未有一个统一的测定方法。

五、岩石的可钻性

岩石的可钻性一般理解为岩石破碎的难易性，由此把岩石分为难钻型和易钻型。在一些情况下，可钻性可以确定井底岩石抵抗钻头破碎的能力。岩石的可钻性是岩石在钻进过程中显示出的综合性指标，是多变量的函数，取决于许多因素，包括岩石自身的物理力学性质以及破碎岩石的工艺技术措施。岩石的物理力学性质主要包括岩石的硬度（或强度）、弹性、脆性、颗粒度及颗粒的连接性质；破碎岩石的工艺技术措施包括破岩工具的结构特点、工具对岩石的作用方式、载荷或力的性质、破岩能量的大小、孔底岩屑的排除情况等。

因此测定岩石可钻性的正确方法应该是"去钻岩石"才能得出合乎实际的有用数据，而这个"钻岩石"的方法又应与实际钻井方法的破岩方式相一致。在这种思想驱使下，国内外出现了很多研究可钻性的方法。其中评价用牙轮钻头钻井时岩石可钻性的研究以罗劳（A. G. Rollow）在 1962 年提出的微型钻头钻进法较为完善。我国石油系统在石油大学尹宏锦教授等研究人员多年研究成果基础上，于 1987 年确定了我国石油系统岩石可钻性测定及分类方法。此分类方法是用微钻头在岩样上钻孔，通过实钻时（即钻速）确定岩样的可钻性。具体方法是在岩石可钻性测定仪（即微钻头钻进实验架）上使用 31.75mm（1¼in）直径钻头，设定钻压为 889.66N，设定转速为 55r/min，在岩样上钻三个孔，孔深 2.4mm，取三个孔钻进时间的平均值为岩样的钻时（t_d），对 t_d 取以 2 为底的对数值作为该岩样的可钻性极值 $K_d = \log_2 t_d$，一般 K_d 取整数值。

我国将地层可钻性分为 10 级，见表 2-9。

表 2-9　地层可钻性分类表

测定值，s	<4	4~8	8~16	16~32	32~64	64~128	128~256	256~512	512~1024	>1024
级别	1	2	3	4	5	6	7	8	9	10
类别	软				中			硬		

六、井底压力对岩石机械性质的影响

石油钻井过程中，油气井较深时，岩石处于高压和多向压缩条件下，岩石的机械性质发生了很大变化，研究这种条件下岩石的机械性质以及影响因素对指导钻井工程实践具有重要的意义。

1. 孔隙压力对岩石机械性质的影响

常规三轴试验中，如果岩石是干燥的或者不渗透的，或孔隙度小且孔隙中不存在液体或气体时，增大围压一方面增大岩石的强度，另一方面也增大岩石的塑性，这两方面的作用统称为各向压缩效应。

如果岩石孔隙中含有流体且有一定的孔隙压力，该情况下，汉丁（J. Handin）等认为，孔隙岩石的强度和塑性取决于各向压缩效应，不过当孔隙流体是化学惰性的，岩石的渗透率足以保证液体在孔隙中流通形成一致的压力，且孔隙空间的形状能使孔隙压力全部传给岩石的固体骨架时，各向压缩效应等于外压与内压之差。在三轴试验时，外压指围压 σ_3，内压指孔隙压力 p_p，即孔隙压力的作用降低了岩石的各项压缩效应。

有效加载应力（σ_3-p_p）的作用可很明显从阿德里（Aldrih，1967）的试验结果中看出（表2-10）。该试验为采用 Berea 砂岩岩样，在室温及 0~69MPa 的围压下进行的三轴应力试验。从表2-10中可以看出，上述试验条件下，岩石的强度只决定于有效加载应力的大小，即在不同的围压与孔隙压力的搭配方案下，只要有效加载应力相同，岩石的强度值一样。

表 2-10　有效加载应力（σ_3-p_p）的作用

围压，MPa	孔隙压力，MPa	有效加载应力，MPa	岩石的破碎能力（强度极限）($\sigma_1-\sigma_3$)，MPa
0	0	0	59.8
34.5	34.5	0	58.4
13.8	6.9	6.9	106.0
20.7	0	20.7	171.0
34.5	13.8	20.7	169.1
44.8	24.1	20.7	166.7
69.0	48.3	20.7	167.1
34.5	0	34.5	211.0
48.3	13.8	34.5	211.8
69.0	34.5	34.5	212.7
55.2	0	55.2	253.8
69.0	13.8	55.2	250.4

罗宾逊（L. H. Robinson，1959）的三轴应力试验（图2-10）表明岩石的屈服强度随着孔隙压力的减小而增大。当围压一定时，只有当孔隙压力相对较小时，岩石才呈现塑性破坏；增大孔隙压力将使岩石由塑性破坏转为脆性破坏。因此，在分析井壁稳定时对孔隙压力应加以足够的重视。相反，在钻井中孔隙压力有助于岩石的破碎，从而提高钻井速度。

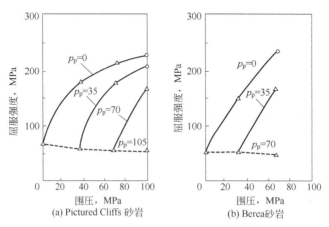

图 2-10 围压和孔隙压力对岩石屈服强度的影响

△—脆性破坏；○—塑性破坏

图（a）105 和图（b）70 表示，孔隙压力 p_p 分别为 105MPa 和 70MPa 时，未测量出有效屈服强度

2. 液柱压力的影响

井底的岩石，如属不渗透、无孔隙液体时，增大钻井液的液柱压力 p_h 将增强对岩石的各向压缩效应。其结果必然导致岩石的抗压强度（或硬度）的增加和塑性的增加，并且在一定的液柱压力下，岩石从脆性破坏转为塑性破坏。这个转变压力，称为脆—塑性转换的临界压力。

布拉托夫曾用压头压入法研究了钻井液液柱压力对岩石机械性质的影响，研究表明随着液柱压力的提高，岩石的抗压入强度（即硬度）有明显的增大。同时还发现，岩石的硬度越小，液柱压力对其硬度的影响越显著（在相同的 p_h 值下，硬度增大的倍数越高），见表 2-11。

表 2-11　液压对岩石硬度的影响

岩石 液压，MPa	泥灰岩		大理岩		白云岩	
	硬度，MPa	相对值	硬度，MPa	相对值	硬度，MPa	相对值
0	498	100.0	803	100.0	—	—
20	602	121.0	—	—	3670	100.0
35	633	127.2	980	122.0	4136	112.7
65	773	155.4	1083	135.0	4220	115.0
85	856	172.0	1180	147.0	4504	124.0
95	1301	261.3	—	—	4626	126.2
100	1626	306.0	1490	185.5	4940	134.7

液柱压力除了对岩石强度起增强作用外，同时相应地增大了岩石的塑性系数，并在某个压力值时（对于不同的岩石是不一样的），其破碎特征从脆性转换变为塑性（其特点是塑性系数 $K_p \to \infty$），破碎坑的面积接近于压模的底面积，具体数据见表 2-12。

表 2–12　一些岩石的脆—塑性转变压力

岩石	大气压下		呈现 $K_p \to \infty$ 时的压力（p_h），MPa
	硬度，MPa	塑性系数 K_p	
白云岩	3610	1.3	50~60
砂岩	514	1.65	20~30
粉砂岩	895	2.68	15

因此，随着井深增加或钻井液密度增大，钻速的下降不仅是由于岩石硬度的增大，而且也与岩石塑性的增大有关，特别是与钻头的牙齿每次与岩石的作用所破碎岩石的体积减小有关。钻井液液柱压力对钻井速度有明显的影响（图 2–11），随着液柱压力的增高，单位破岩能量破碎的岩石体积（V/W）下降，且液柱压力对于软而易钻的地层的影响更大，见表 2–13。

表 2–13　液柱压力对单位破岩能量破碎的岩石体积（V/W）的影响

液柱压力从 0→35MPa					
	岩石	V/W 减小，%		岩石	V/W 减小，%
软 ↓ 硬	Indiana 灰岩	93	软 ↓ 硬	Rifle 页岩	78
	Berea 砂岩	91		Spraberry 页岩	76
	Virgina Greenston 砂岩	90		Wyoming 红岩	63
	Danby 大理岩	83		Pennsylvanian 灰岩	50
	Carthage 大理岩	71		Rush Spring 砂岩	33
	Hasmark 白云岩	49		Ellenberger 白云岩	22

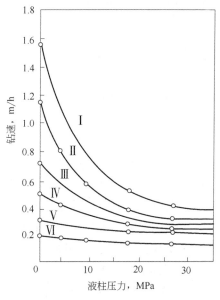

图 2–11　液柱压力对钻速的影响（微型钻头试验）

Ⅰ—Rifle 页岩；Ⅱ—Spraberry 页岩；Ⅲ—Wyoming 红岩；
Ⅳ—Pennsylvanian 灰岩；Ⅴ—Rush Spring 砂岩；Ⅵ—Ellenberger 白云岩

第二节　地层孔隙压力理论及预测方法

地层孔隙压力理论及预测方法对油气勘探开发有着重要意义，也是科学地进行井身结构设计和钻井施工的基本依据。此外，准确预测地层孔隙压力是平衡压力钻井、欠平衡压力钻井及油气井压力控制的基础。

一、地下几类压力的概念

1. 静液柱压力

静液柱压力是由液柱自身重量产生的压力，其大小等于液体的密度乘以重力加速度与液柱垂直深度，即

$$p_h = 0.00981 \rho H \tag{2-7}$$

式中，p_h 为静液柱压力，MPa；ρ 为液柱密度，g/cm^3；H 为液柱垂直高度，m。

2. 压力梯度

压力梯度 G_h 指用单位高度的液柱压力 p_h 来表示液柱压力随高度（或深度）的变化，即

$$G_h = \frac{p_h}{H} = 0.00981 \rho \tag{2-8}$$

式中，G_h 为液柱压力梯度，MPa/m。

静液柱压力梯度的大小与液体中所溶解的矿物及气体的浓度有关。在油气钻井中所遇到的地层水一般有两类，一类是淡水或淡盐水，其静液柱压力梯度的平均值为 0.00981MPa/m；另一类为盐水，其静液柱压力梯度的平均值为 0.0105MPa/m。

3. 上覆地层压力 p_o

地层某处的上覆岩层压力是指该处以上地层岩石基质和孔隙中流体的总重量（重力）所产生的压力，即

$$p_o = 000981 H[(1-\phi)\rho_o + \phi\rho_p] \tag{2-9}$$

式中，p_o 为上覆岩层压力，MPa；ϕ 为岩石孔隙度，小数；ρ_o 为岩石骨架密度，g/cm^3；ρ_p 为孔隙中流体密度，g/cm^3。

由于沉积压实作用，上覆岩层压力随深度增加而增大。一般沉积岩的平均密度大约为 2.3g/cm^3，沉积岩的上覆岩层压力梯度一般为 0.226MPa/m。在实际钻井过程中，以钻台面作为上覆岩层压力的基准面。因此在海上钻井时，从钻台面到海面，海水深度和海底未固结沉积物对上覆岩层压力梯度都有影响，实际上覆岩层压力梯度值远小于 0.226MPa/m。上覆岩层压力梯度一般分层段计算，密度和岩性接近的层段作为一个沉积层：

$$G_o = \frac{\sum p_{oi}}{\sum H_i} = \frac{\sum(0.00981\bar{\rho}_{bi}H_i)}{\sum H_i} \tag{2-10}$$

式中，G_o 为上覆岩层压力梯度，MPa/m；p_{oi} 为第 i 层段的上覆岩层压力，MPa；H_i 为第 i 层段的厚度，m；$\bar{\rho}_{bi}$ 为第 i 层段的平均体积密度，g/cm^3。上式计算的是上覆岩层压力梯度的平均值。

实际计算出的上覆岩层压力梯度的精确度取决于体积密度测量的准确性。通常应用密度测井曲线容易计算出每一段岩层的平均体积密度。借助声波测井曲线计算体积密度，是无密度测井曲线才被迫使用的方法。此外，岩屑测量法可获得体积密度，但岩屑在环空中可能因吸水膨胀致使岩石体积密度降低，因此该方法的准确性较低。

上覆岩层压力梯度可能在厚岩盐层和高孔隙压力带的局部较薄层内发生反向变化。异常高压的泥岩层通常因高孔隙度导致其体积密度非常小。足够厚的异常高压层也可能使总的平均体积密度降低，但较薄的低密度带使得上覆岩层压力梯度在较小范围内反向变化。因而异常高压层的上覆岩层压力仍然增加，但增加的速率减慢。

4. 地层压力（地层孔隙压力）p_p

地层压力是指岩石孔隙中流体的压力，又称地层孔隙压力，用 p_p 表示。在各种沉积物中，正常地层压力等于从地表到地下某处连续地层水的静液压力。其值的大小与沉积环境有关，取决于孔隙内流体的密度。若地层水为淡水，则正常地层压力梯度（G_p）为 0.0981MPa/m，若地层水为盐水，则正常地层压力梯度随含盐量的不同而变化（表 2-14），一般为 0.0105MPa/m。石油钻井中遇到的地层水多数为盐水。

在钻井实践中，常常会遇到实际的地层压力梯度大于或小于正常地层压力梯度的现象，即压力异常现象。超过正常地层静液压力的地层压力（$p_p > p_h$）称为异常高压。

表 2-14 不同矿化度地层水的静水压力

地层流体	氯离子浓度 mg/L	NaCl 浓度 mg/L	地层正常压力梯度 MPa/m	当量钻井液密度 g/cm³
淡水	0	0	0.00981	1.0
微咸水	6098	10062	0.00989	1.003
	12287	20273	0.0099	1.010
	24921	41120	0.01004	1.024
海水	33000	54450	0.01012	1.033
盐水	37912	62554	0.01019	1.040
	51296	84638	0.01033	1.054
	64987	107228	0.01049	1.070
典型海水	65287	107709	0.01050	1.072
	79065	130457	0.01062	1.084
	93507	154286	0.01078	1.100
	108373	178815	0.01095	1.117
	123604	203946	0.01107	1.130
	139320	229878	0.01124	1.147
	155440	256476	0.01140	1.163
	171905	283473	0.01154	1.178
	188895	311676	0.01171	1.195
饱和盐水	191600	316640	0.01173	1.197

5. 骨架应力 σ

骨架应力是由岩石颗粒之间相互接触来支撑的那部分上覆岩层压力（又称有效上覆岩层压力或颗粒压力），该部分压力不被孔隙水所承担。骨架应力可用下式计算：

$$\sigma = p_o - p_p \tag{2-11}$$

式中，σ 为骨架应力，MPa；p_p 为地层压力，MPa。

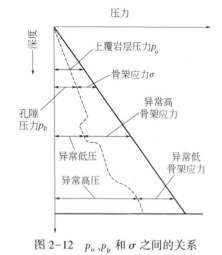

图 2-12 p_o、p_p 和 σ 之间的关系

上覆岩层的重力是由岩石基质（骨架）和岩石孔隙中的流体共同承担的。骨架应力减小时，孔隙压力则增大。骨架应力是造成地层沉积压实的动力，因此只要异常高压带中的基岩应力存在，压实过程就会进行，即使速率很慢。上覆岩层压力、地层压力和骨架应力之间的关系如图 2-12 所示。

二、异常压力

1. 异常低压

低于正常地层静液压力的地层压力（$p_p < p_h$）称为异常低压。异常低压的压力梯度小于 0.00981MPa/m，有的为 0.0081 ~ 0.0088MPa/m，有的甚至只有静液压力梯度的一半。世界各地钻井情况表明，异常低压地层比异常高压地层要少。但是，不少地区在钻井过程中仍遇到异常低压地层。如美国的得克萨斯州和俄克拉何马州的潘汉德尔（Panhandle）地区、科罗拉多州高地的部分地区、犹他州的尤英塔（Uinta）盆地、加拿大艾伯塔省中部下白垩统维金（Viking）地层、前苏联的 Chokrak 和 Karagan 地区的第三纪中新世地层和伊朗的 Arid 地区均遇到异常低压地层。

一般认为异常低压是由于从渗透性储集层中开采石油、天然气和地层水而人为造成的。大量从地层中开采出流体之后，如果没有足够的水补充到地层中去，孔隙中的流体压力下降，而且还经常导致地层被逐渐压实的现象。美国墨西哥湾沿海地带的地下水层被数千口井钻开之后，广大地区的水源头下降。面积最大的是得克萨斯州的休斯敦地区，水源头下降的面积大约有 12950km^2。

在干旱或半干旱地区也会遇到类似的异常低压地层，这些地层的地下水位很低。例如在中东地区，勘探中遇到的地下水位在地表以下几百米的地方。在这样的地区，正常的流体静液压力梯度要从地下潜水面开始。

2. 异常高压

1）异常高压形成的条件

异常高压地层在世界各地广泛存在，从新生代更新统至古生代寒武系、震旦系都曾见到过。正常的流体压力体系可以看成一个水力学的"敞开"系统，即是说流体能够与上覆地层的流体沟通，允许建立或重新建立静液条件。与此相反，异常高的地层压力系统基本上是"封闭"的，即异常高压力层和正常压力层之间有一个封闭层，阻止或至少是最大化限制流体的沟通。这样有一部分基岩重力由岩石孔隙内的流体所支撑，形成欠压实现象。

异常高压形成需具备两个前提：

（1）一定体积的孔缝空间和孔隙流体。

（2）封存异常高压流体的良好封闭环境，可表示为

$$\Delta V_f / \Delta V_p > 1 \tag{2-12}$$

式中，ΔV_f 为单位体积的地层岩石中的孔隙流体体积；ΔV_p 为单位体积的地层岩石中的孔缝空间体积。

异常高压最根本的原因是流体体积大于裂缝孔缝空间体积，有三种情况：

（1）孔缝空间体积的减小；

（2）在原有孔隙流体基础上产生了新的流体；

（3）原有孔隙流体体积膨胀。

异常高压的形成常常是多种因素综合作用的结果，这些因素与地质作用、构造作用和沉积速度等密切相关。目前，普遍公认的异常高压成因主要有沉积欠压实、水热增压、渗透作用和构造作用等。

通常认为异常高压力的上限等于上覆岩层的总重量。但是在某些地区，如巴基斯坦、伊朗的钻井实际中，都曾遇到过比上覆岩层压力高的高压地层。有的孔隙压力梯度可以超过上覆岩层压力梯度的40%。这种超高压地层可以看作存在一种"压力桥"（图2-13）的局部化条件。覆盖在超高压地层上面的岩石的内部强度帮助上覆岩层部分地平衡超高压地层中向上的巨大作用力。

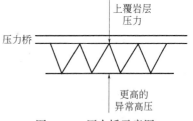

图2-13 压力桥示意图

2）沉积欠压实机制

一般认为欠压实机制是形成异常高压的最主要机制，通常用欠压实模型来描述。图2-14给出了模拟压实过程的简单模型。容器内有流体和弹簧，流体代表孔隙流体，弹簧代表岩石骨架，活塞的受力代表上覆岩层压力，则上覆岩层压力由弹簧力和流体压力共同承担。因此，上覆岩层压力、基岩应力和地层压力的关系满足式(2-11)。

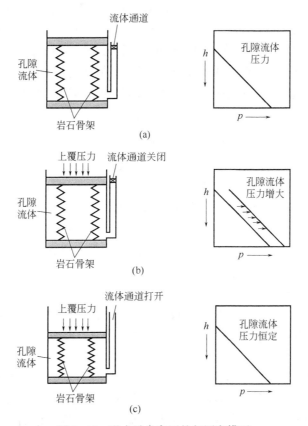

图2-14 形成异常高压的欠压实模型

从模型中可以看出，随着上覆岩层压力的增加，骨架应力和地层压力都将增大。如果不允许流体排出孔隙空间［排水阀关闭，图 2-14（b）］，则地层压力会超过正常地层压力，产生异常高压。由于水的弱可压缩性，增加的上覆岩层压力由地层压力承担，而骨架应力没有增加。如果地层流体可以自由流出［排水阀开启，图 2-14（c）］，增加上覆岩层压力全部由骨架应力承担，而流体压力保持原值，此种情况描述的是正常压力地层的环境。

沉积物压缩构成是由于上覆沉积层的重力所引起的。随着地层的沉降，上覆沉积物不断增加，下部地层逐渐被压实。如果沉积速度较慢，孔隙中的流体就有足够的时间被挤出，沉积层内的岩石颗粒重新紧密排列，使孔隙度减小。如果是"开放"的地质环境，被挤出的流体就沿着阻力小的方向，或向着低压高渗透方向流动，于是便建立起正常的静液压力环境。这种正常沉积压实的地层，随着地层埋深增加，岩石越来越致密，密度增加而孔隙度减小。地层压实能否保持平衡，主要取决于四种因素，即上覆沉积物沉积速度的大小、地层渗透率的大小、孔隙度减小的速度、排出孔隙流体的能力。如果沉积物的沉积速度与其他过程相比很慢，沉积层就能正常压实，保持正常的静液压力。

在稳定沉积过程中，若保持平衡的任意条件受到影响，正常的沉积平衡就被破坏。沉积速度很快，岩石颗粒没有足够的时间重新排列，孔隙内流体的排出受到限制，即无法增加骨架对上覆岩层的支撑能力。由于上覆岩层继续沉积，负荷增加，而下面骨架的支撑能力没有增加，孔隙中的流体必然开始部分地支撑本应由岩石骨架支撑的那部分上覆岩层压力，从而形成异常高压。

在某一环境中，要将一个异常压力圈闭起来，就必须有一个密封结构。在连续沉积盆地中，最常见的密封结构是低渗透率的岩层，如纯净的页岩层段。页岩可降低正常流体的散逸，从而导致欠压实和异常的流体压力。与正常压实的地层相比，欠压实地层的岩石密度低，孔隙度大。在大陆边缘，特别是三角洲地区，容易产生沉积物的快速沉降。在这些地区，沉积速度很容易超过平衡条件所要求的值，因此常常遇到异常高压地层。

3. 压力过渡带

图 2-15 是美国墨西哥湾某井的井深—压力剖面图。从图中可以看出，上部地层的孔隙压力为常压，其压力梯度为静水压力梯度；下部地层的孔隙压力为异常高压，其压力梯度接近上覆岩层压力梯度。正常压力与异常高压之间的井段称为压力过渡带。

压力过渡带和异常高压层的压力明显高于常压地层的压力，压力过渡带是异常高压地层的盖层，因此图 2-15 中的压力过渡带代表厚页岩层。这一页岩层具有很低的孔隙度，使得孔隙空间的流体具有超压特征。由于页岩层的渗透率很低，以致页岩层内及其下部超压层的流体不会通过页岩层向上流动，从而形成有效圈闭。因此，油藏的盖层不是完全不渗透的，但一般情况下其渗透率极低。

如果盖层是厚页岩层，则地层压力是逐渐增加的，这为检测地层超压提供了途径。但如果盖层是不渗透的结晶盐（无渗透率），则不会存在压力过渡带，就无法检测压力在盖层的逐渐变化。

如果在高压区钻井，井队会试图检测钻井液、岩屑等性能参数来判断压力过渡带地层压力的增加。因此，压力过渡带给井队提供了一个发现进入超压层的机会。需要明确的是，尽管压力过渡带的孔隙压力很高，但地层流体无法流入井眼，即盖层的渗透率极低。压力带不会产生溢流，必须用其他方法检测超压。

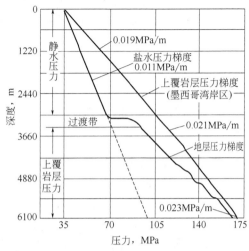

图 2-15　美国墨西哥湾某井井深—压力剖面图

4. 与异常地层压力相关的钻井问题

在常规钻井过程中，钻井液液柱压力要满足两方面的要求：一是防止井壁坍塌；二是防止溢流。因此，钻井液液柱压力一般要高于地层压力，这一现象称为过平衡。如果过平衡量太大，则会出现如下现象：（1）机械钻速降低（由于压持作用）；（2）压裂地层并导致井漏；（3）导致压差卡钻。

地层压力剖面是井身结构设计的主要依据。如果在一个低压井段上面存在一个高压段，则不可能用同一个钻井液密度钻穿这两个层位，否则可能导致低压区的破裂。因此，须用套管封隔上部高压层，然后用较低的钻井液密度打开低压层。一个经常遇到的问题是表层套管下入太浅，当下部钻遇高压层出现溢流时，无法用高密度钻井液在不压漏上部地层的情况下将溢流循环出，这种现象对于海上钻井尤为突出。因此，每一层套管的下深都必须超过封闭点，以使在下部井段压井作业时不致压裂地层。如果不能满足这一要求，就需要增加一层套管，这不仅会增加钻井成本，而且会导致井眼直径变小，以致完井后生产管柱尺寸的选择受到限制。可见，钻前准确了解地层压力信息可以优化井身结构设计，避免或降低井涌、井漏等钻井风险。

三、地层压力预测方法

由于异常高压地层的成因多种多样，在泥岩、砂岩剖面中，异常高压层可能有几个盖层（即由几个致密阻挡层组成的层系），它们的厚度范围变化不一，而且可能存在多个压力转变区。当存在断层时，有时会使情况变得更加复杂。另外，岩性的变化，如泥岩中存在钙质、粉砂等成分，也会影响地层压力评价的准确性。因此，在进行地层压力评价时要针对具体情况，综合分析所收集的有关资料，力求做出合理的评价。

钻井前要进行地层压力预测，建立地层压力剖面，为钻井工程设计和施工提供依据。在长期的实践中，石油工作者总结出多种评价地层压力的方法。常用的地层压力预测方法都是基于压实理论、均衡理论及有效应力理论。预测方法有钻速法、地震波法、测井声波时差法等。目前应用某一种方法很难准确评价一个地区或区块的地层压力，往往需要采用多种方法进行综合分析和解释。地层压力评价方法可分为两类，一类是利用地震资料或已钻井资料进行预测，建立单井或区块地层压力剖面，用于钻井工程设计、施工；另一类是钻井过程中的地层压力监测，掌握地层压力的实际变化、确定现行钻井措施及溢流监控。下面主要讲述 dc 指数法、声波时差法、地震波法。

1. dc 指数法

dc 指数法是利用泥页岩压实规律和压差理论对机械钻速的影响规律来检测地层压力的一种方法，也是钻井过程中地层压力检测的一种重要方法。

1）$d(dc)$ 指数检测原理

机械钻速是钻压、转速、钻头类型及尺寸、水力参数、钻井液性能、地层岩性等因素的函数。当其他因素一定时，只考虑压差对钻速的影响，则机械钻速随压差减小而增加。

在正常地层压力情况下，如岩性和钻井条件不变，机械钻速随井深的增加而下降。当钻入压力过渡带之后，岩石孔隙度逐渐增大，孔隙压力逐渐增加，压差逐渐减小，机械钻速逐渐加快。d 指数正是利用这种差异预报异常高压。d 指数是基于宾汉方程建立的。宾汉在不考虑水力因素的影响下建立了钻速方程：

$$V = KN^e \left(\frac{P}{D_b} \right)^d \tag{2-13}$$

式中，V 为机械钻速，m/h；K 为岩石可钻性系数，无量纲；N 为转速，r/min；e 为转速指数，无量纲；P 为钻压，kN；D_b 为钻头尺寸，mm；d 为钻压指数，无量纲。

根据室内及油田钻井试验，发现软岩石的 e 接近 1。假设钻井条件（水力因素和钻头类型）和岩性不变（同层位均质泥页岩），则 K 为常数。取 $K=1$，方程两边取对数，且采用统一单位，式（2-13）变为

$$d = \frac{\lg(0.0547V/N)}{\lg(0.0684P/D_b)} \tag{2-14}$$

根据油田目前选用参数范围，式（2-14）中，$0.0547V/N < 1$、$0.0684P/D_b < 1$，分子、分母均为负数。分析可知：$\lg(0.0547V/N)$ 的绝对值与机械钻速 V 成反比。因此有以下结论：

（1）d 指数与机械钻速 V 也成反比，进而 d 指数与压差大小有关。

（2）正常压力情况下，机械钻速随井深增加而减小，d 指数随井深增加而增加（图 2-16）。当进入压力过渡带和异常高压带地层，实际 d 指数较正常值偏小。d 指数正是基于这一原则来检测地层压力。

由于当钻入压力过渡带时，一般情况要提高钻井液密度，因而引起钻井液密度变化，进而影响 d 指数的正常变化规律，为了消除钻井液密度变化影响，Rehm 和 Meclendon 在 1971 年提出了修正的 d 指数法，即 dc 指数法，有

$$dc = d \frac{\rho_{mN}}{\rho_{mR}} \tag{2-15}$$

式中，dc 为修正的 d 指数，无量纲；ρ_{mN} 为正常地层压力当量密度，g/cm³；ρ_{mR} 为实际钻井液密度，g/cm³。

2）dc 指数检测地层压力步骤

（1）按一定深度取点，一般 1.5~3m 取一点，如果钻速高可 5~10m 取一点，重点井段 1m 取一点。同时记录每对应点的钻速、钻压、转速、地层水和钻井液密度；

（2）计算 d 和 dc 指数；

（3）在半对数坐标上作出 dc 指数和相应井深所确定的点（纵坐标为井深 H、对数坐标为 dc 指数）；

（4）作正常压力趋势线，如图 2-17 所示；

（5）计算地层压力 p_p。

作出 dc—深度图和正常趋势线后，可直接观察到异常高压出现的层位和该层段 dc 指数的偏离值。dc 指数偏离正常趋势线越远，说明地层压力越高。目前根据 dc 指数偏离值计算地层压力的方法有 A. M. 诺玛法、等效深度法、伊顿法、康布法等。

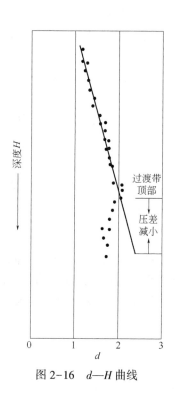

图 2-16　d—H 曲线

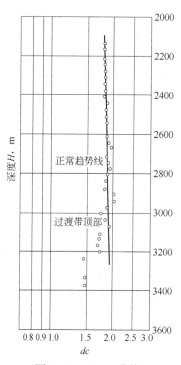

图 2-17　dc—H 曲线

下面介绍 A. M. 诺玛法和等效深度法。

对于 A. M. 诺玛法，有

$$\rho_p = \frac{dc_N}{dc_R}\rho_n \qquad (2-16)$$

式中，p_p 为所求井深地层压力当量密度，g/cm^3；ρ_n 为所求井深正常地层压力当量密度，g/cm^3；dc_N 为所求井深的正常 dc 指数，无量纲；dc_R 为所求井深实际 dc 指数，无量纲。

使用等效深度法时，由于 dc 指数反映了泥页岩的压实程度，若地层具有相等的 dc 指数，则可视其骨架应力相等（图 2-18）。

由于上覆地层压力总是等于骨架应力 σ 和地层压力 p_p 之和，所以利用 dc 指数相等，骨架应力相等原理，通过找出异

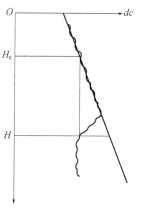

图 2-18　dc 指数的等效深度

常地层压力下井深 H 的 dc 指数值与正常地层压力下 dc 指数值相等的井深 H_e，求出异常高压地层的地层压力。

$$p_p = HG_0 - H_e(G_0 - G_n) \qquad (2-17)$$

式中，p_p 为所求深度的地层压力，MPa；H 为所求地层压力点的深度，m；G_0 为上覆地层压力梯度，MPa/m；G_n 为等效深度处的正常地层压力梯度，MPa/m；H_e 为等效深度，m。

在计算 dc 指数值，绘制 dc 指数正常趋势线时，会产生 dc 指数值的发散现象，这些发散点是不可取的。产生发散的原因主要有以下几方面。

（1）岩性变化：dc 指数取决于基岩强度，岩性不同，骨架强度也不同。在岩性发生变化的地层，dc 指数的规律也将发生变化，例如砂页、页岩交错地层。

（2）水力参数：水力参数发生大的变化时，射流对地层的破碎作用不同，dc 指数的规律也将发生变化。

（3）钻头类型：钻头类型不同，其破岩机理不同，因此钻头类型的变化会引起正常趋势线的移动。

另外，在纠斜吊打，用刮刀钻头和取心钻头钻进，钻头的跑合期和磨损的后期，井底不干净，钻遇断层裂缝等情况下，都不宜取点计算。

2. 声波时差法

声波时差法是利用声波测井曲线检测地层压力的方法，也是对已钻井地区进行单井或区域进行地层压力预测，建立单井或区域地层压力剖面的一种常用而有效的方法。

1）声波时差法预测原理

声波在地层中传播速度与岩石的密度、结构、孔隙度及埋藏深度有关。不同的地层，不同的岩性，有不同的声波速度。当岩性一定时，声波的速度随岩石孔隙度的增大而减小。对于沉积压实作用形成的泥岩、页岩、声波时差与孔隙度之间的关系满足 Wyllie 时间平均方程，即

$$\phi = \frac{\Delta t - \Delta t_m}{\Delta t_f - \Delta t_m} \qquad (2-18)$$

式中，ϕ 为岩石孔隙度，%；Δt 为地层声波时差，$\mu s/m$；Δt_m 为骨架声波时差，$\mu s/m$；Δt_f 为地层孔隙流体声波时差，$\mu s/m$。基岩和地层流体的声波时差可在实验室测取。当岩性和地层流体性质一定时，Δt_m 和 Δt_f 为常量。

由式（2-18），地面孔隙度 ϕ_0 的计算式为

$$\phi_0 = \frac{\Delta t_0 - \Delta t_m}{\Delta t_f - \Delta t_m} \qquad (2-19)$$

Δt_0 为起始声波时差，即深度为零时的声波时差。在一定区域中 Δt_0 可近似看着常数。当泥页岩的岩性一定时，Δt_m 也为常数。

正常沉积条件下，泥页岩的孔隙度随深度变化满足关系式 $\phi = \phi_0 e^{-CD}$。因此，若 $\Delta t_m = 0$，由式（2-18）和式（2-19）可推导出

$$\Delta t = \Delta t_0 e^{-CD} \qquad (2-20)$$

在半对数坐标系中（D 为纵坐标，Δt 为对数坐标，图 2-19），即声波时差的对数与井深呈线性关系。在正常地层压力井段，随着井深增加，岩石孔隙度减小，声波速度增大，声波时差减小。当进入压力过渡带和异常高压带地层后，岩石孔隙度增大，声波速度减小，声

波时差增大，偏离正常压力趋势线。因此可利用这一特点检测地层压力。

2）**声波时差检测地层压力步骤**

（1）在标准声波时差测井资料上选择泥质含量大于80%的泥页岩层段，以5m为间隔点读出井深相应的声波时差值，并在半对数坐标上描点。

（2）建立正常压实趋势线及正常压实趋势线方程。

（3）将测井曲线上的声波时差值代入趋势线方程，求出等效深度 H_e。

（4）将各方程代入式（2-16），计算地层压力 p_p。

3. 地震波法

地震波法预测地层压力是根据在不同岩性、不同压实程度情况下，地震波速度传播的差异来预测地层压力的方法。正常压实条件下，随着深度的增加，地震波速逐渐增大；在异常压力层则随着深度增加，地震波速反而减小。地震波法预测地层压力计算方法主要有等效深度法、Fillipone法、R比值法，其中Fillipone法不需要建立正常压力趋势线而可直接计算地层压力。当然无论采用哪种方法，预测值的精度主要取决于层速度采集的精度。关于地震波法预测地层压力的方法，读者可参考其他专著或教材。

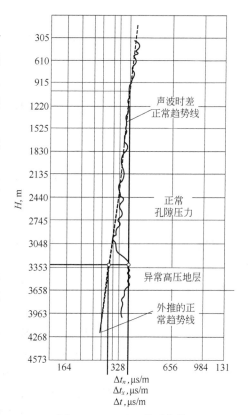

图 2-19　Δt—H 关系曲线

Δt_n—正常趋势线上的声波时差；

Δt_x—实测趋势线上的声波时差

第三节　钻井过程中地层坍塌与破裂

钻井过程中地层坍塌与破裂统称为井眼稳定性问题。它主要定量研究地层不坍塌（不缩径）、不压漏的钻井液密度范围，以便为钻井井身结构设计及合理钻井液密度的确定提供依据。影响井眼稳定的因素主要有地应力、井壁应力分布，地层的力学性质，井斜角，方位角，井壁岩石的渗透率及孔隙度，地层倾角及钻井液性能。

一、井眼力学失稳的主要形式

井眼力学失稳包括钻井过程的井眼崩落（坍塌）或缩径和地层破裂或压裂（由于岩石的拉伸破裂）两种基本类型，见图2-20。

据有关资料统计，世界范围内每年用于处理井眼系统失稳的费用高达5亿美元，损失钻井总时间5%~6%。造成井眼系统失稳的本质原因是钻井形成井眼后，打破了原有的地下力学系统平衡，造成井壁周围岩石的应力集中。

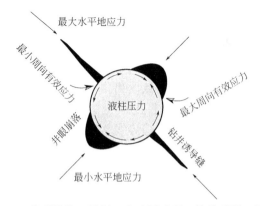

最大水平地应力

最小周向有效应力

液柱压力

最大周向有效应力

井眼崩落

钻井诱导缝

最小水平地应力

图 2-20　井眼崩落（坍塌）和地层破裂（拉伸破裂）原理图

1. 地应力

井眼坍塌或破裂本质上是钻井液柱压力设计不合理造成井周围岩所受的压缩应力集中过大或围岩受拉造成的——对于直井眼，主要受切向应力大小控制。而切向应力受原地应力和孔隙压力影响。深部地层岩石通常受三个原地应力作用，即上覆地层压力（垂向地应力 σ_z）、两个水平地应力（包括最大水平地应力 σ_H、最小水平地应力 σ_h），因此地应力一般是不均匀的。垂向地应力 σ_z 由上覆地层压力 p_o 确定，水平地应力 σ_H、σ_h 由两部分组成：一部分由上覆地层压力引起，它是岩石泊松比的函数；另一部分由地质构造应力确定，它与岩石的泊松比无关，并在两个方向一般是不相等的。地应力是客观存在于地下环境中的一个应力系，当今地震预测及地下岩石工程的开挖和结构设计都离不开地应力数据。在石油工程中，地层破裂压力和井壁坍塌应力的预测、酸化压裂设计、油井防砂、套管的岩压外载计算等都需要有地应力数据。

可以通过岩心差应变试验、岩心滞弹性应变松弛试验、声发射 Kaiser 效应岩心测试、长源距声波测井分析、水力压裂分析等确定地应力。目前确定深层地应力较为有效的方法是现场裸眼水压裂试验法和室内声发射 Kaiser 效应法。

2. 井眼坍塌与破裂的原因

从力学角度来说，造成井壁坍塌的原因主要是由于井内液柱压力较低，使得井壁周围岩石所受应力超过岩石本身的强度而产生剪切破坏。当井内液柱压力低于某一值时，地层出现坍塌，称这个压力为地层坍塌压力。此时，脆性地层会产生坍塌掉块（崩落），井径扩大，而塑性地层则向井眼内部产生塑性变形，造成缩径。井眼坍塌与否与井壁围岩的应力状态及强度特性等密切相关。如图 2-21 所示，对于直井眼，井眼坍塌（崩落）位置角位于井周角等于 90°和 270°处。

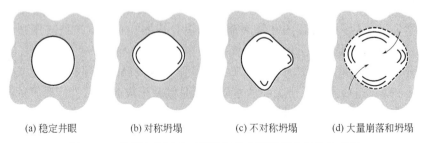

(a) 稳定井眼　　　(b) 对称坍塌　　　(c) 不对称坍塌　　　(d) 大量崩落和坍塌

图 2-21　井眼液柱压力过低引起的井眼坍塌失效演化规律

石油工程一般采用摩尔—库仑（Mohr—Coulomb）强度准则评价脆性地层（如泥页岩）是否发生剪切破坏。摩尔—库仑（Mohr—Coulomb）准则定义为，岩石破坏时剪切面上的剪应力 τ 必须克服岩石的固有剪切强度 τ_0（岩石的内聚力或者固有剪切强度），加上作用于剪切面上的内摩擦阻力 $\mu\sigma_n$ [内摩擦系数 μ（$=\tan\phi$）与法向应力 σ_n 的乘积]。

地层破裂是由井眼壁面上的应力状态决定的。深部地层的直井眼在水力压裂作业或高密度钻井时形成的垂直水力裂缝或钻井诱导缝，是由于井壁上的切向有效应力达到或超过岩石的单轴抗拉强度而产生的。由于切向有效应力随液柱压力升高而逐渐从压缩状态转变为拉伸状态，因此，将克服或超过岩石单轴抗拉强度的有效切向应力（呈拉伸状态）对应的液柱压力称为地层破裂压力。如图 2-22 所示，对于直井眼，井眼破裂位置角位于井周角等于 0°和 180°处。尽管从 20 世纪 40 年代开始水力压裂地层被用作油井的增产措施，但对钻井工程而言，地层破裂容易引起井眼漏失，造成一系列的井下复杂事故，所以了解地层的破裂压力对合理的油井设计和钻井施工十分重要。

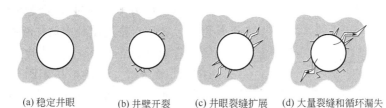

(a) 稳定井眼　　(b) 井壁开裂　　(c) 井眼裂缝扩展　　(d) 大量裂缝和循环漏失

图 2-22　井眼液柱压力过高引起的微裂缝发展形态演化规律

为准确地掌握地层破裂压力，国内外学者提出了不同预测计算地层破裂压力的方法和模型，如马修斯和凯利（Mathews 和 Kelly）法、休伯特和威利斯（Hubbert 和 Willis）法、伊顿（Eaton）法、Anderson 模型、Stephen 模型及黄荣樽模型，然而，这些方法和模型都有其局限性，有待进一步完善。下面介绍液压试验法。

二、地层破裂压力的检测方法

目前所用检测计算地层破裂压力的方法都有一定局限性，计算值与实际值都有一定误差，而液压试验法是一种准确有效获取地层破裂压力的方法，并且由液压试验取得的数据，还可提供一个区域或区块的地质构造应力值。

液压试验又称漏失试验，是在下完一层套管并注完水泥后，再钻穿水泥塞，钻开套管鞋下面第一个砂岩层之后进行的。液压试验的目的通常是检查注水泥作业和实测地层破裂压力。液压试验时地层的破裂易发生在套管鞋处，这是因为套管鞋处地层压实程度比其下部地层的压实程度差。

液压试验法的步骤如下：

（1）循环调节钻井液性能，保证钻井液性能稳定，上提钻头至套管鞋内，关闭防喷器。

（2）用较小排量（0.66~1.32L/s）向井内泵入钻井液，并记录各个时间的注入量及立管压力。

（3）作立管压力与泵入量（累计）的关系曲线图，如图 2-23 所示。

（4）从图 2-23 上确定各个压力值，漏失压力 p_L，即开始偏离直线点的压力，其后压力继续上升；压力上升到最大值，即为破裂压力 p_f；最大值过后压力下降并趋于平缓，平缓的压力称为传播压力 p_t。

（5）求破裂压力当量钻井液密度 ρ_{max}，有

$$\rho_{max} = \rho_m + 101.8 p_L / H \tag{2-21}$$

式中，ρ_m 为试验用钻井液密度，g/cm^3；p_L 为漏失压力，MPa；H 为裸眼段中点井深，m。

（6）求破裂压力梯度 G_f（MPa/m），有

$$G_f = 0.00981 \rho_m + \frac{p_L}{H} \tag{2-22}$$

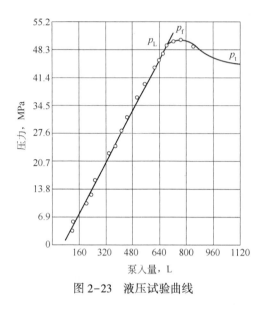

图 2-23　液压试验曲线

有时钻进几天后再进行液压试验时，可能出现试压值升高的现象，这可能是由于岩屑堵塞岩石孔隙所导致。

试验所需的钻井液量决定于裸眼长度。如果裸眼只有几米，则需要几百升钻井液。若裸眼较长，则需要几立方米的钻井液。

试验压力不应超过地面设备和套管的承载能力，否则可提高试验用钻井液密度。

在有些液压试验中，试验曲线不呈直线，出现几个台阶，这样不易判断真实的漏失点。如果发现台阶的压力低于预期的压力，则应继续试压，直至达到破裂压力。因此，如超过台阶后压力继续上升，说明这个台阶处并不是真实的漏失点。出现台阶的原因，可能是天然气或空气进入环空，或是钻井液漏失。

当裸眼很长时应该注意到，在同一试验压力下，裸眼最深部分的试验压力梯度大大小于套管鞋处的试验压力梯度。因此，不能保证裸眼最深部位一定能够承受得住套管鞋处所能承受的最大钻井液密度。

课程思政　中国地质力学之父李四光

李四光（1889—1971），字仲揆，湖北省黄冈县人。中国著名地质学家，毕业于英国伯明翰大学，获博士学位。首创地质力学。中央研究院院士，中国科学院院士。被人尊称为中国地质学之父。

地质力学，广义的理解是指地质学和力学结合的边缘学科。在中国地质学界，地质力学是指中国地质学家李四光在研究中国和东亚构造的基础上于20世纪40年代创立的一种构造地质学说。它主要是用力学的观点研究地质构造现象，研究地壳各部分构造形变的分布及其发生、发展过程，用来揭示不同构造形变间的内在联系。1941年，李四光在就"南岭地质构造的地质力学分析"的内容进行演讲时正式提出"地质力学"一词。1945年，他发表了论文《地质力学的基础与方法》，系统概括了地质力学理论。李四光从地质构造的现象入手，分析地应力的分布状况和岩石力学性质，探索力的作用方式进而探究地壳运动方式、运动规律和起源。1953年，李四光在运用地质力学理论对中国东部的地形构造进行了深入的分析之后，提出了"新华夏构造体系"的概念，对中国石油的勘探和开发起到了重要作用。

1922年，美国斯坦福大学教授布莱克·威尔德在《中国和西伯利亚的石油资源》一文

中得出了"中国贫油"的结论，中国由此被扣上了"贫油"的帽子。1953年，当毛泽东等国家领导人向李四光咨询中国是否有石油时，他根据多年来在地质力学方面的研究，以"新华夏构造体系"为基础回答说："在我国辽阔的领域内，天然石油资源的蕴藏量应当是丰富的。松辽平原、包括渤海湾在内的华北平原、江汉平原和北部湾，还有黄河、东海和南海，都蕴藏有石油。"1955年，全国性的石油普查勘探工作开始，李四光指挥普查人员，以地质力学为依据，在200多万平方千米的中、新生代沉积盆地进行了程度不同的石油普查。在普查中他们共打了3000多口普查钻井，总进尺达120多万米，初步摸清了中国石油地质的基本特征，证实了李四光关于我国有着丰富石油资源的判断。相继发现的大庆、胜利、大港、华北、江汉等油田，树立起了中国石油工业史上一座不朽的丰碑。这不仅摘掉了"中国贫油"的帽子，也很好地佐证了陆相生油理论和李四光创立的地质力学理论。

习 题

1. 岩石抗压强度和硬度有何区别？

2. 三轴应力条件下岩石的破碎特点及强度如何确定？

3. 岩石在平行层理和垂直层理方向上的强度有何不同？岩石的这种性质叫什么？

4. 岩石受围压作用时，其强度和塑脆性是怎样变化的？

5. 井底和井眼周围地层岩石受哪些力？

6. 影响岩石强度的因素有哪些？

7. 岩石的塑性系数是怎样定义的？简述脆性、塑脆性和塑性岩石在压入破碎时的特性。

8. 什么是岩石的可钻性？我国石油部门采用什么方法评价岩石的可钻性？将地层按可钻性分为几级？

9. 简述地下各种压力的概念及上覆岩层压力、地层孔隙压力和基岩应力三者之间的关系。

10. 水平地应力是怎样产生的？它与上覆岩层压力的关系是怎样的？

11. 简述地层沉积欠压实产生异常高压的机理。

12. 简述在正常压实的地层中岩石的密度、强度、孔隙度、声波时差和 dc 指数随井深变化的规律。

13. 试述异常地层压力形成的原因。

14. 分析在异常地层压力井段钻进，当其他钻井条件不变时，dc 指数与机械钻速的关系。

15. 井底和井眼周围地层岩石受哪些力？

16. 水平地应力是怎样产生的？它与上覆岩层压力的关系是怎样的？

17. 解释地层破裂压力的概念，并说明怎样根据液压试验曲线确定地层破裂压力。

第三章　钻井装备与工具

古人云："工欲善其事，必先利其器。"对于钻井来说，没有过硬的钻井装备和工具，就无法实现安全、优质和高效的钻井，也无法为油气勘探开发提供保障。本章主要介绍石油钻机的基本组成，石油钻井用钻头的结构和破岩原理，钻具的组成和使用。

第一节　钻机的组成及分类

一、钻井工艺对钻机的要求

钻机是指用于钻井的专业机械，是由多台设备组成的一套联合机组。钻机设备的配置与钻井方法密切相关。目前，世界各国普遍采用的钻井方法是旋转钻井法。旋转钻井法要求钻井机械设备具有以下几方面的基本能力。

（1）旋转钻进的能力：钻井工艺要求钻井机械设备能为钻具（钻柱和钻头）提供一定的扭矩和转速，并维持一定的钻压（钻柱作用在钻头上的重力）。

（2）起下钻具的能力：钻井工艺要求钻井机械设备应具有一定的起重能力及起升速度（能起出或下入全部钻杆柱和套管柱）。

（3）清洗井底的能力：钻井工艺要求钻井机械设备应具有清洗井底并携带岩屑的能力，能提供较高的泵压，使钻井液经钻柱中孔至钻头水眼，冲击清洗井底，再经井眼环空上返至井口，并将岩屑带出井外。

此外，考虑到钻井作业流动性的特点，钻机设备要容易安装、拆卸和运输，钻机的使用、维修工作必须简便易行，钻机的易损零部件应便于更换。

钻机是众多设备的有机统一体，而各部分又有其具体的功用。其每一设备和机构，都是针对性地满足钻井过程中某一工艺需要而设置的，全部配套设备的综合功能可以满足完成钻进、接单根、起下钻、循环洗井、下套管、固井、完井及特殊作业和处理井下事故的要求。

为适应各种地理环境和地质条件，近年来出现了各种具有特殊用途的钻机，如沙漠钻机、丛式井钻机、斜井钻机、顶驱钻机、小井眼钻机、连续柔管钻机等，这些钻机称为特种钻机。20世纪90年代至今，我国自主研制出了一系列不同类型的专业化特种钻机，形成了钻机的多样化体系。在生产出第一台新型电驱动钻机ZJ70D钻机之后，相继生产出一批新型石油钻井装备，包括全球首台人工岛7000m环形轨道移动模块钻机，以及代表中国钻机制造水平的12000m特深井钻机。

二、钻机的组成

钻机的工作系统比较庞大，各机组的工作状况和工作特点各不相同。人们按照钻机工作机组的工作特点，将钻机的工作系统分为六大系统：旋转系统、循环系统、起升系统、动力及传动系统、控制系统、井控系统。其中旋转系统、循环系统、起升系统为钻机的三大工作机。钻机的主要设备有井架、天车、绞车、游动滑车、大钩、转盘、水龙头、钻井泵（现场习惯上称为钻机八大件），以及动力机（柴油机、电动机、燃气轮机）、固相控制设备、井控设备等。常用钻机组成如图3-1所示（视频3-1）。

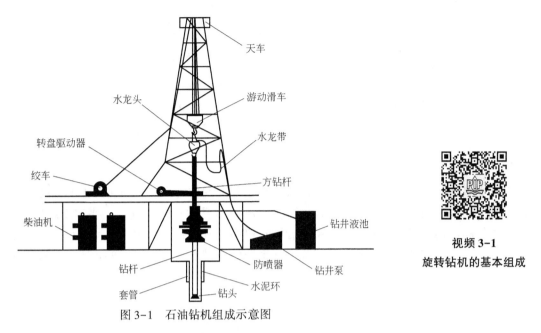

图 3-1　石油钻机组成示意图

视频 3-1
旋转钻机的基本组成

1. 旋转系统

旋转系统一般由转盘、水龙头、钻柱、钻头等组成（图3-2），其作用是驱动钻具旋转以破碎岩层。转盘通过方钻杆带动整个钻柱和钻头旋转，钻头碾压、冲击井底破碎岩石，水龙头提供高压钻井液通道。部分现代钻机中配备了顶部驱动钻井装置，它代替了转盘驱动钻杆柱和钻头旋转。

1）转盘

转盘是旋转钻机的关键设备，也是钻机的三大工作机之一（图3-3）。转盘实质上是一个大功率的圆锥齿轮减速器。转盘的中心有一个方形孔，钻头和钻杆通过这个方孔下入井中，钻柱的最上端接一根带四棱或六棱的钻具（即四方形和六边形），叫方钻杆。方钻杆与转盘方孔之间，由一个叫"方补心"的工具填紧。这样转盘通过方钻杆带动整个钻柱和钻头旋转。转盘转动见视频3-2。

转盘必须具有足够大的扭矩和一定的转速，以转动钻柱带动钻头破碎岩石，并能满足打捞、对扣、倒扣、造扣或磨铣等特殊作业的要求；具有抗震、抗冲击和抗腐蚀的能力，尤其是主轴承应有足够的强度和使用寿命，并要求其承载能力不小于钻机的最大钩载；能正反转，且具有可靠的制动机构；具有良好的密封、润滑性能，以防止外界的钻井液、污物进入转盘内部损坏主辅轴承。

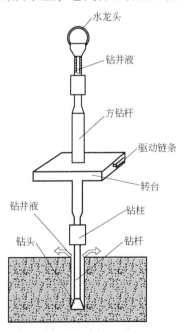

图 3-2　钻机旋转系统示意图

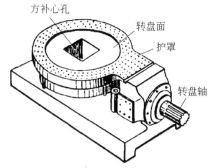

方补心孔
转盘面
护罩
转盘轴

视频 3-2
转盘转动

图 3-3　旋转钻机转盘

2）水龙头

水龙头是钻机的旋转系统设备，又起着循环钻井液的作用。它悬挂在大钩上，通过上部的鹅颈管与水龙带相连，下部与方钻杆连接。它既要承受钻具的重量，又要实现旋转运动，同时还提供高压钻井液的通道。水龙头是旋转钻机中提升、旋转、循环三大工作机相交汇的关键设备，是连接旋转系统、起升系统和循环系统的纽带。水龙头如图 3-4 所示及视频 3-3讲解。

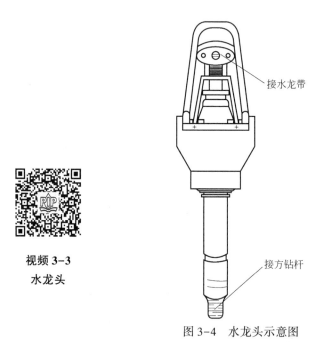

接水龙带

接方钻杆

视频 3-3
水龙头

图 3-4　水龙头示意图

水龙头的主要功用有两点：

（1）悬挂旋转的钻柱，承受大部分以至全部钻柱的重量；

（2）通过水龙头可以向旋转的钻柱内泵入高压钻井液。

特殊的功用对水龙头的设计、制造和使用提出了很高的要求。因此在设计制造时要使它既能承受较大的负荷，又能在承重的条件下保证所悬吊的钻柱自由旋转，同时还需具有良好的密封性能，保证高压钻井液的循环并具有较长的使用寿命。

3）顶部驱动系统

顶部驱动钻井系统（top drive drilling system）简称顶驱系统（TDS），是 20 世纪末期，美国、法国、挪威等国家研制应用的一种新型的钻井系统，已成为石油钻井行业的标准产品。它适用性极广，从 2000m 到 9000m 的井深都可以使用顶部驱动钻井系统。从世界钻井机械的发展趋势上看，它符合 21 世纪钻井自动化的历史潮流。其突出的优点是可节省 20%~25% 的钻井时间，可大大减少卡钻事故，可控制井涌，避免井喷，用于深井、超深井、斜井及各种高难度的定向井钻井时，其综合经济效益尤为显著。

顶部驱动钻井系统就是可以直接从井架空间上部直接旋转钻柱，并沿井架内专用导轨向下送进，完成钻柱旋转钻进，循环钻井液、接单根、上卸扣和倒划眼等多种钻井操作的钻井机械设备。顶部驱动是将钻机动力部分由下边的转盘移到钻机上部水龙头处直接驱动钻具旋转钻进的驱动方式。它可以用于替代转盘和方钻杆，减少接单根次数，提高钻井效率。顶驱系统主要由三个部分组成：导向滑车总成、水龙头—钻井电机总成和钻杆上卸扣装置总成（图 3-5）。

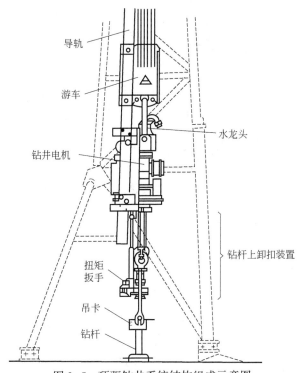

图 3-5　顶驱钻井系统结构组成示意图

顶部驱动钻井装置不使用方钻杆，不受方钻杆长度的限制也就避免了钻进 9m 左右接一个单根的麻烦。取而代之的是利用立柱钻进（2~3 根钻杆连在一起为立柱），这样就大大减少了接单根的时间。按常规钻井接一个单根用 3~4min 计算，钻进 1000m 就可以节省 4~5h；由于不用接方钻杆就可以循环和旋转，所以在不增加起下钻时间的前提下，顶部驱动钻井装置就能够非常顺利地将钻具起出井眼，在定向钻井中，这种功能可以节约大量的时间和降低事故发生的概率；该装置可以通过 28m 立柱钻进、循环，这样就相应地减少了井下电机定向的时间。

2. 循环系统

为了将井底钻头破碎的岩屑及时携带到地面上来以便继续钻进，同时为了冷却钻头，保护井壁，防止井塌等钻井事故的发生，旋转钻机配备有循环系统。循环系统包括钻井泵、地面管汇、钻井液罐、钻井液净化设备等（图3-6、视频3-4、视频3-5）。钻井泵是循环系统的核心，是钻机的三大工作机之一。地面管汇包括高压管汇、立管、水龙带；钻井液净化设备包括振动筛、除砂器、除泥器、离心机等。

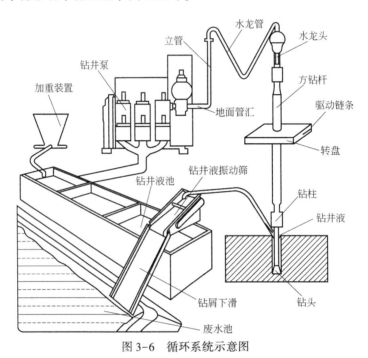

图 3-6 循环系统示意图

钻井泵将钻井液从钻井液罐中吸出，经钻井泵加压后的钻井液，经过高压管汇、立管、水龙带进入水龙头，通过空心的钻具到达井底，从钻头的水眼喷出，经井眼和钻具之间的环形空间携带岩屑返回地面。从井底返回的钻井液经各级钻井液净化设备，除去固相，然后重复使用。钻井泵的工作原理见视频3-6（往复泵）。

视频 3-4　　　　　视频 3-5　　　　　视频 3-6
钻机循环系统　　钻机 3D 循环系统　　往复泵工作原理

当采用井下动力钻具钻进时，循环系统还担负着提供高压钻井液驱动井下涡轮钻具或螺杆钻具带动钻头破碎岩石的任务。

3. 起升系统

起升系统主要由钻井绞车、辅助刹车、游动系统（如钢丝绳、天车、游动滑车，视频3-7）、大钩和井架组成。另外，还有用于起下操作的井口工具及机械化设备（如吊环、吊卡、卡瓦、动力大钳、立柱移运机构等）。绞车是起升系统的核心，是钻机的三大工作机之一。利用起升系统实现起下钻具、下套管、控制钻压及送进钻头等操作。它的作用和常见的大型吊车相似（图3-7）。

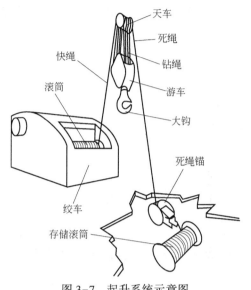

视频 3-7
钻机游动系统

图 3-7　起升系统示意图

4. 动力及传动系统

1）动力系统

钻机的动力系统设备包括柴油机、交流电机、直流电机。柴油机适用于在没有电网的偏远地区打井，交流电机依赖于工业电网或者是需要柴油机发出交流电，直流电机需要柴油机带动直流发电机发出直流电。目前常用的情况是柴油机带动交流电机发出交流电，再经可控硅整流，将交流电变成直流电。

2）传动系统

传动机构包括了能够传递和分配动力的所有变速箱、并车箱、正车箱、倒车箱、离合器、链条传动副、皮带传动副等传动部件。其作用即是按钻井工艺的要求给钻井泵、绞车和转盘等工作机传递和分配动力。由柴油机直接驱动的钻机多采用统一驱动的形式，传动系统相对复杂；由电动机驱动的钻机多采用各机组单独或分组驱动的形式，传动系统相对简单。

5. 控制系统

为了保证钻机的三大工作机组协调地工作，以满足钻井工艺的要求，钻机配备有控制系统，其常用的控制方式有机械控制、气控制、电控制和液控制等。目前，钻机上常用的控制方式是集中控制。司钻通过钻机上的司钻控制台可以完成几乎所有的钻机控制，如总离合器的离合，各动力机的并车，绞车、转盘和钻井泵的启停，绞车的高低速控制等。

三、钻机的分类

随着钻井生产的不断发展，钻机的使用条件越来越多样化，相应就出现了各种类型的钻机。旋转钻井钻机的分类方法有以下几类。

1. 按钻井深度划分

油井的深度是根据油层位置或所要探明的地层深度决定的。由于井的深浅不一，要求的设备能力不同，所以有不同类型的钻机，以适应钻不同深度的井。根据钻机的起重能力和所用钻杆直径的大小，可将钻机分为大型钻机和轻便钻机两大类（图3-8）。

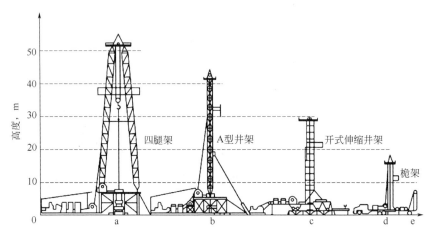

图3-8 大型钻机与轻便钻机
a—超重型钻机；b—重型钻机；c—中型钻机（拖车装）；
d—车装轻便钻机；e—地震轻便钻机（小车装或手抬式）

1）大型钻机

大型钻机最大起重量在800kN以上，使用88.9~139.7mm钻杆，井径在160mm以上，用于钻探井（包括生产井、注水井、勘探井）。大型钻机进一步又可分为：

（1）超重型钻机，钻井深度超5000m，最大起重量超过2500kN。

（2）重型钻机，钻井深度3000~5000m，最大起重量为2000~2500kN。

（3）中型钻井，钻井深度在1000~2500m，最大起重量为800~1600kN，也可以用于修井作业。

2）轻便钻机

轻便钻机额定起重量一般在300kN以下，使用42~88.9mm钻杆，钻井深度从几米到3000m，井径在150mm以下。常用于钻地质勘探井和水井等，如车装轻便钻机、地震轻便钻机等。

2. 按驱动设备类型划分

按驱动设备类型的不同，可将钻机分为：

（1）柴油机驱动钻机，又可分为柴油机驱动—机械传动钻机和柴油机驱动—液力传动钻机；

（2）电驱动钻机，又可分为直流电驱动钻机和交流电驱动钻机。

3. 按使用地区和用途划分

按使用地区和用途的不同，可将钻机分为海洋钻机、浅海钻机（适用于0~5m水深或沼泽地区）、常规钻机、丛式井钻机、沙漠钻机、直升机吊运钻机、小井眼钻机、连续柔管钻机等。

第二节 钻 头

钻头是破碎岩石形成井眼的主要工具，它直接影响着钻井速度、钻井质量和钻井成本。如果能用少量钻头迅速钻完一口井，那将会使整个钻进过程中，起下钻次数减少、建井速度加快、钻井成本降低。因此，选择破碎效率高、坚固耐用的钻头并使用好钻头，就具有特别重要的意义。本节介绍牙轮钻头、金刚石钻头及刮刀钻头的结构、破岩机理以及选择方面的基础知识，为正确选择及使用钻头、改进钻头结构设计打下基础。

一、钻头类型

1. 刮刀钻头

刮刀钻头是旋转钻井中最早使用的一种钻头。这种钻头结构简单、制造方便。刮刀钻头按刀翼数分为两翼（鱼尾）、三翼和四翼刮刀钻头，如图 3-9 所示。最常使用的是三翼刮刀钻头。

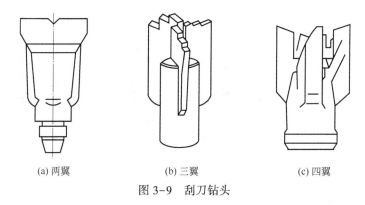

(a) 两翼　　　　　　　　(b) 三翼　　　　　　　　(c) 四翼

图 3-9 刮刀钻头

刮刀钻头是靠其刀翼在钻压作用下吃入岩石，并在扭矩作用下剪切破岩的，是切削型钻头，适用于松软地层的钻进，例如在泥岩、页岩和泥质胶结的砂岩等地层，可以取得很高的机械钻速和钻头进尺。但是在硬而研磨性高的地层中钻进，刀片吃入困难，钻头磨损快，机械钻速低，有时还出现整跳现象，对钻具和设备寿命有一定影响。

2. 牙轮钻头

牙轮钻头是钻井中使用最广泛的钻头。这是由于牙轮钻头旋转时具有冲击、压碎和剪切破碎岩石的作用，牙齿与井底的接触面积小，比压高，工作扭矩小，工作刃总长度大，因而使牙轮钻头能适用于多种性质的岩石。目前常用的牙轮钻头为三牙轮钻头，如图 3-10 所示。钻头上部车有螺纹，供与钻柱连接用；牙掌（也称巴掌）上接壳体，下带牙轮轴（轴颈）；牙轮装在牙轮轴上，牙轮带有牙齿，用以破碎岩石；每个牙轮与牙轮轴之间都有轴承；水眼（喷嘴）是钻井液的通道；储油密封补偿系统

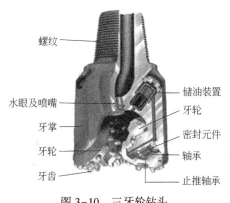

图 3-10 三牙轮钻头

储存和向轴承腔内补充润滑油脂，同时可以防止钻井液进入轴承腔和漏失润滑脂。

目前牙轮钻头按牙齿材料不同分为铣齿（也称钢齿）和镶齿（也称硬质合金齿）两大类。铣齿牙轮钻头的牙齿均为楔形齿，由牙轮毛胚直接铣削加工而成，如图3-11所示。

图3-11 铣齿类型

镶齿牙轮钻头是在牙轮上钻出孔后，将硬质合金材料制成的齿镶入孔中。镶齿的硬度和抗磨性比铣齿高，寿命比铣齿长。常见镶齿如图3-12所示。

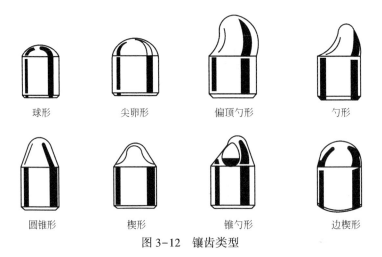

图3-12 镶齿类型

3. 金刚石钻头

以金刚石做工作刃的钻头称为金刚石钻头。金刚石钻头早期在地质钻探中使用，后来才在石油钻井中使用。最初只用在极硬地层和研磨性大的地层。目前金刚石钻头已不再是只能打坚硬地层的天然金刚石钻头的单一品种，而是形成一个能钻进从极软到极硬地层的完整系列。

1）金刚石切削材料的类型

按钻头的破岩元件材料不同，可分为：天然金刚石钻头（常称金刚石钻头）、聚晶金刚石复合片钻头（简称PDC钻头）以及热稳定性聚晶金刚石钻头（简称TSP钻头）。

天然金刚石可分为五种：优级（P）、标准级（R）、特优级（SP）、立方体钻石、黑钻石。优级与标准级金刚石为常用金刚石，特优级适用于硬及研磨性地层；立方体钻石颗粒大，带棱角，适用于较软地层提高钻速，但其抗冲击能力低；黑色钻石有最强的抗冲击性，适用于破碎型地层钻进。

聚晶金刚石复合片是在1600℃，6000~8000MPa的压力下一次烧结出来的复合材料，随着高温高压技术的进步，复合片直径由原来的½in增大至2in，复合片上部为聚晶金刚石薄层（0.6~0.635mm），是切削元件锋锐的刃口，硬度及耐磨性极高，但抗冲击韧性差。下部为碳化钨基片，其耐磨性仅为金刚石聚晶层的1/100，所以在钻井过程中易于形成"自锐"，同时其抗冲击性好，为金刚石层提供良好的弹性依托。PDC钻头及大复合片钻头的切削元件，如图 3-13 所示。

热稳定聚晶块是在复合片的基础上发展起来的新材料。PDC 复合片中的聚晶金刚石采用钴（Co）为粘结剂，由于钴与金刚石之间膨胀系数差异较大，所以当钻头钻进由摩擦热产生高温时，由于钴的膨胀导致金刚石晶粒间的热压力裂纹及剥落。当复合片工作温度达到 730℃ 时，其切削能力直线跌落。热稳定聚晶块就是采用化学方法将金刚石聚晶块中的钴滤析掉，以实现晶粒之间的 C—C 连结，或采用热敏感较低的非金属材料作为催化剂，其工作温度可提高到 1200℃。因此，PDC 钻头只适用于钻进产生摩擦热较少的软—中软地层，TSP 钻头则可适用于钻进中—中硬并带有一定研磨性的地层。

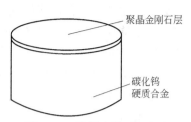

图 3-13　聚晶金刚石复合片

2）金刚石钻头的结构

金刚石钻头属一体式钻头，整个钻头无活动部件，主要有钻头体、冠部、水力结构［包括水眼或喷嘴、水槽（又称流道）、排屑槽］、保径齿、切削刃（齿）五部分，见图 3-14。

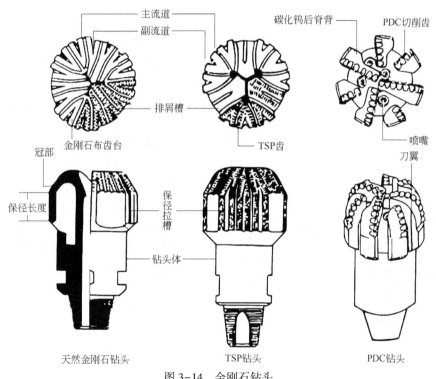

图 3-14　金刚石钻头

钻头的冠部是钻头切削岩石的工作部分，其表面（工作面）镶装有金刚石材料切削齿，并布置有水力结构，其侧面为保径部分（保径齿），它和钻头体相连，由碳化钨胎体或钢质材料制成。

钻头体是钢质材料体，上部是螺纹，和钻柱相连接；其下部与冠部胎体烧结在一起（钳质的冠部则与钻头体成为一个整体）。

金刚石材料钻头的水力结构分为两类。一类用于天然金刚石钻头和 TSP 钻头，这类钻头的钻井液从中心水孔流出，经钻头表面水槽分散到钻头工作面各处冷却、清洗、润滑切削齿，最后携带岩屑从侧面水槽及排屑槽流入环形空间。另一类用于 PDC 钻头，这类钻头的钻井液从水眼中流出，经过各种分流元件分散到钻头工作面各处冷却、清洗、润滑切削齿。PDC 钻头的水眼位置和数量根据钻头结构而定。

保径部分在钻进时起到扶正钻头、保证井径不致缩小的作用。采用在钻头侧面镶装金刚石的方法达到保径目的时，金刚石的密度和质量可根据钻头所钻岩石的研磨性和硬度而定。

4. 其他钻头

1）取心钻头

取心钻头是钻出岩心的工具，它的切削刃分布在同一个圆心的环形面积上，对岩石进行环形破碎，形成岩心。取心钻头的类型很多，目前使用的有刮刀取心钻头、硬质合金取心钻头、金刚石取心钻头等几种。使用最多的是金刚石取心钻头（图 3-15）。

为了提高取心收获率，钻头必须工作平稳。因此，要求钻头上的切削刃对称分布，耐磨性一致，并且底刃平面与钻头中心线垂直，以免因钻头工作时歪斜偏磨。在一定的条件下可以减少钻头的环形切削面积，以增大岩心直径。

2）双心钻头

"双心"的意思是有一个钻头本身旋转轴和一个与井眼同心的轴，这两条轴线距离决定偏心的程度（图 3-16）。双心钻头适用于在通过一个较小的井眼或套管中钻出一个大井径的井眼。一般双心钻头用于钻穿易黏附的流动性盐岩或膨胀性页岩地层，双心钻头还用于加深井钻进，二次完井，增加套管环空，提高固井质量，以及减少井下扩眼时所伴随的危险。

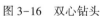

图 3-15　金刚石取心钻头　　　　　　　　　　　　图 3-16　双心钻头

双心钻头可选用 PDC、巴拉斯、巴赛克和天然金刚石作切削元件，任何标准的水力结构皆可匹配。此类钻头的几何结构可作变化，以适用各种地层和井下扩眼要求。

二、钻头的破岩机理

1. 刮刀钻头的破岩机理

刮刀钻头在井底钻进时，在钻压的作用下，刀刃吃入岩石，然后在扭矩的作用下，刀刃旋转切削破碎岩石。即刮刀钻头是在钻压和扭矩的联合作用下，边吃入，边切削，以螺旋线轨迹连续破碎岩石，形成一倾斜面的井底。钻压越大，刀刃吃入岩石越深，钻头每一转所取得的进尺就越大，转速越高，单位时间内的进尺就越大。

大量的实验和分析证明，刮刀钻头在钻压 W 和扭矩 T 的作用下破碎岩石时，首先是刀翼碰撞到岩石，在扭矩的作用下刀翼继续前进对刀刃前岩石产生挤压，挤压过程中会产生小的剪切。随着刀翼的继续前进，扭力达到岩石的极限强度时，岩石便沿剪切面产生大的剪切破碎，完成了一个破岩过程（图 3-17）。碰撞、挤压及小剪切、大剪切这三个过程反复进行，形成破碎塑脆性岩石的全过程。在刮刀钻头破碎较软的塑性岩石时，其破碎过程又有所不同。由于岩石硬度小，刀刃在钻压作用下很容易吃入，在扭短的作用下刀前岩石的破碎是连续的塑性流动。这种情况类似于用犁来犁地，或软金属的切削。此外，PDC 钻头工作原理和刮刀钻头基本相同（PDC 钻头破岩过程仿真见视频 3-8）。

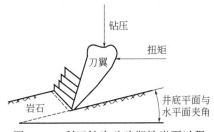
图 3-17　刮刀钻头破碎塑性岩石过程

视频 3-8
PDC 钻头破岩原理

2. 牙轮钻头的破岩机理

牙轮钻头结构的特点以及井底的实际状况使牙轮钻头在井底工作时的运动状态和受力状态比较复杂。牙轮钻头的破岩原理主要有以下两个方面（牙轮钻头破岩过程仿真见视频 3-9）。

1）冲击、压碎作用

钻头在井底工作时，钻头及其牙轮绕钻头轴线旋转（又称"公转"）。由于地层对牙齿的阻力，也使牙轮同时绕其自身轴线旋转（又称"自转"）。牙轮在旋转时，牙齿交替以单双齿轮流接触井底，如图 3-18 所示。

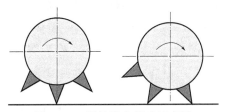
图 3-18　牙轮纵向振动示意图

视频 3-9
牙轮钻头破岩机理

钻头工作时，牙轮滚动，牙齿与井底的接触是单齿、双齿交错进行的。单齿接触井底时，牙轮的中心处于最高位置；双齿接触井底时则牙齿的中心下降。牙轮在滚动过程中，牙轮中心的位置不断上下交换，使钻头沿轴向作上下往复运动，这就是钻头的纵向振动。因此，牙轮钻头在井底破岩时，牙齿作用在岩石上的力，不仅有钻压产生的静载荷，还有因纵向振动而使牙齿以很高速度冲向岩石所产生的动载荷，前者使牙齿压碎岩石，称为压碎作用；后者使牙齿冲击破碎岩石，称为冲击作用。

2）剪切作用

在硬地层中，利用钻头对井底的冲击、压碎作用，可以有效破碎岩石。但在软地层和中硬地层中，除了要求牙齿对井底岩石有压碎、冲击作用外，还要有剪切刮挤的作用才能有效地破碎岩石，剪切刮挤作用来自牙轮在井底的滑动。

三、钻头系列标准

1. 国产三牙轮钻头系列标准

三牙轮钻头标准中规定，根据三牙轮结构特征，产品分成两大类，共八个系列，见表3-1，钻头的类型与适应的地层见表3-2，国产牙轮钻头型号表示方法见图3-19。

表 3-1　国产三牙轮钻头系列代号

类别	系列名称		代号
	全称	简称	
铣齿钻头	普通三牙轮钻头	普通钻头	Y
	喷射式三牙轮钻头	喷射式钻头	P
	滚动密封轴承喷射式三牙轮钻头	密封钻头	MP
	滚动密封轴承保径喷射式三牙轮钻头	密封保径钻头	MPB
	滑动密封轴承喷射式三牙轮钻头	滑动轴承钻头	HP
	滑动密封轴承保径喷射式三牙轮钻头	滑动保径钻头	HPB
镶齿钻头	镶硬质合金齿滚动密封轴承喷射式三牙轮钻头	镶齿密封钻头	XMP
	镶硬质合金齿滑动密封轴承喷射式三牙轮钻头	镶齿滑动轴承钻头	XHP

表 3-2　国产三牙轮钻头类型与适应地层

地层性质		极软	软	中软	中	中硬	硬	极硬
型式	型式代号	1	2	3	4	5	6	7
	原型式代号	JR	R	ZR	Z	ZY	Y	JY
适用岩石举例		泥岩 石膏 盐岩 软页岩 白垩 软石灰岩		中软页岩 硬石膏 中软石灰岩 中软砂岩	硬页岩 石灰岩 中软石灰岩 中软砂岩	石英砂岩 硬白云岩 硬石灰岩 大理岩		燧石岩 花岗岩 石英岩 玄武岩 黄铁矿
钻头颜色		乳白	黄	淡蓝	灰	墨绿	红	褐

图 3-19　国产牙轮钻头型号表示方法

例如，用于软地层、直径215.9mm（8½in）的镶齿滑动密封轴承，喷射式三牙轮钻头型号表示方法如下：215.9XHP2。

2. IADC 牙轮钻头分类方法及编号

目前，国外在钻井上使用最多的仍是牙轮钻头。钻头的类型和结构比较繁杂，各厂家生产的钻头虽各有代号，但大都采用国际钻井承包商协会（IADC，International Association of Drilling Contractors）牙轮钻头编号，以便识别和选用。

IADC 钻头编码用三位数字代表，各数字的意义如下述。

第一位数字表示牙齿特征及所适用地层：

1—铣齿，软地层（低抗压强度和高可钻性）；

2—铣齿，中到中硬地层（高抗压强度）；

3—铣齿，硬地层（中等研磨性）；

4—镶齿，软地层（低抗压强度和高可钻性）；

5—镶齿，软到中硬地层（低抗压强度）；

6—镶齿，中硬地层（高抗压强度）；

7—镶齿，硬地层（中等研磨性）；

8—镶齿，极硬地层（高研磨性）。

第二位数字表示所钻地层，由软到硬分别分为四个等级。

第三位数字表示钻头结构特征：

1—标准型滚动轴承；

2—用空气清洗和冷却的滚动轴承；

3—滚动轴承保径钻头；

4—密封滚动轴承；

5—密封滚动轴承保径齿；

6—密封滑动轴承；

7—密封滑动轴承及保径齿；

8—定向井钻头；

9—其他。

例1：321 第一位数字 3 表示铣齿、硬地层；第二位数字 2 表示硬地层 2 级；第三位数字 1 表示标准型滚动轴承。

例2：817 第一位数字 8 表示镶齿、极硬地层；第二位数字 1 表示极硬地层 1 级；第三位数字表示密封滑动轴承及保径齿。

此外还可以添加第四位字码为钻头附加结构特征代号，用以表示前面三位数字无法表达的特征，用英文字母表示。目前，IADC 已定义了 11 个特征，用下列字母表示：

A—空气冷却；

C—中心喷嘴；

D—定向钻井；

E—加长喷嘴；

G—附加保径/钻头体保护；

J—喷嘴偏射；

R—加强焊接（用于顿钻）；

S—标准铣齿；

X—楔形镶齿；

R—圆锥形镶齿；

Z—其他形状镶齿。

3. 金刚石钻头分类方法

金刚石钻头目前还没有统一的系列标准，各生产厂家只有自己的系列标准，但一般都包含以下一些分类特征：

(1) 钻头本体结构，通常用字母 M、S、D 表示，分别代表胎体、钢体和天然金刚石；

(2) 冠部形状，包含短鱼尾状、短冠形、中冠形、长冠形；

(3) 切削齿大小，可以分成四类：大于 19mm，19～13mm（包括 19mm），13～8mm（包括 13mm），小于或等于 8mm。

四、钻头选择

钻头类型的选择对钻井速度影响很大，往往由于钻头选型不当，使得钻井速度慢、成本高。正确选择钻头，一方面要清楚地了解现有钻头的工作原理与结构特点，另一方面还应对所钻地层岩石物理机械性能有充分的认识。钻头特性与地层性质的合理匹配是钻头选择的基本出发点。

1. 钻头使用效果的主要指标

衡量钻头破岩效率高低的主要指标有：钻头进尺、钻头工作寿命、机械钻速。

钻头进尺指一个钻头钻进的井眼总长度，单位为 m。

钻头工作寿命指一个钻头的累计总使用时间，单位为 h。

用钻头的进尺除以纯钻进时间，即单位纯钻进时间的钻头进尺，来表示钻头破碎岩石的能力和效果，称为钻头机械钻速，单位为 m/h。

2. 选择时考虑的因素

1) 研磨性地层的选择

研磨性地层会使牙齿过快磨损，机械钻速降低很快，钻头进尺少，特别会磨损钻头的规径齿以及牙轮背锥与爪尖，使钻头直径磨小、轴承外露，加速钻头的损坏，这时最好选用镶齿钻头。

2) 浅井段与深井段钻头类型的选择

为了达到最好的经济效果，在浅井段应选用机械钻速较高的钻头类型，深井段应考虑使用寿命长的钻头。如上部松软地层可选用喷射式的 P1 和 P2 型钻头，深部的软地层可选用简易滑动喷射式 HP2 型钻头。这样可达到降低每米成本的目的，特别是在海洋钻井与钻机成本较高的井队，经济效果更为明显。

3) 深部软地层的选型

根据生产实践知道，约在 3000m 以下井深遇到泥岩、页岩等软地层岩石时，如选用硬地层钻头钻进，机械钻速很低；如选用软地层钻头钻进，又容易造成过多断齿的现象。人们形象地称这种地层为"橡皮地层"，这是由于软岩石在深部处于各向高压状态时，岩石物理机械性能就要改变，岩石的硬度增大，塑性也增大。因此使用主要靠冲击破碎岩石的硬地层钻头类型时，破碎岩石效果差，机械钻速慢；而用软地层钻头加大刮挤作用来破碎岩石时，易断齿，钻头使用寿命短。所以，这时最好的方法是用低固相优质轻钻井液，选择中硬地层钻头类型，往往效果较好。

4）易井斜地层的选型

地层倾角较大是造成井斜的客观因素，而下部钻柱的弯曲与钻头类型选择不当，是造成井斜的技术因素。钻头类型与井斜的关系，过去往往不被人们所认识，通过理论分析与试验得知，移轴类型的钻头，在倾斜地层钻进时易造成井斜，所以应选用不移轴或移轴量很小的钻头。同时，保证移轴小的前提下，还应选用比地层岩石性能较软类型的钻头，这样可以在较低的钻压下提高机械钻速。

5）软硬交错地层的选型

一般应选择镶齿钻头中加高楔形齿或加高锥球齿，这样既在软地层中有较高的机械钻速，也能保证对付硬地层。但在钻头钻进时的钻压及转速上应有区别，钻进软地层时可提高转速降低钻压，在硬地层井段应提高钻压降低转速，达到更好的经济效果。

3. 按钻头产品目录选择钻头类型

钻头生产厂家通过大量的试验，对各型钻头的适用情况进行了界定，形成了钻头产品目录。根据钻头产品目录，结合所钻地层性质选择钻头类型，基本能够做到对号入座，匹配合理。例：某井井深 4000m，石灰岩地层，试选用国产三牙轮钻头类型。

根据国产三牙轮钻头产品目录（表 3-2），适合一般石灰岩地层的钻头类型有 3 型和 4型。考虑到井深较大，建议选用 4 型国产三牙轮钻头。

4. 按照每米成本进行选型

经济效益是衡量各种产品价值的主要标准，也是选择产品类型与合理使用的主要指标，为此，对于钻头的选型与合理使用应按每米成本最低来考虑。目前常用每米成本计算公式为：

$$C_t = [C_b + C_r(t_t + t)]/H_b \qquad (3-1)$$

式中，C_t 为每米成本，元/m；C_b 为钻头成本，元；C_r 为钻机运转费用，元/h；t_t 为起下钻及接单根时间，h；t 为钻头工作时间，h；H_b 为钻头进尺，m。

第三节 钻 具

在钻井中除必须配备一整套地面钻井设备外，还要配备一系列井下钻进工具。它们包括钻井时下入井内的钻头、钻柱、井下动力钻具、取心工具以及一些辅助钻井工具（如事故处理工具）等。井下钻进工具也简称为钻具。

一、钻柱

钻柱是从钻头到地面全部管柱的总称。如果说钻井液被誉为钻井的血液，那么钻柱就是钻井的脊椎。钻柱是钻井的重要工具，是连通地面与地下的枢纽。钻柱的基本作用有：

（1）起下钻头。钻柱可以将钻头送到井底，也可将钻头从井底取回到地面上来。

（2）施加钻压。利用钻柱的重量，给钻头施加适当的压力，使钻头的工作齿不断地吃入岩石，这个压力就是钻压。

（3）传递动力。在转盘钻井时是靠钻柱来把地面动力（主要是扭矩）传递给钻头，使钻头不断旋转破碎岩石。

（4）输送钻井液。钻柱的中心都是空的，因而还用作循环钻井液的通道。

随着现代钻井深度的不断增加，钻进工艺的不断发展，对钻柱的性能要求也越来越高。目前，已广泛使用具有防斜、防震、防卡等作用，由一种或数种钻具组合而成的复合钻柱。这种复合钻柱配合不同的工艺措施，可以控制井斜变化，改善钻头工作状态，减少卡钻事故的发生，进而获得多方面的综合效益。

钻柱由多种不同的钻具组成，其组成方式随钻井条件和钻井方法不同而有区别。一般组成钻柱的基本钻具是方钻杆、钻杆、钻铤、配合接头等，如图3-20所示。随着钻进工艺的发展，在钻井中除使用上述基本钻具外，还研制使用了一系列能进一步提高钻井工作效率的钻具。使用最广泛的是稳定器、减震器和震击器。

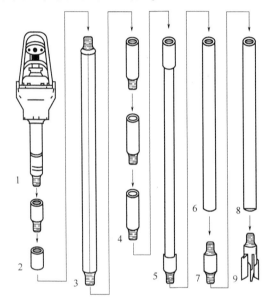

图 3-20　钻柱组成示意图
1—水龙头；2—配合接头；3—方钻杆；4—保护接头；5—钻杆；
6—钻铤；7—配合接头；8—钻铤；9—钻头

1. 方钻杆

方钻杆连接在钻柱的最上端，方钻杆的驱动部分断面为中空的四边形或六边形，分别叫四方钻杆和六方钻杆。方钻杆与转盘中的方补心内孔相配合，当方钻杆进入转盘后只能随转盘转动和上下移动。这样，在转盘旋转时，就能带动方钻杆、钻杆、钻铤和钻头旋转钻进。

方钻杆采用高强度合金钢制造。方钻杆的壁厚比钻杆壁厚大三倍左右，具有高抗拉和抗扭强度，可以承受整个钻柱的重量和旋转钻柱及钻头需要的扭矩。

方钻杆长度约为12m，为了适应钻柱配合的需要，方钻杆也有多种尺寸和接头类型。方钻杆规范尺寸有 $2\frac{1}{2}$in、3in、$3\frac{1}{2}$in、$4\frac{1}{2}$in、$5\frac{1}{2}$in。

2. 钻杆

钻柱中最长的一段是钻杆。钻杆连接在钻铤和方钻杆之间。钻杆每根长约9m，靠两端的接头相互连接。钻井工人习惯称单根钻杆为"单根"，2~3根钻杆连在一起时被称为"立柱"。

（1）钻杆的结构。钻杆由钻杆本体与钻杆接头两部分组成。钻杆管体与接头的连接有两种方式（图3-21）：一种是用细螺纹连接，即管体两端都车有细外螺纹，与接头一端的细内螺纹相连接，称这种钻杆为细螺纹钻杆；另一种是管体与接头对焊在一起，称这种钻杆为对焊钻杆。细螺纹钻杆目前已基本淘汰，我国现在生产或进口的钻杆全部为对焊钻杆。为了增强管体与接头的连接强度，管体两端加厚。常用的加厚形式有内加厚、外加厚、内外加厚三种（图3-22）。

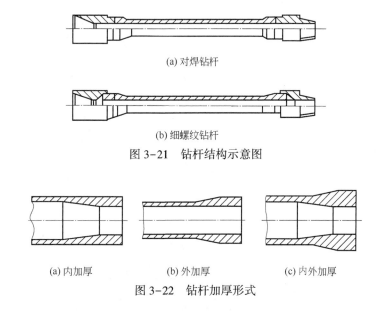

(a) 对焊钻杆

(b) 细螺纹钻杆

图 3-21　钻杆结构示意图

(a) 内加厚　　　　(b) 外加厚　　　　(c) 内外加厚

图 3-22　钻杆加厚形式

（2）钻杆的强度与钢级。钻杆的壁厚较薄，是钻柱中最薄弱的部件，所以需要采用高强度钢。API规定的钻杆钢级有D级、E级、X级、G级和S级共五种，其中X级、G级和S级钻杆为高强度钻杆。近年来高强度铝合金钻杆广泛使用，铝合金钻杆重量轻，钻柱强度高，减少了钻柱事故的发生。

（3）钻杆尺寸。钻杆的公称尺寸指本体外径。目前规范尺寸有 $2\frac{7}{8}$in、$3\frac{1}{2}$in、$4\frac{1}{2}$in、5in、$5\frac{1}{2}$in、$6\frac{5}{8}$in。

钻杆是钻柱组成的主要部分，井越深则钻杆长度越长，重量就越大，钻柱上部受到的拉力也就越大。所以每种尺寸的钻杆都有一定的可下深度。大尺寸钻杆的可下深度小（就钻机提升能力而言），但是大尺寸钻杆强度大，水眼大，钻井液流动阻力小，同时由于环空较小，所以钻井液返回速度较高，有利于泵的功率充分利用。因此，在钻机提升能力允许的条件下，选择大尺寸钻杆是有利的。

表 3-3　钻杆名义外径和重量代号

钻杆名义外径 mm	名义外径代号	重量 kg/m	壁厚 mm	重量代号
60.3	1	7.2	4.83	1
		9.9	7.11	2

钻杆名义外径 mm	名义外径代号	重量 kg/m	壁厚 mm	重量代号
73.0	2	10.2	5.51	1
		15.5	9.19	2
88.9	3	14.1	6.45	1
		19.8	9.35	2
		23.1	11.4	3
101.6	4	17.6	6.65	1
		20.8	8.38	2
		23.4	9.65	3
114.3	5	20.5	6.88	1
		24.7	8.56	2
		29.8	10.92	3
		34.0	12.7	4
		36.7	13.97	5
		38.0	14.61	6
127.0	6	24.2	7.52	1
		29.0	9.19	2
		38.1	12.7	3
139.7	7	28.6	7.72	1
		32.6	9.17	2
		36.8	10.54	3

3. 钻铤

钻铤位于钻柱的下部，是下部钻具组合的主要组成部分。其特点是壁厚大，一般为38~53mm，相当于钻杆壁厚的4~6倍，具有较大的重量和刚度。与钻头相联，用它自身的重量给钻头施加压力。由于钻铤壁厚、强度和刚度大，受压后不易弯曲，同时也保证下部钻具组合必要的强度。钻铤尺寸一般选用与钻杆接头外径相等或相近的尺寸，有时根据防斜措施来选择钻铤的直径。钻铤长度主要根据最大钻压来确定，一般情况下，钻铤的重量应超过最大钻压的20%~30%，这样可以保证用钻铤施加钻压。因此钻铤的主要作用有：给钻头施加钻压；保证压缩应力条件下的必要强度；减轻钻头的振动、摆动和跳动，使钻头工作平稳。

钻铤每根长约9m，靠两端的接头相互连接。虽然钻铤总长度只有200m左右，但其重量在钻柱中占有很大的比例。在一些特殊情况下，可以用加重钻杆（比一般钻杆壁厚要大）取代部分钻铤。

4. 配合接头

由于组成钻柱的钻具种类不同、尺寸不同，需要使用配合接头连接，才能组成统一和谐的钻柱。配合接头有两种，一种是钻具自带的接头，用于种类相同、尺寸相同的钻具间的连接，如同尺寸钻杆间的连接；二是单独的接头，用于种类不同、尺寸不同的钻具间的连接，如钻杆与钻铤间的连接。

5. 稳定器

稳定器又称为扶正器，是钻井中不可或缺的常用井下工具。稳定器在钻具组合中起着支点和扶正的作用，限制钻具横向移动，这是它的最重要的功能。钻具稳定器是满眼、钟摆和增稳降斜钻具组合中必需的部件。

在钻井实践中往往根据地层的不同性质和防斜的要求，用稳定器构成多种防斜钻柱。稳定器通常要使用好几个，下稳定器紧接在钻头上，中稳定器距钻头约十几米。钻进时，稳定器与井壁接触，对钻头起扶正和导向作用。为了保证扶正器能较好地接触与支撑井壁，其外径尽可能接近钻头直径。

使用较为普遍的稳定器结构为螺旋稳定器，即稳定片是螺旋形的。这种结构的稳定器，憋劲小。国产标准整体式螺旋稳定器的结构如图3-23所示。

图3-23　螺旋稳定器结构

6. 减震器

减震器也是钻井作业所需的井下工具之一。它利用工具内部的减震元件吸收或减小钻井过程中钻头的冲击负荷、钻柱的震动负荷以及旋转破岩时的扭转负荷，从而保护钻头和钻具，达到降低钻井成本、提高钻井工作效率的目的。

最常见的是液压减震器，它是通过具有可压缩的硅油来实现的。钻井作业中钻头和钻具受到冲击和震动时，其作用力使工具以极快的速度向上运动，此时油腔内的液压油不仅受到压缩，而且一部分液压油将以极高的流速经阻尼孔流入缸套腔内，从而起到了吸能及缓冲的作用。减震器一般都装在靠近钻头的地方。

7. 震击器

在钻井作业中，下落的钻屑、地层的膨胀缩径、井下落物、压差或其他原因都可以引起钻柱被卡。在当今的钻井作业中，为避免因卡钻而使大段钻具落井，常在钻柱中安放震击器，大大提高了钻井效益，为钻柱提供了更大的安全系数。

震击器的结构类型很多，既有液力向上震击和机械向下震击的特性，又有机械锁紧，以进行长期的随钻作业的特点。震击器的主要部件是液力震击系统，其震击力通过超拉钻柱悬重而储存在钻柱中，经一定时间，超拉达一定值时，震击器释放能量迅速作用在被卡钻柱上而发生震击。如果需要，震击器可多次重复震击，直到解卡为止。

二、井下动力钻具

井下动力钻具是指接在钻柱下部，随钻柱一起下到井底的动力机，它有液力驱动（利用高压钻井液的能量作为动力）和电驱动两类。前者包括涡轮钻具、螺杆钻具、冲击钻具，后者为电动钻具。

使用井下动力钻具的优点是钻井时钻柱不转动，可以减少钻柱的疲劳与磨损，减少钻杆折断事故。而且，由于钻柱不转动，钻井时钻柱与井壁间的摩擦功率损失很少，传递到井底的功率就较高。因此，井下动力钻具被广泛地用于打定向井和修井、侧钻等作业。

1. 涡轮钻具

涡轮钻具是一种特殊结构的水涡轮，其作用原理和南方农村车水用的水车或磨面用的水磨是相似的。它靠液流的力量冲击叶片或叶轮，从而带动轮轴转动进行工作。图 3-24 即为涡轮钻具的结构示意图。

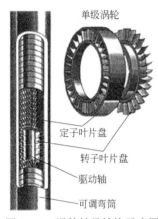

图 3-24　涡轮钻具结构示意图

涡轮钻具由外壳、涡轮定子、转子、中心轮轴、轴承等主要部件组成。定子固定在外壳内，外壳与钻柱相连，它们都是不转动的。转子固定在中心转轴上，中心转轴与钻头连接。它们是转动的。定子和转子的叶片是向相反方向弯曲的。当高压钻井液通过钻柱进入涡轮钻具后，钻井液顺着定子叶片的偏斜方向流动，正好有力地冲击到转子叶片上。这种冲击力作用下，转子就带动中心轴旋转，从而使钻头转动。实际上，涡轮钻具是由成百对定子和转子串联组成的，所以中心轴上能产生很大的扭矩和功率，使钻头高速地钻进。

为了提高涡轮钻井的技术经济指标，近年来发展了多种新型涡轮钻具，其结构与性能比普通涡轮钻具有了很大提高。改进的主要方向是发展了低转速大扭矩的涡轮钻具，以及适合于金刚石钻头及高压喷射钻头钻井的新型涡轮钻具，取得了良好的生产效果。

2. 螺杆钻具

螺杆钻具（positive displacement motor），是一种以钻井液为动力，将液体压力能转为机械能的容积式井下动力钻具。钻井泵泵出的钻井液流经旁通阀进入马达，在马达的进、出口形成一定的压力差，推动转子绕定子的轴线旋转，并将转速和扭矩通过万向轴和传动轴传递给钻头，从而实现钻井作业。

它的特点是输出轴的扭矩与钻井液在螺杆钻具内的压力降成正比，转速与钻井液排量成正比。由于钻头上所需的扭矩与钻压成正比，因此当钻压增加时，螺杆钻具轴上的扭矩增加，通过它的钻井液压力降也增加，但其工作转速却几乎不受扭矩或钻压的影响。这种特性对钻井时控制钻压特别有利。钻压的变化引起了地面泵压的变化，因此地面钻井泵的压力表可以当作钻压指示器使用，司钻可以据此而控制钻压。螺杆钻具比涡轮钻具能得到更大的扭矩和功率。由于它在小排量下工作，转速较低，因而使钻头的进尺比涡轮钻井时高。

图 3-25 为螺杆钻具的结构剖面图。它由外壳、定子、转子、万向轴、主轴等主要部件组成。钻具的主要工作元件是转子和定子。定子为橡胶衬套，在全长上形成一个由椭圆形截面构成的螺旋通道，通道中有一根像麻花一样的螺旋形转子。转子两端的轴是偏心安装的，上端可以自由旋转，下端通过万向轴与主轴相连。当高压钻井液从钻杆进入螺杆钻具时，就从转子和定子螺旋形通道之间的空间往下挤，钻井液靠其压力迫使麻花形的转子在定子的螺旋通道中不断移

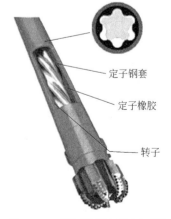

定子钢套

定子橡胶

转子

图 3-25　螺杆钻具结构剖面图

位，从而构成转子的旋转并产生扭矩。

3. 冲击钻具

冲击旋转是在普通转盘钻井中增加高频冲击的钻井方法。它在硬地层条件下能提高钻井指标。产生这种冲击的井下工具是冲击钻具，它可以直接装在钻头上，利用循环介质（液体或气体）的动力，对钻头产生高频冲击。从这个意义上来说，冲击钻具也是一种井下动力钻具，不过它的操作是往复式的，旋转扭矩仍靠转盘提供。

最初试验的是用矿山的风动工具改装而成的冲击钻具，以空气为动力。试验表明，提高冲击频率可以提高钻速，调整冲击力可以产生大小比较合理的岩屑。在大多数情况下，使用冲击钻具的钻头进尺比不带冲击钻具的高。

上述空气冲击钻具只能用于空气钻井，空气冲击钻具已被广泛采用。国外还试验了用循环水或钻井液为动力的液力冲击钻具，它们可以直接用于普通转盘钻井，不需要增加其他设备，但尚处于试验阶段。

4. 电动钻具

如图 3-26 所示，利用特制的井底电动机作为动力的钻井工具称为电动钻具（电钻）。电钻除能体现井下动力钻具的一般优点外，它的工作性能不受钻井液参数变化的影响，甚至可以用于空气钻井。电钻的控制比较灵活，可以利用直接来自井底的信号，效率高，容易实现自动化。其缺点是结构较复杂，制造较困难，需要特殊的电缆，在使用刚性钻杆时，增加了连续电缆等操作，而且比较容易出故障。柔性钻杆的出现为电钻简化了一部分接电缆的操作。

电动钻具分有杆电钻和无杆电钻，主要发展的是有杆电钻。美国正在研制带遥测资料的新型电钻。

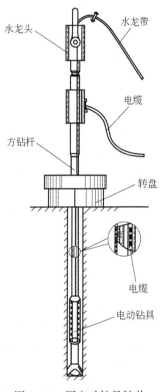

图 3-26　用电动钻具钻井

课程思政　西南石油大学校史馆"镇馆之宝"

在西南石油大学的校史馆中，有这样一件特殊的"镇馆之宝"，它是邓小平 1979 年访问美国贝克休斯公司时，时任美国总统卡特将它作为国礼赠予给邓小平同志。当时，高性能石油钻头技术和产品几乎被美国所垄断，严重制约了我国油气工业及我国经济建设的发展。小平同志回国后即指示要将最好的钻头交给全国研究钻头最强的单位去研究，他还希望通过西南石油学院（西南石油大学前身）进一步加大对石油钻头的研发攻关，从而突破国外的技术垄断。这枚 J44 型钻头因此转赠给西南石油学院。

钻头不到，油气不冒。看似不起眼的钻头，实际上是石油装备领域的"小巨人"。20 世纪七八十年代，高性能石油钻头技术被西方国家技术封锁，西南石油学院克服缺乏技术资料、实验条件艰苦、时间紧任务重等困难，在马德坤教授带领下成立我国第一个钻头研究室，带领教师自主开展钻头基础研究。经过长达十年的潜心研究，终于成功解决了石油钻头的卡脖子技术。马德坤教授团队在 SPE、ASME 等国际权威刊物和会议上发表论文 6 篇，出版专著《牙轮钻头工作力学》，建立了牙轮钻头的几何学、运动学和岩石破碎力学的基础理论和基本方程式，并建立牙轮钻头钻进过程的计算机仿真程序。这些独创性的成果被学术界广泛引用，并已被国内外钻头公司实际应用。1998年，由西南石油学院开发设计的牙轮钻头钻进过程的计算机仿真程序，是我国出口的第一个石油行业技术。现在，这款软件已发展成世界第一的钻头仿真设计软件，为我国石油钻头的发展与进步提供技术支持，创造了巨大的经济效益。

西南石油大学经过几十年的科技攻关，在马德坤教授及其后辈们的接续努力下，形成了拥有自己专利的核心技术，实现了我国钻头技术从无到有、由弱到强的发展之路。研发设计的钻头也远销国外，让世界用上了中国钻头。

习 题

1. 旋转钻井法要求钻井机械设备有哪些基本要求？
2. 钻机主要包括哪些系统？各系统的主要功能是什么？
3. 钻头有哪些基本类型？
4. 试述牙轮钻头的运动学规律及破岩原理。
5. "PDC"的含义是什么？PDC钻头有哪些特点？PDC钻头的破岩原理是什么？
6. 钻头选型的基本原则是什么？
7. 钻进过程中牙轮在井底有哪几种运动形式？分别是如何产生的？其结构上有何特点？
8. 金刚石钻头有几种形式？其结构上各有何特点？
9. 各种类型的钻头在工作参数的选择和使用过程中应分别注意什么？
10. 钻柱的主要功能是什么？它由哪几部分组成？其主要功用有哪些？
11. 方钻杆的结构特征有哪些？其主要功能是什么？
12. 钻铤的主要功能是什么？它有什么结构特征？
13. 钻杆的API钢级有哪几种？
14. 为什么钻柱下部使用钻铤而不使用钻杆？
15. 井下动力钻具有哪几种？各有什么技术特征？

第四章　钻井液工艺

钻井液是指在油气钻井过程中，以其多种功能满足钻井工作需要的各种循环流体的总称。钻井液始终是为钻井工程服务的，它的发展与钻井工程的发展紧密相关。故有人将钻井液比喻为钻井的血液。由于初期的钻井液是由最简单的泥土和水组成，"泥浆"就成为钻井液沿用至今的俗称。钻井液工艺是油气钻井工程的重要组成部分，是实现安全、快速、高效钻井及保护油气层、提高油气产量的重要保证。

第一节　钻井液的功能、类型和组成

一、钻井液的功能

钻井的基本功能是打开找油、找气和采油、采气的通道，是实现油气勘探开发的重要工程手段。钻井液需要为钻井、完井工艺服务，要求在钻进过程中要保持安全优质快速低成本钻井，在进入油气层时要具有保护储层的作用。因此钻井液主要有以下功能。

1. 携带和悬浮岩屑

钻井液的基本功能是携带和悬浮岩屑。在井底，通过钻头水眼喷射出来的钻井液射流和井底漫流，将已被破碎的岩屑清扫带离井底，保证钻头对新地层的破岩作用正常进行。在环形空间，通过流动钻井液的携带作用，将岩屑携带返出井口，保证井眼环空净化；当钻井液静止时，又能通过钻井液的悬浮作用悬浮仍在环空的岩屑，使岩屑不会很快下沉，防止岩屑沉降淤积导致沉砂卡钻等复杂情况的发生。

2. 冷却和润滑钻头钻柱

钻头对井底岩石的破岩作用和钻柱对井壁的碰撞、摩擦会产生大量热量，对钻头和钻柱产生高温破坏作用。钻井液的循环冷却作用，带走了产生的热量，并通过钻井液的润滑作用，将钻头和钻柱与地层之间的干摩擦改变为与钻井液之间的湿摩擦，减小钻头和钻柱的摩擦磨损，延长其使用寿命。同时钻井液中加有各种类型的添加剂，尤其是润滑剂类，钻井液具有好的润滑性能，这样有利于减少摩阻扭矩、延长钻头寿命、降低泵压、提高钻速。

3. 传递水动力

地面钻井泵的动力是通过钻井液传递到循环系统各部位的。其中，钻头处的较高水动力是高压喷射钻井最需要的，它有利于水力破岩和井底清洁，有利于提高钻速。环形空间钻井液的水动力则直接影响钻井液携带岩屑的效率。

4. 平衡地层压力

原始力学平衡的井壁岩石，因为井眼岩石被钻取移走变成了力学不平衡，井眼内的钻井液则代替了被钻取移走的岩石，保证井壁岩石的力学再平衡。可见钻井液对井壁岩石起到了力学支撑作用，否则，井壁岩石将因力学不稳定而发生坍塌。钻井液对井壁的支撑，依靠的是钻井液的液柱压力，它与钻井液密度和循环压耗等有关，是可以人为调节控制的平衡力。

5. 形成滤饼，保护井壁

钻井液在多孔介质的井壁岩石上滤失的同时会形成滤饼。性能良好的钻井液在井壁上形成一层比地层渗透性低得多的滤饼。滤饼有多种作用，一是缩小甚至密封了井筒内液体向地层的渗透通道；二是建立起钻井液液柱压力支撑井壁的力学作用点；三是减缓或阻止了一些井壁的破碎性岩石向井眼内掉块塌落的趋势。

6. 获取地层信息

地质上常在重要地层的钻井段进行岩屑录井，通过分析钻井液携带出的岩屑获取井下地层岩性信息，绘制出岩性与井深关系剖面。借助于岩屑荧光分析，地质上还可以发现新油层。气测测井上通过返出井口钻井液的有机烃类型和浓度变化的探测分析，可以获得油气水显示信息，及时发现井下油气层。

7. 保护油气层

钻井液对油气层可能产生伤害，但采取了油气层保护措施的钻井液钻开并穿过油气层，可以减小对油气储层的伤害，起到保护油气层的作用。

二、钻井液的类型

随着钻井工艺技术的不断发展，钻井液的种类越来越多。国内外对钻井液已有各种不同的分类方法。

（1）按照钻井液组成中分散介质（连续相）的物理化学性质不同，可将钻井液分为水基钻井液、油基钻井液、合成基钻井液、气体和含气钻井流体。

（2）按照钻井液有无固相及其固相含量的高低，可将钻井液分为无固相钻井液、低固相钻井液、高固相钻井液。

（3）按照钻井液含盐量及盐的种类，可将钻井液分为淡水钻井液、含盐钻井液、钙基钻井液、钾钙基钻井液、有机盐钻井液。

（4）按照钻井液对水敏性黏土矿物的水化抑制作用，可将钻井液分为抑制性钻井液和非抑制性钻井液。

（5）按照钻井液密度高低，可将钻井液分为非加重钻井液和加重钻井液，或者进一步细分为低密度钻井液、高密度钻井液、超高密度钻井液。

（6）按照钻井液中有无使用人工合成的聚合物，可将钻井液分为非聚合物钻井液和聚合物钻井液。

由此可见，因观察和强调对象不同，钻井液的分类方法不同，名称叫法不同。

目前，比较通用的钻井液分类法有两种：美国石油学会（API）分类法和国际钻井承包商协会（IADC）分类法。下面是两种分类方法相结合后的钻井液分类。

1. 分散型水基钻井液

分散型水基钻井液是以黏土粒子的高度分散来保持钻井液性能稳定的一类淡水基钻井液，钻井液处理剂主要采用护胶型天然改性降失水剂、解絮凝剂，如传统的木质素磺酸盐、磺化褐煤、磺化单宁，以及目前普遍使用的磺化类降失水剂，主要用于对钻井液失水和滤饼质量要求高及固相容量限高的深井和高密度钻井液使用井段。为了提高泥页岩的稳定性，可加入无机钾盐作为抑制剂。

2. 钙处理钻井液

钙处理钻井液中含有无机钙盐成分，滤液中含有游离钙离子，是以适度絮凝的黏土粒子分散状态保持钻井液性能稳定的一类水基钻井液。根据提供钙离子来源的石灰、石膏和氯化钙无机钙盐种类，可以分为石灰钻井液、石膏钻井液、氯化钙钻井液。由于钙处理钻井液含有二价阳离子，如 Ca^{2+}、Mg^{2+}，故具有一定的抑制黏土水化膨胀的特性，能用来控制泥页岩水化缩径，抑制钻屑造浆和避免地层伤害。

3. 盐水钻井液

盐水钻井液是组成中含有无机氯化钠盐的钻井液，还可以含有少量的 K^+、Ca^{2+}、Mg^{2+}，仍然是以适度絮凝的黏土粒子分散状态来保持钻井液性能稳定的一类水基钻井液。常温下，NaCl 质量分数大于 1%、Cl^- 浓度为 6~189g/L 的钻井液统称为盐水钻井液。Cl^- 浓度达到 189g/L 的钻井液为饱和盐水钻井液，Cl^- 浓度接近 189g/L 的钻井液为欠饱和盐水钻井液。盐水来源可以是咸水、海水和人为外加的氯化钠盐水。盐水钻井液主要用于盐层、盐水层、海上钻井。盐水钻井液中的处理剂主要是抗盐的水溶性阴离子型处理剂。

4. 聚合物钻井液

聚合物钻井液是以高、中、低分子量水溶性聚合物为主要处理剂的钻井液，聚合物对黏土和钻屑起到絮凝、解絮凝、包被作用，对钻井液性能起到增黏、降失水作用。依据聚合物处理剂在水溶液中离解后的大分子离子电性，分为阴离子聚合物钻井液、阳离子聚合物钻井液、两性离子聚合物钻井液。聚合物的抗温、抗盐抗钙能力往往决定了钻井液的抗温、抗盐抗钙能力。聚合物钻井液往往与无机盐结合应用，形成抑制性聚合物钻井液，如氯化钾聚合物钻井液。因该类钻井液的密度低、循环压耗低、抑制性强、流变性好，有利于提高机械钻速。

5. 聚磺钻井液

聚磺钻井液是组成中既有人工合成水溶性聚合物处理剂，又有磺化处理剂的钻井液。聚合物处理剂和磺化处理剂的比例根据钻井液性能需要进行调节。聚磺钻井液是将磺化类钻井液的良好失水造壁性与聚合物钻井液的良好包被抑制性相结合而产生的钻井液，在我国陆上钻井中使用尤为普遍。

6. 打开产层的钻井液

专门用于打开产层与产层接触的工作液，是为减少对油气层伤害而设计的。这类工作液对产层的不利影响必须能够通过酸化、氧化或完井技术及一些生产作业等补救措施消除。这类工作液类型丰富，包括从清洁盐水到无固相和有固相的聚合物钻井液、完井液、修井液、封隔液。

7. 油基钻井液

油基钻井液是以柴油、白油矿物油类为连续相的一类钻井液，通常包含逆乳化钻井液和全油基钻井液两种类型。

逆乳化钻井液，又称油包水乳化钻井液，以盐水（通常为氯化钙盐水）为分散相，油为连续相，并添加主辅乳化剂、降滤失剂、润湿剂、亲油胶体和加重剂等，是一种稳定乳状液。分散相盐水中的含盐量根据与地层水活度平衡的原理确定，最高可达 50%。逆乳化钻井液中盐水与油相的体积比为［10~30（盐水）］∶［90~70（油）］，反映其乳化稳定性的常温破乳电压可从 400V 至高于 1000V。

全油基钻井液，不人为加盐水形成分散相，仅由油作连续相。由于使用中少量地层水要侵入，需要用处理剂进行性能调节控制。全油基钻井液由改性沥青、有机土、主辅乳化剂、润湿剂、降滤失剂、增黏剂及油相组成，总的含水量低于 10%，乳化剂的加量低于其在逆乳化油基钻井液中的加量。

8. 合成基钻井液

合成基钻井液是采用人工合成或制成的有机烃代替天然矿物油作为连续相的一类钻井液。有机烃合成油种类很多，有酯类、醚类、聚 α-烯烃、线性 α-烯烃、线性石蜡、气制油等。与矿物油基钻井液相比，因为低毒性的有机烃代替了较高毒性的矿物油，所以合成基钻井液具有低毒性甚至无毒的环保特点。

9. 气体和含气钻井流体

这是一类含气的低密度（密度低于 $1.0g/cm^3$）钻井流体，气体来源可以是空气、氮气、天然气及二氧化碳气体。根据气体类型的不同和气体含量的高低，细分为四种类型：

（1）纯气体流体，将干燥空气、天然气、氮气等注入井内，控制气体压力和排量，依靠环空气体流速携带钻屑。

（2）雾状流体，将发泡剂注入气体流中，与较少量产出水混合，即少量液体分散在气体介质中形成雾状流体，用它来携带和清除钻屑。

（3）泡沫流体，由水中的表面活性剂（还可能使用黏土和聚合物）与气体介质（一般为空气）形成具有高携带能力的稳定泡沫分散体系，采用空气压缩机注入气体结合发泡剂形成泡沫的流体。该流体密度低，携带岩屑能力强，但需要处理才能实现二次循环；不采用空气压缩机，仅仅依靠搅拌进入的气体，结合起泡剂的作用形成泡沫的流体称为微泡沫钻井液，因气体含量较低，可保证钻井泵上水，称为可循环微泡沫钻井液。

（4）充气钻井流体，采用气体压缩机将气体注入钻井液中，几乎不添加稳泡剂的一类钻井流体，充气的目的在于减小静液柱压力，用于低压低渗油气层及易漏地层的钻井中。

三、钻井液的组成

钻井液由固相、液相、处理剂三部分组成。此外，钻井液的组成还有其他表述：钻井液由分散相、分散介质和化学处理剂组成；钻井液由连续相与非连续相组成。钻井液的三大组分中，固相主要是配浆土和加重材料；液相可以是淡水、盐水，或者是油相；处理剂所占比例很小，但类型很多。钻井液的三大组分通常用百分数表示其所占比例。为了现场计算方便，通常将加入钻井液中的固体材料质量与钻井液体积之比作为加入的固体材料的百分数（钻井液中加入 3% 的固体材料，表示 100L 钻井液中加入 3kg 固体材料），加入钻井液中的液体材料的体积与钻井液体积之比作为将加入的液体材料的百分数（钻井液中加入 5% 的液体材料，表示 100L 钻井液中加入 5L 液体材料）。所有添加进钻井液中的固相或者液相成分，均不考虑本身的体积。例如，某种水基钻井液组分为：100L 水加上 5kg 膨润土，再加上 1kg 处理剂，通常写作：5% 膨润土浆 +1% 处理剂。图 4-1 和图 4-2 分别表示密度为 $1.32g/cm^3$ 的水基钻井液和油基钻井液的典型组成。

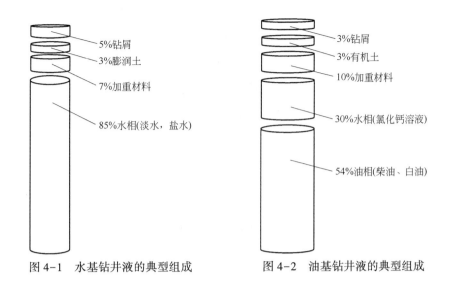

图 4-1　水基钻井液的典型组成　　　　图 4-2　油基钻井液的典型组成

第二节　钻井液的流变性

钻井液在井筒中实现射流破岩、清洗井底、携带岩屑、悬浮加重材料、传递水功率等功能，是通过钻井液的循环流动作用和静止悬浮作用完成的，这些都与钻井液的流变性紧密相关。钻井液的流变性是指在泵压驱动力作用下，钻井液在循环流动路径上发生流动变形和钻井液在静止状态下发生触变作用的流体力学特性，重点是钻井液在井筒中的流动性和触变性。由于钻井液是一种含有结构的流体，因而其流变性与钻井液内部微观结构变化紧密相关，通过物理化学方法可以调节和改变钻井液微观内部结构的强弱，从而改变和调节钻井液的流变性能。钻井液的流变性是钻井液的主要工艺性能之一，直接与钻井井下安全和作业顺利与否相联系。

一、钻井液流变模式

通常采用钻井液流变模式和流变参数来表征和描述钻井液流动循环状态下的流变性。钻井液流变模式又叫钻井液流变方程、本构方程，是指描述钻井液剪切速率与剪切应力关系的数学表达式。钻井液流变模式的用途主要在于可以区分流体类型，即不同类型的流体使用不同类型的流变方程来描述。

实际的液体分为牛顿流体和非牛顿流体。非牛顿流体又分为塑性流体、假塑性流体及膨胀型液体三种类型。它们的流变曲线见图 4-3，图中 τ_o 为动切力，τ_s 为静切力。

根据钻井液的流体力学性质分析，钻井液大多属于纯黏性非牛顿流体，描述其流体力学性质的一般本构方程为

$$\tau = \eta(\dot{\gamma})\dot{\gamma} \tag{4-1}$$

式中，τ 为剪切应力；$\dot{\gamma}$ 为剪切速率（又称速度梯度）；$\eta(\dot{\gamma})$ 为视黏度或有效黏度，多数场合下 $\eta(\dot{\gamma})$ 是 $\dot{\gamma}$ 的递减函数。

在钻井现场，钻井液的流变行为可以符合幂律流体模式、宾汉流体模式、卡森流体模式和赫—巴流体模式四大流体模式之一。究竟采用哪种模式，可以根据流变曲线或数值拟合分析，选择相关性最好的模式来分析和表示实际钻井液的流变行为。

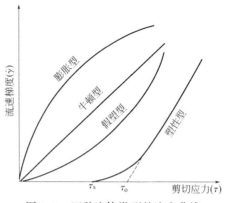

图 4-3　四种流体类型的流变曲线

1. 幂律流体模式

一维简单剪切流动情况下的幂律模式为

$$\tau = K\dot{\gamma}^n \tag{4-2}$$

式中，K 为稠度系数，$Pa \cdot s^n$；n 为流性指数，无量纲量。

2. 宾汉流体模式

一维简单剪切流动情况下的宾汉模式为

$$\tau = \tau_0 + \eta_s \dot{\gamma} \tag{4-3}$$

式中，η_s 为塑性黏度，$mPa \cdot s$；τ_0 为动切应力（又称屈服值），Pa。

3. 卡森流体模式

一维简单剪切流动情况下的卡森模式为

$$\tau^{\frac{1}{2}} = \tau_c^{\frac{1}{2}} + \eta_\infty^{\frac{1}{2}} \dot{\gamma}^{\frac{1}{2}} \tag{4-4}$$

式中，η_∞ 为卡森极限高剪黏度，$mPa \cdot s$；τ_c 为卡森动切应力（或称卡森屈服值），Pa。

4. 赫—巴流体模式

一维简单剪切流动情况下的赫—巴模式为

$$\tau = \tau_0 + K\dot{\gamma}^n \tag{4-5}$$

式中，K 为稠度系数，$Pa \cdot s^n$；n 为流性指数，无量纲；τ_0 为动切应力，Pa。

二、钻井液流变参数及物理意义

1. 静切应力 (τ_s)

静切应力简称静切力，是钻井液从静止到开始塞流流动所需要的最小剪切应力。它是钻井液静止时单位面积上所形成的连续空间网架结构强度的量度。连续空间网架结构又叫凝胶结构，所以静切应力又称为凝胶强度。凝胶结构强度主要取决于单位体积中钻井液内部网架结构的数目和每个网架结构的连接强度，前者由黏土颗粒的浓度（黏土含量和分散度）决定，后者由黏土颗粒之间的吸引力决定。

根据影响静切力大小的因素可以得到调整静切力的方法：提高静切力 τ_s，可采用提高黏土固相浓度、分散度，降低黏土表面电动电位（ζ）、减薄黏粒周围水化膜厚度诸种方法的任意一种或者几种的组合；降低静切力 τ_s 的方法则与此相反。

静切力的实际应用主要在悬浮岩屑、加重材料以及减小井内液柱压力激动。生产现场上，控制静切力的经验数据为：悬浮重晶石的最低初切力为 1.44Pa，当初切力为 2~6Pa 时，可达到良好的悬浮能力；若终切力为 2 倍初切力，属于良好型触变体；终切力为 5 倍初切力，属于递增型触变体（此时，会造成开泵泵压过高，易压裂井壁薄弱地层，引起井漏）。

2. 动切应力（τ_0）

动切应力简称动切力，其定义为使钻井液开始作层流流动所需的最小剪切应力。动切力的实质是钻井液作层流流动时，流体内部结构一部分被拆散，同时另一部分结构又重新恢复。当拆散与恢复结构速度相等时，流体体系中仍然存在的那部分内部结构产生的剪切流动阻力。

动切力与静切力的区别在于动切力只是宾汉流变模式的一个流变参数，反映层流流动条件下固体颗粒之间吸引力强弱的量度。静切力则为大多数实际钻井液本身具有的性质，反映静止条件下固体颗粒之间吸引力强弱的量度。由于两者都反映了固体颗粒之间吸引力的强弱，所以，影响动切应力的因素类似于影响静切力的因素，即黏土含量和分散度，黏土颗粒的 ζ 电位，吸附水化膜的性质和厚度。

同样地，调整动切应力方法与调整静切力的方法类似。

提高动切应力的方法主要为加入预水化膨润土或者增大聚合物的加量。对于钙处理或盐水钻井液，还可通过适当增加 Ca^{2+}、Na^+ 浓度来达到提高动切力的目的。

降低动切力的方法主要为加入稀释剂，拆散钻井液中已经形成的结构。如果是因为 Ca^{2+}、Mg^{2+} 等引起的动切力升高，则可用沉淀法除去这些离子。此外，适当加水或稀浆稀释也可起到降低动切力的作用。

3. 塑性黏度（η_s）

塑性黏度是宾汉塑性流体的性质，不随剪切速率变化而变化。塑性黏度反映层流流动时，钻井液流体内部网架结构的破坏与恢复处于动态平衡时三部分内摩擦力的微观统计结果：固—固颗粒间内摩擦阻力；固—液相分子间内摩擦阻力；液—液分子间内摩擦阻力。影响塑性黏度的因素是固相含量、黏土分散度、液相黏度。固相含量越高，塑性黏度越大；黏土分散度和液相黏度越高，塑性黏度越大。调整塑性黏度 η_s 的方法很多，可以根据其影响因素提升或降低 η_s。

4. 有效黏度（η）

钻井液的有效黏度（η）又叫表观黏度，是指黏滞性钻井液作层流流动时，某一流速梯度下，其剪切应力与剪切速率的比值（图 4-4），即

$$\eta = \tau / \dot{\gamma} \qquad (4\text{-}6)$$

宾汉模式是在钻井液工艺中用得最早和最普遍的流变模式。这种模式的有效黏度表达式为

$$\eta = \eta_s + \frac{\tau_0}{\dot{\gamma}} = \eta_s + \eta_G \qquad (4\text{-}7)$$

由此可见，宾汉流体的有效黏度可以看作是由非结构塑性黏度 η_s 和结构黏度 η_G 两部分组成，这对于分析钻井液胶体性质的变化和调节钻井液组分，以维护钻井液流变性能有着明确的对象和指导意义。

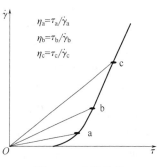

图 4-4 有效黏度

宾汉流体的结构黏度反映了钻井液在层流流动时，黏土颗粒之间及高聚物分子之间形成空间网架结构之力所带来的流动阻力。它是随着剪切速率的变化而发生变化的，剪切速率增大，结构被拆散得越多，结构黏度减小，从而导致总的有效黏度减小，这种特性称为剪切稀释性。结构黏度是钻井液具有剪切稀释性的性能基础，它在总有效黏度中所占比例越大，钻井液的剪切稀释性将越强。

剪切稀释性是钻井液重要的一个特性。剪切稀释是指在恒温恒压条件下，流体的有效黏度随着剪切速率的增加而降低的现象；同样，也是指流体的有效黏度随着剪切速率的降低而增加的现象。尽管钻井液在井筒内的流动过程并不处于理想的恒温恒压环境，但在每一个较小的井段内可以认为温度和压力的变化不大，钻井液仍应具有剪切稀释性，才能满足钻井的需要。剪切稀释性的特点是剪切速率和流体的黏度均为变量，黏度则是剪切速率的反比函数。

同样，可以得到其他几种流体模式的有效黏度计算公式。

幂律流体模式的有效黏度为

$$\eta = \tau/\dot{\gamma} = K\dot{\gamma}^{n-1} \tag{4-8}$$

卡森流体模式的有效黏度函数为

$$\eta^{\frac{1}{2}} = \eta_{\infty}^{\frac{1}{2}} + \tau_{c}^{\frac{1}{2}}/\dot{\gamma}^{\frac{1}{2}} \tag{4-9}$$

赫—巴流体模式的有效黏度函数为

$$\eta = K\dot{\gamma}^{n-1} + \tau_0/\dot{\gamma} \tag{4-10}$$

5. 假塑性体的稠度系数和流性指数

钻井液的稠度系数（K）反映钻井液的稀、稠程度，与钻井液的固相含量及其分散度有关，因而 K 值变化的影响因素与宾汉流体的塑性黏度影响因素相同；而流性指数（n）则主要反映流体内部结构强弱所构成黏度的方式，反映流体非牛顿性质的强弱。n 越小，流体非牛顿性越强。因而 n 值的影响因素与屈服值情况相同，只不过这些因素使屈服值增加，却使 n 值减小。

三、钻井液的触变性

某种流体的特点在于剪切应力不仅是剪切速率的函数，而且是时间的函数，即

$$\tau = f(\dot{\gamma}, t) \tag{4-11}$$

符合这种关系的流体称为触变性流体（thixotropic fluid），绝大多数钻井液具有这种流变特性。在实验中可以观察到这种现象：钻井液摇动并静止后形成凝胶，再次摇动后恢复到原有状态。所以，从现象的变化上讲，钻井液的触变性是指恒温恒压下搅拌后变稀，静止后变稠的特性。严格的触变性定义为：在固定速梯下，流体的剪切应力随作用时间延长而减小的特性，或者在停止剪切静置后，流体的剪切应力随静置时间延长而逐步增大的特性。从胶体化学的角度看，流体的触变性是指等温情况下流体状态发生凝胶→溶胶→凝胶可逆转变的特性。

触变性机理在于流体内部的黏土粒子因其物化原因容易形成网架结构。静止后，黏土粒子为了满足表面静电饱和，在自由能最小部位自行排列而形成凝胶结构。搅拌时，凝胶结构随搅拌时间延长而逐步被拆散。因此，凝胶结构是固相含量、固相类型、温度、时间、剪切过程和处理剂类型的函数。触变性流体具有两个特点：

（1）形成结构到拆散结构，或反之，在等温情况下是可逆的、可重复的。

（2）结构的变化与时间紧密相关。触变性的强弱用流体恢复内部网架结构所需时间表示，因而可采用某一固定时间的终静切应力与初始静切应力差值表示，或者初始静切应力与终静切应力的比值表示。例如：触变性＝终切力－初切力；或者，触变性＝初切力/终切力。一般以静止 10s 和 10min 的切力作为初切力（10s 切力）和终切力（10min 切力）。

初切力测量：将钻井液在 600r/min 下搅拌 10s，静置 10s 后测得 3r/min 下切力。

终切力测量：将钻井液在 600r/min 下搅拌 10s，静置 10min 后测得 3r/min 下切力。

四、钻井液流变参数的测量

1. 旋转黏度计原理

旋转黏度计如图 4-5 和图 4-6 所示，内外筒之间充满被测钻井液，当外筒旋转时，通过流体的黏滞性带动同轴内筒转动，使扭力弹簧扭转一定角度至平衡为止，由此反映不同流体的剪切应力大小。由于内、外筒尺寸和外筒转速确定了内筒外侧面的剪切速率，所以，可根据测得的 "τ—$\dot{\gamma}$" 关系计算钻井液的流变参数。

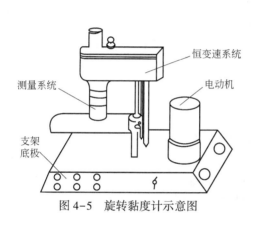

图 4-5　旋转黏度计示意图

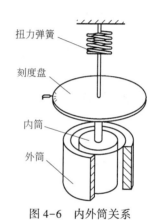

图 4-6　内外筒关系

将线速度梯度代入牛顿内摩擦定律，并考虑内筒外表面切应力，可得以下旋转黏度计的基本公式：

$$\tau = \frac{M}{2\pi R_1^2 h} \tag{4-12}$$

$$\dot{\gamma} = \frac{2R_2^2 \Omega}{R_1^2 - R_2^2} = \frac{\pi R_2^2 n}{15(R_1^2 - R_2^2)} \tag{4-13}$$

式中，M 为黏性力矩，dyn·cm；Ω 为外筒旋转角速度，rad/s；n 为外筒旋转角速度，r/min；R_1、R_2 为内、外筒半径，cm；h 为内筒高度，cm。

2. 钻井液流变参数的确定

通常采用 Fan—35SA 型旋转黏度计测定钻井液的流变参数。仪器参数如表 4-1 所示。

表 4-1　Fan—35SA 型旋转黏度计仪器参数

R_2 cm	R_1 cm	R_2/R_1	h cm	Φ 格	k dyn·cm/格
1.8415	1.7245	1.0678	3.8	300	386

将仪器参数代入式(4-13) 中，得到 $\gamma=1.703n$，利用该式，如表 4-2 所示，可以计算出不同转速下的剪切速率。

表 4-2　转速与剪切速率对应值

n, min	600	300	200	100
$\dot{\gamma}$, s^{-1}	1022	511	340.7	170.3

再根据测定扭矩 $M=k\Phi$，得到仪器最大测定扭矩为

$$M_{max}=300\times380=115800(\text{dyn}\cdot\text{cm})$$

将其代入 $\tau=M/(2\pi R_1^2 h)$，得

$$\tau_{max}=1533\text{dyn/cm}^2$$

由此，可得到仪器扭簧系数

$$C=\tau_{max}/\Phi=1533/300=5.11(\text{dyn}\cdot\text{cm}^2/\text{格})$$

综上，可得到了以下剪切应力和剪切速率公式：

$$\tau=C\Phi=5.11\Phi \qquad\qquad (4-14)$$
$$\dot{\gamma}=1.703n \qquad\qquad (4-15)$$

因此，根据直线的两点法可以推得流变参数精确计算公式，从而利用这些公式导出钻井液流变参数的直读计算公式。

3. 不同流体的流变参数直读公式

对于牛顿流体，有

$$\eta=\Phi_{300}=0.5\Phi_{600}$$

对于宾汉塑性流体，有

$$\eta_s=\Phi_{600}-\Phi_{300}$$
$$\tau_0=0.511(\Phi_{300}-\eta_s)$$

对于幂律假塑性体，有

$$n=3.322\lg(\Phi_{600}/\Phi_{300})$$
$$K=0.511\Phi_{300}/511^n$$

式中，Φ_{300} 为 300r/min 时旋转黏度计读数；Φ_{600} 为 600r/min 时旋转黏度计读数。

五、钻井液流变性能与钻井工程的关系

钻井液流变性与钻井工程关系十分密切。层流和紊流都不利于岩屑的携带，改型层流有利于岩屑携带，使井眼净化，对井壁的冲刷较轻，这就要求 τ_0/η_s 在 0.34～0.48 的范围（或流性指数 $n=0.7$，$\eta=0.4$）。钻井液具有剪切稀释特性（表现为黏度随剪切速率增大而降低的现象），在钻头水眼处紊流摩阻小，有利于提高钻速，而在环空中有利于岩屑和加重材料的悬浮等。但终切力又不能太大，否则影响开泵和产生压力激动等。不同地区、不同钻井液类型对流变参数值要求不一样，可根据实际情况灵活运用。

第三节　钻井液的失水造壁性

钻井液的失水造壁性是钻井液的重要工艺性能之一，包含钻井液的滤失量和形成的滤饼

质量两个主要性能参数。钻井液的失水造壁性与实际钻井、完井工程的安全顺利进行以及油气层损害有着十分密切的关系。本节主要介绍钻井液失水造壁性基本概念、表征公式，影响钻井液失水造壁性的因素，钻井液滤失量和滤饼质量的调整与控制方法。

一、失水造壁性的基本概念

在正压差作用下，钻井液必然要在井壁孔隙介质上发生滤失。流体、滤失介质、压差是滤失发生的三要素。钻井液的滤失行为与这三要素密切相关。钻井液属于胶体—悬浮体分散体系，其分散介质的水是滤失发生的主要物质成分。

1. 水基钻井液中的水

水基钻井液中的水按其存在状态可以分为结晶水、吸附水（强结合水+弱结合水）、自由水三种类型，如图4-7所示。

（1）结晶水（又称化学结合水），属于黏土矿物晶体构造的组成部分，只有温度高于300℃以上时，结晶受到破坏，这部分水才能释放出来；

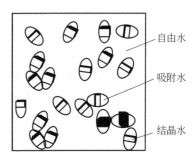

图4-7 水基钻井液中的三种水

（2）吸附水，由黏土颗粒表面吸附的水分子所形成的水化膜组成，这部分水随黏土颗粒一起运动，又称束缚水；

（3）自由水，钻井液中自由移动的水，水基分散体系的分散介质，占总水量中的绝大部分。

2. 失水与造壁的概念

为了防止地层流体进入井内，钻井液液柱的压力通常大于地层流体的压力，于是，在压差作用下，钻井液总是趋向于向地层孔隙漏失或者滤失。漏失是指钻井液的固相和液相全部进入地层的现象；滤失则是指钻井液中只有液相进入地层的现象。钻井液在滤失过程中，其中的自由水在压差作用下向多孔性地层滤失渗透的过程叫做失水，显然，失水是一个较为长期的过程。一定时间间隔内，失水的多少称为失水量（或滤失量）。在失水的同时，钻井液中的固体物质和固体物质上吸附的少量水滞留在井壁上形成的胶结物叫滤饼。质量好的滤饼一般薄而韧，表现出结构致密、耐冲刷、摩阻系数小的优点，其中，滤饼厚度单位通常用mm表示。井壁上形成滤饼的过程叫做造壁。钻井现场上通常提到钻井液的造壁性，它是指钻井液在井壁形成滤饼封护井壁的能力。

3. 井下钻井液失水过程

钻井液向地层多孔介质渗透存在三种失水：瞬时失水（spurt loss）、动失水（dynamic filtration）、静失水（static filtration），如图4-8所示，V代表失水量，h代表滤饼厚度。瞬时失水是滤饼尚未完全形成之前很短时间内的失水，特点是时间短（$t<2s$）、占总失水量的比例小。动失水是钻井液循环时的失水，特点是滤饼形成、增厚与冲蚀处于动平衡（高渗透率滤饼减小为低渗透率泥饼，最后趋向于稳定值）；失水速率大、失水量大。静失水是钻井液停止循环后的失水，特点是失水速率小、失水量较小、滤饼厚（因为无冲蚀作用）。所以，控制井下失水量必须控制动失水；控制滤饼厚度必须控制静失水。在室内，静失水则是指在指定静态条件下，采用静失水仪器测得的失水量。

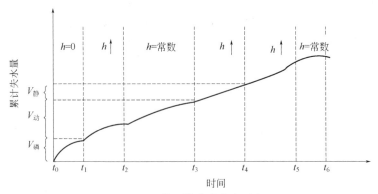

图 4-8　井下钻井液失水过程

4. 失水造壁性对钻井作业的影响

钻井液失水造壁性主要对钻井和完井过程中井壁岩石的物理化学性质产生影响。滤失量过大，会产生两个害处：（1）导致水敏性泥页岩缩径，非水敏破碎性泥页岩垮塌；（2）导致油气层内黏土水化膨胀使储层渗透率下降，从而损害油气层。滤饼过厚也至少产生两个害处：（1）井径缩小，引起起下钻遇阻遇卡；（2）滤饼压差黏附卡钻。在生产现场上，要求滤饼薄、密、韧；钻井液的滤失量要适当（并非越小越好）。

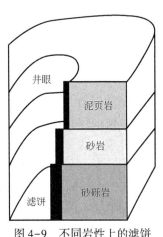

图 4-9　不同岩性上的滤饼

钻井液的失水造壁性与钻完井井下地层岩石的岩性（实际为岩石的物性）紧密相关。砂岩、泥页岩、砂砾岩等滤失介质表面形成的滤饼厚度是不同的，如图 4-9 所示。表面孔径大、渗透性好的砂砾岩、砂岩上的滤饼厚度比泥页岩表面的滤饼厚度要大，表现出井径缩小，容易发生压差黏附卡钻。泥页岩表面滤饼厚度虽然低于砂岩、砂砾岩，但吸水后容易发生垮塌，表现出井径扩大。

一般来讲，钻完井中遵循控制静滤失量的"五严五宽"原则。五严：井深、裸眼长、矿化度低、油气层段、易塌层段静滤失量控制严；五宽：井浅、裸眼短、矿化度高、非油气层、地层稳定井段静滤失量控制放宽。对于一般地层，API 滤失量控制在 $10\sim15\mathrm{mL}/30\mathrm{min}$；对于水敏性强的地层或渗透率较高的砂岩地层，API 滤失量控制必须小于 $5\mathrm{mL}/30\mathrm{min}$。

二、滤失量的测定

一定时间间隔内，失水的多少称为失水量（或滤失量），失水量的测定采用 API 规定的标准方法，通常有下面两种。

1. 静滤失量

静滤失量即常称的 API 滤失量，用 API 滤失量仪调定，是在常温、0.7MPa 压差下测 30min 所得的滤液体积（mL）。为了节省时间，通常将 7.5min 内测得的滤失量值乘以 2 即得 API 滤失量。

在钻井过程中，不同时期及不同地层对 API 滤失量的要求不同。对上部地层及坚固地层滤失量可以放宽些。对于一般地层：API 失水量控制在 10～15mL/30min 范围；对于水敏性强的地层或渗透率较高的砂岩地层，API 失水量必须小于 5mL/30min。

2. 高温高压滤失量

为了模拟地层的温度、压力条件，必须使用高温高压滤失量仪测量钻井液的高温高压滤失量。规程要求试验在 150℃温度、3.5MPa 压差下 30min 所测得的滤失量值乘以 2 即得高温高压滤失量。有时所钻的井比较浅，井底温度较低，只要测定在温度等于井底温度，压差为 3.5MPa，30min 的滤失量值乘以 2 即可。对高温高压滤失量要求的原则同 API 滤失量，在钻油气储层时，高温高压滤失量不得大于 15mL。

三、钻井液静失水的影响因素

按照 API 方法测定的钻井液滤失量是静失水量。钻井液的失水过程是一种渗滤现象。静失水的特点是钻井液处于静止状态，作为渗滤介质之一的滤饼（另一介质是井壁岩石）厚度是个变量，它随渗滤时间的延长而增厚。由于滤饼的渗透率远小于地层岩石的渗透率，滤饼的厚度也远小于井眼的直径，且失水过程符合恒温恒压过程，则可以假设渗滤滤失呈线性关系，于是，利用达西（Darcy）1856 年提出的渗流经验公式可以容易地推导出描述渗滤过程的静失水方程：

$$V_f = A \sqrt{2K\Delta p \left(\frac{C_c}{C_m} - 1\right) \frac{t}{\mu}} \tag{4-16}$$

式中，V_f 为滤失量，cm^3；t 为滤失时间，s；K 为滤饼渗透率，D；Δp 为滤失介质的压力降，kgf/cm^3；C_c 为滤饼中固相体积含量，%；C_m 为钻井液中固相体积含量，%；μ 为滤液黏度，$mPa \cdot s$；A 为滤失面积，cm^3。

1. 滤失时间

在理论关系上，根据钻井液静失水基本方程，当其他因素都不改变时，静失水量 V_f 与时间 t 的关系可以写成

$$V_{f2} = \sqrt{\frac{t_2}{t_1}} \cdot V_{f1} \tag{4-17}$$

式中，V_{f1} 为时间 t_1 时的滤失量；V_{f2} 为时间 t_2 时的滤失量。

如果 t_1 为 7.5min，t_2 为 30min，可以计算出 $V_{f2} = 2V_{f1}$。即 7.5min 的静失水量等于 30min 静失水量的一半。这是生产现场上经常采用 7.5min 静失水量乘以 2 以表示 30min 静失水量的原因。

2. 压差

由静失水方程可知，滤失量应该与压差的平方根成正比变化。但在有滤饼的情况下并非如此，要根据所形成滤饼的性质决定。如果滤饼易于压缩，增大压差会使滤饼中的颗粒变形，或迫使其颗粒紧密结合，则渗透性就下降。如果滤饼不易压缩，则压差增大可能导致滤失量增大，所以过滤压差对滤失量的影响是滤饼压缩性的函数。

3. 滤液黏度

由静失水方程可知，滤失量应该与滤液黏度的倒数的平方根成正比变化。滤液黏度越

大，滤失量就越小。

温度对滤液黏度也有影响。温度升高，钻井液滤液黏度 μ 降低，静失水量 V_f 将增大。

例如：用淡水配制的钻井液，在温度为 20℃ 与 100℃ 两种条件下钻井液黏度分别为 1.005mPa·s 和 0.284mPa·s，从静失水基本方程可得：

$$\frac{V_{f100}}{V_{f20}} = \sqrt{\frac{\mu_{20}}{\mu_{100}}} = \sqrt{\frac{1.005}{0.284}} = 1.88$$

上式表明钻井液在 100℃ 条件下的静失水量是 20℃ 时的 1.88 倍。

4. 固相含量

由静失水方程可知

$$V_f \propto \sqrt{\left(\frac{C_c}{C_m} - 1\right)} \tag{4-18}$$

这说明 C_c/C_m 值下降就会降低滤失量。要降低 C_c/C_m 值，可以使 C_m 增大，即钻井液中固相含量增加，但这是不被希望的。有效措施是使 C_c 降低，即滤饼中的固相含量降低。滤饼中固相含量 C_c 是钻井液中黏土颗粒水化状态的一个指标。C_c 越小，说明滤饼中固相含量越低，而水分含量越高，黏土颗粒的束缚水就多，在压差作用下易于变形，使滤饼渗透性降低，滤失量减少。

5. 滤饼渗透率

滤饼渗透率是影响钻井液滤失量的主要因素。滤饼渗透率取决于黏土类型及其颗粒的尺寸、级配、形状和水化程度。颗粒有适当的粒径分布，并且有较多的溶胶颗粒。水化膜厚，在压差作用下容易变形，则其渗透率低。控制滤失量最好的方法是控制滤饼渗透率。降滤失剂可以起到降低滤饼的渗透性的作用。

四、钻井液失水造壁性的调节与控制

钻井液失水造壁性的调节与控制指标随钻遇的不同地层而有相应的要求，对于油气层，要求 API 静失水量小于 5mL，高温高压静失水量小于 15mL；对于易塌泥页岩地层，要求 API 静失水量小于 5mL；对于一般地层，瞬时失水量可以放宽，API 静失水量只要小于 10~15mL 即可。

调节、控制钻井液失水造壁性的目标参数和要求为：静失水量 V_f 小；滤饼薄、密、韧。其中，最重要的是滤饼的渗透性、致密性。致密的、渗透性小的滤饼是控制失水量的关键，也是获得良好造壁性的基础。根据影响钻井液静失水的因素可以得到调节、控制钻井液失水造壁性的方法和原则：

（1）调节钻井液固相粒子分散度和粒子级配，保持足够的胶体填充粒子含量，包括选用优质膨润土作配浆材料，选用护胶性强的处理剂（如降滤失剂）保护黏土颗粒，阻止它们聚结变大，从而有利于保持固相粒子的较高分散度，形成致密滤饼。同时，降滤失剂本身沉积在井壁岩石孔隙或者滤饼孔隙上，也起到阻水作用，使滤失量降低。

（2）加入惰性超细粒子（如超细碳酸钙），加入一些能在钻井液中生成胶体粒子的处理剂（如腐殖酸与钙生成腐殖酸钙胶状沉淀）堵塞滤饼孔隙，降低滤饼渗透率，减小失水量。

（3）快速钻进，缩短井壁浸泡时间也是减小失水量的一条途径。

第四节　钻井液的其他性能

除了钻井液流变性和失水造壁性外，钻井液还必须具有其他合适的物理、化学性能才能保证钻井正常安全地进行。同时，这些性能与流变性和失水造壁性组成了钻井液的全套性能，成为判断钻井液质量好坏的标准和控制调整钻井液性能的依据。

1. 钻井液的密度

钻井液单位体积的质量称为钻井液的密度，单位为 g/cm^3。测定钻井液密度用的是比重天平（又称比重秤）。钻井液相对密度（符号 S）是其密度与标准大气压下 4℃ 纯水密度的比值，该条件下水的密度为 $1g/cm^3$，根据相对密度定义：

$$S = \frac{\rho_m}{\rho_w} = \frac{\rho_m}{1} \tag{4-19}$$

式中，ρ_m 为钻井液密度，g/cm^3；ρ_w 为纯水密度，g/cm^3。

由比重天平测定出来的钻井液相对密度在数值上等于其密度（单位 g/cm^3）。

钻井液密度是很重要的，它对于保证钻井安全起着决定性的作用，所以必须密切注意和严格控制钻井液密度的变化。钻井液密度在钻井中的作用可概括为以下几个方面：

（1）平衡油、气、水层压力，防止井喷、井漏和钻井液受地层流体的污染。

（2）平衡地层地应力，保持井壁稳定，防止井塌。

（3）实现近、欠平衡钻井技术，提高钻井速度，并减小压差对油气储集层的潜在损害。

2. 钻井液的含砂量

钻井液含砂量是指钻井液中不能通过 200 目筛（筛孔边长 74μm）的固体（砂、岩屑）的体积占钻井液体积的百分数。在一口井的钻进中，通常要求钻井液含砂量≤0.5%。含砂量过高会带来以下危害：

（1）钻井液密度升高，降低钻井速度。

（2）滤饼中含砂量升高，滤饼渗透率增大，造成钻井液失水量增加。

（3）滤饼表面摩擦系数增加。

（4）钻头、钻具、泵等机械设备磨损严重。

降低含砂量的最好方法是使用好振动筛、除砂器、除泥器和清洁器等固控设备。

3. 钻井液的 pH 值

钻井液的 pH 值是用来表示钻井液滤液含酸、含碱的程度，又称为钻井液的酸碱值。钻井液 pH 值等于钻井液滤液中氢离子（H^+）浓度的负对数，即

$$pH = -\lg[H^+]$$

例如，钻井液 $[H^+] = 10^{-9} mol/L$，则这时钻井液的酸碱值 $pH = -\lg[H^+] = -\lg[10^{-9}] = 9$，即 $pH = 9$。

$pH = 7$ 时表示钻井液为中性，$7 < pH \leq 14$ 为碱性，$0 < pH < 7$ 时为酸性。

4. 钻井液的固相含量

钻井液中的固相既可按其作用分为有用固相和有害固相外，也可按固相的密度分成高密

度固相和低密度固相。高密度固相是特意加入以提高密度的加重材料。低密度固相包括膨润土和特意加入的处理剂，还有钻屑。此外，也可按固相与液相是否反应来区分：与液相起反应的称为活性固相；与液相不起反应的称为惰性固相。前者如膨润土、页岩、黏泥等，后者如砂岩、石灰岩、花岗岩、重晶石、铁矿粉等。固相还可按照固相粒度大小进行分类，根据美国石油学会（API）的规定，分成三大类：黏土（或胶体），粒度小于 $2\mu m$；泥，粒度为 $2\sim74\mu m$；砂，粒度大于 $74\mu m$。

5. 钻井液的膨润土含量

钻井液的膨润土含量（又称 MBT 值）是用亚甲基蓝实验测定的亚甲基蓝容量，反映了钻井液中活性黏土数量的多少。由于除活性黏土外，其他固体物质也要吸附少量的亚甲基蓝，因而 MBT 值只是钻井液中膨润土的相当含量。MBT 值对钻井液的流变性和造壁性有重要影响。任何水基黏土相钻井液都有一个合适的 MBT 值维护控制范围，超过这个范围的下限，即 MBT 值过大，钻井液的黏切急剧增大，滤饼增厚，容易造成井下复杂情况；反之，低于这个范围的上限，即 MBT 值过小，钻井液的黏切容易急剧下降，失水增大。尤其在高密度钻井液中，MBT 值过低还易造成体系沉降稳定性变差，导致加重材料下沉出现井下复杂情况。

课程思政 1　中国铁人王进喜

王进喜（1923—1970 年），出生于甘肃省玉门县（现玉门市）的一个贫困家庭，是一名新中国石油工人，于 2009 年当选为 "100 位新中国成立以来感动中国人物" 之一，其铁人精神影响了一代又一代的石油人。

1960 年 2 月，东北松辽石油大会战打响。玉门闯将王进喜带领 1205 钻井队于 3 月 25 日到达萨尔图车站，下了火车，他一不问吃、二不问住，先问钻机到了没有、井位在哪里、这里的钻井纪录是多少，恨不得一拳头砸出一口油来，把 "贫油落后" 的帽子甩到太平洋里去。面对极端困难和恶劣环境，王进喜带领全队工人用撬杠撬、滚杠滚、大绳拉的办法，"人拉肩扛" 把钻机卸下来，运到萨 55 井井场，仅用 4 天时间，把 40 米高的井架竖立在茫茫荒原上。井架立起来后，没有打井用的水，王进喜组织职工到附近的水泡子破冰取水，带领大家用脸盆端、水桶挑，硬是靠人力端水 50 多吨，保证了按时开钻。萨 55 井于 4 月 19 日胜利完钻，进尺 1200 米，创 5 天零 4 小时打一口中深井的纪录。

1960 年 4 月 29 日，1205 钻井队准备往第二口井搬家时，王进喜右腿被砸伤，他在井场坚持工作。由于地层压力太大，第二口井打到 700 米时发生了井喷，此时需要通过加大钻井液密度的手段来制止井喷。由于现场没有加重的设备和重晶石粉，工人们只能将一袋袋水泥作为重晶石粉的替代品倒入钻井液池中，但由于当时钻井液池内没有搅拌机和泥浆枪，导致水泥不能与钻井液有效融合，沉入池底，起不到提高池内钻井液密度的作用。危急关头，王进喜不顾腿伤，扔掉拐杖，带头跳进钻井液池，用身体搅拌钻井液，最终制服了井喷。

王进喜用自己的行为充分阐释了铁人精神，即 "为国分忧、为民族争气" 的爱国主义精神；"宁肯少活 20 年，拼命也要拿下大油田" 的忘我拼搏精神；"有条件要上，没有条件创造条件也要上" 的艰苦奋斗精神；"干工作要经得起子孙万代检查" "为革命练一身硬功夫、真本事" 的科学求实精神；"甘愿为党和人民当一辈子老黄牛"，埋头苦干的奉献精神等。铁人精神无论在过去、现在和将来都有着不朽的价值和永恒的生命力。

课程思政2　抗高温钻井液先锋罗平亚院士

说起钻井液，不能不提钻井液研究的功臣——中国工程院院士、原西南石油学院院长罗平亚。1973年，我国决定在四川中部打第一口超6000m深井——女基井，组织了全国的力量来进行多方面的科研攻关，这里面包括了很多内容，西南石油学院主要攻关抗高温钻井液。在钻高温深井时，钻井液的各项性能尤其是流变性和失水造壁性会显著变差，甚至无法完成钻井工作。要解决高温引起的钻井液问题，就必须使用抗高温钻井液体系。当时西南石油学院并没有专门搞钻井液研究的老师，更没有专门搞钻井液的机构，只能从化学教研室抽调老师去，罗平亚主动报名前往。汗水和心血搅拌的800多个日日夜夜过去了，罗平亚等人终于探索出了打超深井最关键的钻井液技术新途径，研制出了急需的抗高温新型钻井液处理剂。1975年秋，中国第一口超深井开钻成功了！随后，罗平亚主动请缨，要求继续留下攻关。他又担任了我国另一口7000米超深井——关基井的钻井液攻关组主要技术工作。1978年，他和同事们相继完成了磺甲基酚醛树脂Ⅰ型和Ⅱ型的室内研制和中试工业化生产。1978年，罗平亚结束了在现场的研究工作，回到学校继续潜心他的研究，他要向世界科技前沿挺进。

罗平亚在将理论知识运用于现场实际的过程中，提出"利用高温改善泥浆性能"的新观点，开发了系列超深井钻井液体系，"井越深、温度越高、作用时间越长，性能越好，工艺越简单，成本越低"，攻克了超深井抗高温（180～220℃）钻井液技术的难关，研发的抗高温降黏剂（如SMT和SMK）和抗高温降滤失剂（如SMC和SMP）确保了钻井液在高温条件下仍然能够保持良好的流变性和失水造壁性。直至现在，罗平亚院士的聚合物钻井液体系一直担当着我国的高温深井钻井液技术的主角，该技术至今仍在全国深井中普遍应用，连续打成了我国多口亚洲第一深井，取得了巨大的经济效益和社会效益。我国超8000米的塔深1井是一口科学探井，在高温的三开中，罗平亚院士研发的抗高温处理剂成为抗高温防塌钻井液体系的关键，在后面的四开和五开中，罗平亚院士发明的屏蔽暂堵技术也为顺利钻进提供了技术保障。

习　题

1. 简述钻井液在钻井过程中的主要作用。
2. 钻井液是如何分类的？每一类钻井液各有何特点？
3. 流体的四种基本流型是什么？分别写出它们的流变模式。
4. 牛顿流体与非牛顿流体的主要区别是什么？
5. 试阐述宾汉模式和幂律模式中各流变参数的物理意义和影响因素。
6. 用旋转黏度计测得 $\Phi_{600}=35$，$\Phi_{300}=23$，试计算钻井液的下列流变参数：表现黏度 η_a、塑性黏度 η_s、动切力 τ_0、流性指数 n 和稠度系数 K。
7. 试计算每种剪切速率所对应的钻井液表观黏度。
8. 试计算该钻井液的卡森模式参数 τ_c 和 η_∞。

9. 试简要阐述钻井液流变性与钻井作业的关系。

10. 一般情况下，钻井液的 API 滤失量和 HTHP 滤失量应控制在什么范围？在储层钻进时又应控制在什么范围？

11. 使用 API 滤失量测定仪测得 1min 滤失量为 4.5mL，7.5min 滤失量为 12.6mL，试计算这种钻井液的瞬时滤失量和 API 滤失量。

12. 试简述钻井液滤失性与钻井作业的关系。

第五章 钻井参数优化

在钻井过程中，钻进的速度、成本和质量将会受到多种因素的影响和制约，这些影响和制约因素，可分为可控因素和不可控因素。不可控因素是指客观存在的因素，如所钻的地层岩性、储层埋藏深度以及地层压力等。可控因素是指通过一定的设备和技术手段可进行人为调节的因素，如地面机泵设备、钻头类型、钻井液性能、钻压、转速、泵压和排量等。钻井参数就是指表征钻进过程中的可控因素所包含的设备、工具、钻井液以及操作条件的重要性质的量。钻井参数优选则是指在一定的客观条件下，根据不同参数配合时各因素对钻进速度的影响规律，采用最优化方法，选择合理的钻井参数配合，使钻进过程达到最优的技术和经济指标。

第一节 影响钻速的主要因素

钻井过程中参数优选的前提是必须对影响钻进效率的主要因素以及钻进过程中的基本规律分析清楚，本节主要讨论一些主要的钻井参数对钻速的影响。

一、钻压对钻速的影响

钻压是影响钻井速度最直观、最明显的因素之一。过去国内外不少科技人员做过实验，得出各自不同的模式。下面两个条件是实验的必要条件：（1）井底的净化条件一定。（2）岩石破碎方式以机械破碎为主。

在这样的条件下，在理想状态下机械钻速与钻压的关系曲线见图 5-1。

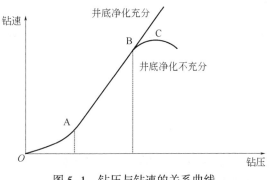

图 5-1 钻压与钻速的关系曲线

从图 5-1 可以看出，在 AB 段，由于井底净化充分，随着钻压的增大，钻速近似呈线性增大。该段为钻进中钻压最理想的变化范围，因此钻井工程设计中施加的钻压通常在图中 AB 段范围内变化。当钻压超过 B 点后，机械钻速不再随钻压呈线性规律增大，增大的幅度减小，并且出现降低。其主要原因是大钻压破碎的岩屑量超出了水力能量在井底清理岩屑的能力，导致钻头重复破岩，机械钻速降低。因此，在正常钻进过程中，即图 5-1 中 AB 直线段钻进过程中，建立的钻压（WOB）与钻速（ROP）的定量关系为

$$ROP \propto (WOB-M) \tag{5-1}$$

式中，ROP 为机械钻速，m/h；WOB 为钻头钻压，kN；M 为门限钻压，kN。

门限钻压是钻速和钻压关系曲线的截距。牙轮钻头主要是依靠挤压破碎岩石，只有当钻压逐渐增大到钻头牙齿开始吃入地层时，钻头才开始破碎岩石，此时的钻压可以认为是门限钻压。门限钻压的大小主要取决于地层岩石的性质，具有较强的区域性，不同的区块、不同的地层，门限钻压的大小也会发生改变。

二、转速对钻速的影响

在钻进过程中，转速也是影响机械钻速的因素之一。如图 5-2 所示，在其他钻井参数不变的情况下，转速的表达式为：

$$ROP \propto RPM^\lambda \tag{5-2}$$

式中，λ 为转速指数，数值大小与岩石性质及井底净化程度有关；RPM 为转速，r/min。

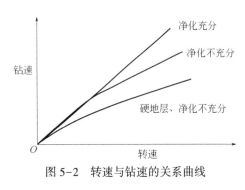

图 5-2　转速与钻速的关系曲线

从图 5-2 中可以看出，随着井底净化程度的改变，钻速与转速的关系曲线也会发生变化，当井底净化充分时，钻速随转速的增大而呈线性增大，但井底净化充分的情况在钻井实际过程中是一种理想状态。因此，在实际钻井过程中钻速是随转速的增大呈指数形式增大的。

根据大量现场实践，转速指数 λ 的大小与地层岩石性质和井底净化程度有关，在地表转速指数接近于 1，随着井深的增加，转速指数降低，但降低的幅度会逐渐减小，与地层的压实程度相对应，一般在 0.5~1 之间变化。

三、牙齿磨损对钻速的影响

在钻进过程中，钻头破碎岩石的同时也会被地层岩石磨损，随着钻头上牙齿磨损量的增加，机械钻速降低。图 5-3 所示为钻头上牙齿磨损量与机械钻速的关系曲线，可以得出钻头上牙齿磨损量与机械钻速的关系式如下：

$$ROP \propto \frac{1}{1+C_2 h_f} \tag{5-3}$$

式中，C_2 为钻头牙齿磨损系数；h_f 为牙齿磨损量，以牙齿的相对磨损高度表示，即磨损掉的高度与原始高度之比，新钻头时 $h_f=0$，牙齿全部磨损时 $h_f=1$。

四、水力因素对钻速的影响

在钻进过程中，水力因素主要通过清理井底岩屑和冲击破碎岩石影响机械钻速，美国 AMOCO 公司发表的水力参数与钻速的关系曲线如图 5-4 所示。从图中可以看出，随着比水功率的增加，钻头的机械钻速呈指数增大，这是因为随着水力能量的增大，钻头清理岩屑的

能力增大，井底净化越充分，同时，水力能量的增强能够有效清洁钻头的切削齿，避免了钻头泥包，延长了钻头寿命。

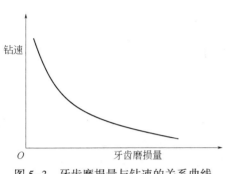

图 5-3　牙齿磨损量与钻速的关系曲线

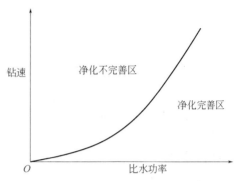

图 5-4　井底比水功率与钻速的关系曲线

通常使用比水功率 E_h 来表示水力因素的总体指标，即在钻进过程中，井底单位面积上的平均水功率的大小。在钻进过程中，通常使用水力净化系数 C_h 表示来表示井底净化的程度，其表达式为

$$C_h = \frac{ROP}{ROP_{pcs}} = \frac{E_h}{E_s} \tag{5-4}$$

式中，ROP_{pcs} 为井底岩屑完全被清理时的机械钻速，m/h；E_h 为实际比水功率，kW/cm^2；E_s 为井底岩屑完全被清理所需的比水功率，kW/cm^2。

水力净化系数 C_h 不可以大于 1，当实际水功率大于净化所需的最低限度时，即 $E_h > E_s$，取 $C_h = 1$。因为系数 C_h 只描述了水力清岩的作用，只能说明井底的净化程度，当实际比水功率大于净化所需的最低限度时，说明井底净化充分。

五、井底压差对钻速的影响

井底压差为井筒内液柱的压力与地层孔隙压力之差，它是影响钻速的一个重要因素。维珠因和本尼（D. J. Vidrine & E. J. Benit）通过对现场数据的回归得出井底压差对钻速的影响关系曲线如图 5-5 所示。从图中可以看出，随着井底压差的增大，钻头破碎的大量岩石由于井筒内液柱压力的增大而被紧紧压在井底，使得钻头重复破碎岩石，导致机械钻速呈下降趋势。鲍格因（A. T. Bourgoyne）等通过大量室内实验和对现场数据的分析，建立井底压差与机械钻速的关系如下：

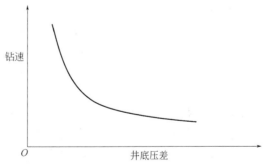

图 5-5　井底压差与钻速的关系曲线

$$ROP = ROP_0 e^{-\beta \cdot \Delta p} \tag{5-5}$$

式中，ROP_0 为井底压差为零时的机械钻速，m/h；β 为与地层岩性有关的压差乘子；Δp 为井底压差，MPa。

C_p 为井底压差的影响系数，表示井底压差对机械钻速的影响程度，其大小为实际机械钻速与压差为零时的机械钻速的比值。

$$C_p = \frac{ROP}{ROP_0} = e^{-\beta \cdot \Delta p} \tag{5-6}$$

第二节　钻井水力参数

在钻进过程中，及时地将岩屑携带出来是安全快速钻进的重要条件之一。将岩屑携带出来要经过两个过程，第一个过程是使岩屑离开井底，进入环形空间；第二个过程是依靠钻井液上返将岩屑带出地面。过去，人们认为第一个过程比较容易实现，第二个过程比较困难。所以，人们的注意力集中在第二个过程上，采取了大排量洗井的技术措施，以便加快岩屑的上返速度。这样钻速也确实有一定的提高，但大排量洗井受到了井壁冲刷问题和地面机泵条件的限制。另外，在钻井实践中人们还注意到了一种现象，即钻头水眼被刺坏后，排量并没有减少，而钻速却有明显下降。这一现象提醒人们重新认识这两个过程。经过多年的研究和理论分析，人们认识到第二个过程并不是很困难，而困难的恰恰是第一个过程。也就是说，将岩屑冲离井底不是容易的事。岩屑不能及时离开井底，是影响钻进速度的主要因素之一。为了解决将岩屑及时冲离井底的问题，人们研究出了一种新的工艺技术，即在钻头水眼处安放可以产生高速射流的喷嘴，使钻井液通过钻头喷嘴后以高速射流的方式作用于井底，给予井底岩屑一个很大的冲击力，使其快速离开井底，保持井底干净。同时，在一定条件下，钻头喷嘴所产生的高速射流还可以直接破碎岩石。这就是钻井工程中经常提到的喷射式钻头和喷射钻井技术。

一、喷射式钻头的原理

1. 射流的基本特性

喷射式钻头的主要水力结构特点就是在钻头上安放具有一定结构特点的喷嘴。钻井液通过喷嘴以后，能形成具有一定水力能量的高速射流，以射流冲击的形式作用于井底，从而清除井底岩屑或破碎井底岩石。

射流出喷嘴后，由于摩擦作用，射流流体与周围流体产生动量交换，带动周围流体一起运动，使射流的周界直径不断扩大。射流纵剖面上周界母线的夹角称为射流扩散角（图5-6中的 α）。射流扩散角 α 表示了射流的密集程度。显然 α 越小，射流的密集性越高，能量就越集中。

射流在喷嘴出口断面，各点的速度基本相等，为初始速度 v_{j0}。随着射流的运动和向前发展，由于动量交换并带动周围介质运动，首先射流周边的速度分布受到影响，且影响范围不断向射流中心推进，使原来保持初始速度运动的流束直径逐渐减小，直至射流中心的速度小于初始速度。射流中心这一部分保持初始速度流动的流束，称为射流等速核（图5-6）。射流等速核的长度 L_0 主要受喷嘴直径和喷嘴内流道的影响。由于周围介质是由外向里逐渐影响射流的，在射流的任一横截面上，射流轴心上的速度 v_{jm} 最高，自射流中心向外速度很快降低，到射流边界速度为0。

射流撞击井底后，射流的动能转换成对井底的压能，形成井底冲击压力波，且射流流体

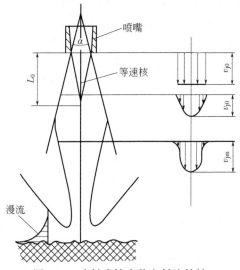

图 5-6　喷射式钻头井底射流特性

在井底限制下沿井底方向流动，形成一层沿井底高速流动的漫流。射流具有等速核和扩散角；在射流横截面上中心速度最大；在射流轴线上，超过等速核以后射流轴线上的速度迅速降低；撞击井底后，形成井底冲击压力波和井底漫流；这是淹没非自由连续射流的基本特征。

2. 射流对井底的作用

1）射流对井底的清洗作用

射流撞击井底后形成的井底冲击压力波和井底漫流是射流对井底清洗的两个主要作用形式。

（1）射流的冲击压力作用：射流撞击井底后形成的冲击压力波并不是作用在整个井底，而是作用在如图 5-7 所示的小圆面积上。就整个井底而言，射流作用的面积内压力较高，而射流作用的面积以外压力较低。在射流的冲击范围内，冲击压力也极不均匀，射流作用的中心压力最高，离开中心则压力急剧下降。另外，由于钻头的旋转，射流作用的小面积在迅速移动，本来不均匀的压力分布又在迅速变化。由于这两个原因，使作用在井底岩屑上的冲击压力极不均匀。如图 5-8 所示，极不均匀的冲击压力使岩屑产生一个翻转力矩，从而离开井底。这就是射流对井底岩屑的冲击翻转作用。

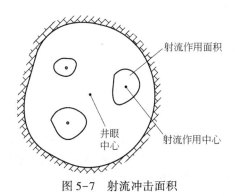

图 5-7　射流冲击面积

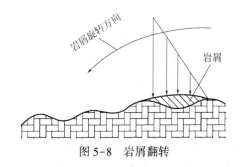

图 5-8　岩屑翻转

（2）漫流的横推作用：射流撞击井底后形成的漫流是一层很薄的高速液流层，具有附面射流的性质。研究表明，在表面光滑的井底条件下，最大漫流速度出现在小于距井底 0.5mm 的高度范围内，最大漫流速度值可达到射流喷嘴出口速度的 50%～80%。喷嘴出口距井底越近，井底漫流速度越高。正是这层具有很高速度的井底漫流，对井底岩屑产生一个横向推力，使其离开原来的位置，并随钻井液一起运动。因此，井底漫流对井底清洗有非常重要的作用。

2）射流对井底的破岩作用

多年来的研究和喷射钻井实践表明，当射流的水功率足够大时，射流不但有清洗井底的作用，而且还有直接或辅助破碎岩石的作用。在岩石强度较低的地层中，射流的冲击压力超过地层岩石的破碎压力时，射流将直接破碎岩石。这种破岩形式在一口井的表层钻进中经常遇到，如有些地区钻鼠洞，只开泵不用旋转钻头就可完成。在岩石强度较高的地层中，钻头破碎井底岩石时，在机械力的作用下，在岩石中形成微裂纹和裂缝。高压射流流体挤入岩石微裂纹或裂缝，形成"水楔"，使微裂纹和裂缝扩大，从而使岩石强度大大降低，钻头的破碎效率大大提高。

试验表明，对于渗透性和半渗透性地层，泵压达到 25MPa 时就已有明显的水力破岩作用；而对于非渗透性地层，达到明显水力破岩作用的泵压高达 80MPa 以上。显然，对于一般的生产条件是难以达到的。

二、水功率传递的基本关系

钻头压力降和钻头水功率是来自地面上钻井泵的泵压和泵功率，并且是依靠循环钻井液来传递。传递时就有传递效率的问题，因为任何能量在传递过程中，总是要发生能量的损耗。钻井泵将压力和水功率传递到钻头上，也必须损耗一部分能量。为了减少传递过程中能量的损耗，使钻头得到更多的压力降和水功率，就要研究水功率的传递原理。

水功率从钻井泵传递到钻头上，是通过钻井液在循环系统中流动而实现的。钻井液循环系统大体上是由四部分组成。

（1）钻井液从钻井泵流出以后，先经过地面高压管线、立管、水龙带（包括水龙头）和方钻杆。这部分合称为地面管汇，这部分不随井深变化。

（2）钻井液从方钻杆流出后，即进入钻杆和钻铤内部。这部分合称为钻柱内部。这部分随井深的增加而加大。

（3）钻井液从钻铤流出后，即进入钻头喷嘴，形成钻井液射流，清洗井底和破碎岩石。这是水功率传递的目的地。

（4）钻井液到达井底以后，又从钻柱与井壁的环形空间返出到达地面上，钻井液在返出时还要完成携带岩屑的任务。

钻井液流过这四部分，都要遇到阻力。克服阻力就要消耗压力和水功率。所以这四个部分都要使钻井液的压力降低。

由于钻井液流过（1）、（2）、（4）这三个部分所消耗的压力和水功率是越少越好的，这部分压力降低和水功率称为循环系统的压力损耗和损耗功率。而钻井液流过钻头时的压力降和传给钻头的水功率是应提高的，这部分称为钻头压力降和钻头水功率。

这样，可以列出下列基本关系式

$$\begin{cases} p_\mathrm{s} = p_\mathrm{L} + p_\mathrm{b} = p_\mathrm{g} + p_\mathrm{pL} + p_\mathrm{cL} + p_\mathrm{b} \\ N_\mathrm{s} = N_\mathrm{L} + N_\mathrm{b} = N_\mathrm{g} + N_\mathrm{pL} + N_\mathrm{cL} + N_\mathrm{b} \end{cases} \tag{5-7}$$

式中，p_s、N_s 为钻井泵的泵压和水功率；p_b、N_b 为钻头压力降和钻头水功率；p_L、N_L 为循环系统的压力损耗和损耗功率；p_g、N_g 为地面管汇的压力损耗和损耗功率；p_pL、N_pL 为钻柱内外的压力损耗和损耗功率；p_cL、N_cL 为钻铤内外的压力损耗和损耗功率。

根据水力学原理，水功率等于压力降与排量的乘积，即 $N=pQ$。所以，只要对压力降基本关系式的两端都乘以 Q 即可变成水功率基本关系式。所以，这两个关系式虽然表示的概念不同，一个表示压力关系，一个表示功率的关系，但是事实上是一个关系式。

由压力降基本关系式可以看出，在泵压 p_s 一定的情况下，要提高钻头压降 p_b，就必须设法降低循环系统的压力损耗 p_1。

三、循环系统的压力损耗

钻井液在循环系统中的流动，主要是在钻柱内的管内流动和钻柱外的环空流动。钻井液根据其流变性不同，可分为宾汉流体、幂律流体和卡森流体等类型。根据钻井液在管内和环空的流动状态，又分为层流和紊流两种状态。根据流体力学的基本理论，不同类型的流体介质在不同的几何空间流动，其流态的判别方法不同。且不同类型的流体介质在不同的几何空间以不同的流动状态流动时，其压力损耗的计算方法也不同。对循环系统的压力损耗，如果按严格的流体力学理论计算，必须首先测定钻井液的类型及性能；再判断钻井液在循环系统的各个部分流动时的流动状态；然后根据不同类型和不同流动状态下的管内流或环空流的压耗计算公式，计算循环系统各部分的压耗；最后合并求出循环系统总的压耗。

1. 压耗计算的基本公式

根据水力学的基本方程，对如图 5-9 所示的钻井液在直径为 d 的管内以速度 v 流动 L，其沿程水头损失 Δh 可表示为

$$\Delta h = \frac{p_1 - p_2}{\gamma} = \xi \frac{v^2}{2g} \tag{5-8}$$

式中，p_1，p_2 为第 1 点、第 2 点处的压力，MPa；γ 为流体重度，N/m^3；ξ 为水力损失系数；g 为重力加速度，m/s^2。

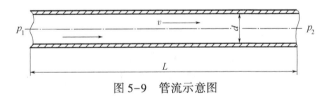

图 5-9 管流示意图

在上式中，p_1-p_2 就是钻井液在该管路内的流动压耗。因而，钻井液在循环管路中的流动压耗 Δp_L 为

$$\Delta p_\mathrm{L} = p_1 - p_2 = \xi \frac{\gamma v^2}{2g} = \xi \frac{\rho v^2}{2} \tag{5-9}$$

实验证明，ξ 与管路长度 L 成正比，与管路的水力半径 r_w 成反比，与管壁的摩阻系数 f 成正比，即

$$\xi = f\frac{L}{r_w} \tag{5-10}$$

于是可得

$$\Delta p_L = f\frac{\rho L v^2}{2r_w} \tag{5-11}$$

根据水力半径的定义，水力半径等于过流截面积除以湿周，因此有

$$r_w = \frac{d}{4} \qquad （管内流动）$$

$$r_w = \frac{d_h - d_p}{4} \qquad （环空流动）$$

将水力半径 r_w 代入并对各物理量选择合适的单位，可得循环系统管内流动和环空流动的压耗计算公式：

$$\Delta p_L = \frac{0.2f\rho L v^2}{d_i} \qquad （管内流动） \tag{5-12}$$

$$\Delta p_L = \frac{0.2f\rho L v^2}{(d_h - d_p)} \qquad （环空流动） \tag{5-13}$$

式中，Δp_L 为压力损耗，MPa；f 为水力摩阻系数，无量纲；L 为管柱长度，m；v 为钻井液在管路的平均流速，m/s；ρ 为钻井液密度，g/cm^3；d_i 为管柱内径，cm；d_h 为井眼直径，cm；d_p 为管柱外径，cm；

2. 水力摩阻系数的确定

在实际工程计算中，钻井液的密度、平均流速以及管柱的几何尺寸都是容易确定的参数，计算管柱压耗的关键在于确定管柱的水力摩阻系数。似乎问题比较简单，实际上最大的困难就在于如何求取水力摩阻系数。许多人对不同流动条件下的摩阻系数进行了大量的理论和实验研究。研究表明，流体流动的摩阻系数与流体的类型、流动状态、管壁粗糙度以及流体雷诺数等因素有关。但到目前为止，还没有适合于各种流动条件下精确计算摩阻系数的方法。摩阻系数仍然是通过实验测定或根据由实验所得到的经验公式进行计算。

本章水力摩阻系数计算主要采用以下两点假设：

（1）钻井液流变特性符合宾汉流变模式；

（2）钻井液流动状态为紊流状态。

通过实验测定了牛顿流体在紊流条件下摩阻系数 f 与雷诺数 Re 的关系数据，f 与 Re 的关系曲线如图 5-10 所示。研究表明，对宾汉流体在循环系统的紊流流动，可以借鉴牛顿流体的测量结果确定摩阻系数。宾汉流体的塑性黏度可以通过式（5-14）换算成相应的当量紊流黏度，有

$$\mu = \frac{\eta}{3.2} \tag{5-14}$$

牛顿流体雷诺数计算公式为

$$Re = \frac{\rho d v}{\mu} \qquad （管内） \tag{5-15}$$

$$Re = \frac{\rho(d_h - d_p)v}{\mu} \qquad （环空） \tag{5-16}$$

代入黏度公式并注意到各物理量的量纲变化，即可得到适合于宾汉流体的雷诺数计算公式，对管内流，有

$$Re = \frac{32\rho dv}{\eta} \tag{5-17}$$

对环空流，有

$$Re = \frac{32\rho(d_h - d_p)v}{\eta} \tag{5-18}$$

式中，ρ 为钻井液密度，g/cm^3；d，d_h，d_p 为管柱内径、井眼直径和管柱外径，cm；η 为宾汉流体的塑性黏度，$Pa \cdot s$。

得到雷诺数后可以利用图 5-10 确定水力摩阻系数，也可以用式（5-13）近似计算，有

$$f = \frac{k}{Re^{0.2}} \tag{5-19}$$

曲线 I 时 k 取 0.046；曲线 II 时 k 取 0.053；曲线 III 时 k 取 0.059；曲线 IV 时 k 取 0.062。由此可求出不同管路条件下的摩阻系数。

（1）对于内平钻杆内部和钻铤内部，有

$$f = 0.0265\left(\frac{\eta}{\rho dv}\right)^{0.2} \tag{5-20}$$

（2）对于贯眼接头内部，有

$$f = 0.0295\left(\frac{\eta}{\rho dv}\right)^{0.2} \tag{5-21}$$

（3）对于环形空间，有

$$f = 0.0295\left[\frac{\eta}{\rho(d_h - d_p)v}\right]^{0.2} \tag{5-22}$$

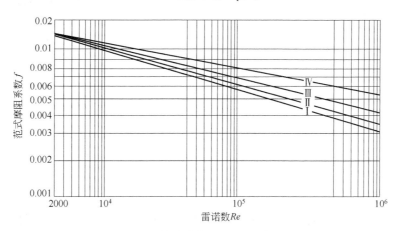

图 5-10　紊流流态下 f 和 Re 关系图

I—冷轧黄铜管或玻璃管（最小值）；II—接头处断面不变的新管子（内平管）；
III—具有贯眼接头的钻杆或下套管井的环形空间；IV—未下套管裸眼井的环形空间

3. 循环系统压耗理论计算法

因此利用上面的公式，假设所有的管柱为内平管，如果不计地面管汇压耗，整个循环系

统压耗公式为：

$$p_1 = p_p + p_c = (K_p + K_c) Q^{1.8} = K_1 Q^{1.8} \tag{5-23}$$

$$K_p = \rho^{0.8} \eta^{0.2} L_p \left[\frac{0.51655}{d_{pi}^{4.8}} + \frac{0.57503}{(d_h - d_{po})^3 (d_h + d_{po})^{1.8}} \right] \tag{5-24}$$

$$K_c = \rho^{0.8} \eta^{0.2} L_c \left[\frac{0.51655}{d_{ci}^{4.8}} + \frac{0.57503}{(d_h - d_{co})^3 (d_h + d_{co})^{1.8}} \right] \tag{5-25}$$

$$K_1 = K_p + K_c \tag{5-26}$$

式中，p_1 为循环系统压耗，MPa；p_p 为钻杆内外压耗，MPa；p_c 为钻铤内外压耗，MPa；ρ 为钻井液密度，g/cm³；η 为钻井液塑性黏度，Pa·s；Q 为钻井液排量，L/s；K_1 为循环系统压耗系数；K_p 为钻杆内外压耗系数；K_c 为钻铤内外压耗系数；d_{pi} 为钻杆内径，cm；d_{po} 为钻杆外径，cm；L_p 为钻杆总长，m；d_{ci} 为钻铤内径，cm；d_{co} 为钻铤外径，cm；L_c 为钻铤总长，m；d_h 为井眼直径，cm；

当循环系统的结构和钻井液性能已确定时，即可计算出 K_p 和 K_c，进而算出 K_1，这样就容易计算出整个循环系统的压耗。

4. 循环压耗实测法

不难发现，理论计算方法比较繁琐。生产现场多采用实测法确定循环系统压耗。实测法是利用下钻过程进行特定井下条件的循环系统流动试验，步骤如下：

（1）测定钻头压耗 p_b。在方钻杆下接钻头，开泵循环，读出立管压力表数值，即为钻头压耗 p_b（未计地面管汇压耗）。

（2）测定钻铤的内外压耗 p_c。钻头上接长为 L_c 的钻铤入井，再接上方钻杆，开泵循环，读出立管压力表数值，此时数值减去钻头压耗 p_b 即为钻铤的内外压耗 p_c。

（3）测定钻杆的内外压耗 p_p。钻铤上接钻杆入井至井深 L 处，再接上方钻杆，开泵循环，读出立管压力表数值，此时数值减去钻头压耗 p_b 和 p_c 即为钻杆的内外压耗 p_p。

（4）计算 K_c 与 K_p。

$$K_c = \frac{p_c}{Q^{1.8}} \tag{5-27}$$

$$K_p = \frac{p_p}{Q^{1.8}} \tag{5-28}$$

由此可计算出整个循环系统的压耗。

四、钻井水力参数

1. 射流水力参数

射流水力参数包括射流的喷射速度、射流冲击力和射流水功率。从衡量射流对井底的清洗效果来看，应该计算的是射流到达井底时的水力参数。但由于在不同条件下射流的速度、压力的衰减规律以及不同射流横截面上的分布规律不同，直接计算井底的射流水力参数还有一定困难。因此，在工程上，选择射流出口断面作为水力参数的计算位置。即计算射流出口处的喷速、冲击力和水功率。

1）射流喷射速度

钻头喷嘴出口处的射流速称为射流喷射速度，习惯上称为喷速，其计算式为

$$v_i = \frac{10Q}{A_0} \tag{5-29}$$

$$A_0 = \frac{\pi}{4} \sum_{i=1}^{n} d_i^2 \tag{5-30}$$

式中，v_i 为射流喷速，m/s；Q 为通过钻头喷嘴的钻井液流量，L/s；

A_0 为喷嘴出口截面积，cm^2；d_i 为喷嘴直径（$i=1,2,\cdots,n$），cm；

三牙轮钻头一般有 $n(n=1,2,3)$ 个水眼，可以安装 n 个喷嘴，计算出的最优喷嘴直径，是指 n 个喷嘴的当量直径，与各个喷嘴直径的关系如下：

$$d_e^2 = \sum_{i=1}^{n} d_i^2 \tag{5-31}$$

显然，在已知最优喷嘴直径 d_e 后，满足上式的 n 个喷嘴直径有多种组合形式。

2）射流冲击力

射流冲击力是指射流在其作用面积上的总作用的大小。喷嘴出口处的射流冲击力表达式可以根据动量原理导出，其形式为

$$F_j = \frac{\rho Q^2}{100 A_0} \tag{5-32}$$

式中，F_j 为射流冲击力，kN；ρ 为钻井液密度，$\mathrm{g/cm}^3$。

3）射流水功率

射流在冲离岩屑、清洗井底和协助钻头破碎岩石的过程中，实质上是射流不断地对井底和岩屑做功。单位时间内射流所做的功越多，其清洗井底和破碎岩石的能力就越强。单位时间内射流所具有的做功能量就是射流水功率，其表达式为

$$N_j = \frac{0.05\rho Q^3}{A_0^2} \tag{5-33}$$

式中，N_j 为射流水功率，kW。

2. 钻头水力参数

对井底清洗有实际意义的是射流水力参数。射流是钻井液通过钻头喷嘴以后产生的，由于喷嘴对钻井液有阻力，要损耗一部分能量。因此，在水力参数设计中，不仅要计算射流的能量，而且还要考虑喷嘴损耗的能量。能反映这两部分能量的，就是钻头的水力参数。钻头水力参数包括钻头压力降和钻头水功率。

1）钻头压力降

钻头压力降是指钻井液通过钻头喷嘴以后钻井液压力降低的值。当钻井液排量和喷嘴尺寸一定时，根据流体力学中的能量方程，可以得到钻头压力降的计算式

$$\Delta p_b = \frac{0.05\rho Q^2}{C^2 A_0^2} \tag{5-34}$$

式中，Δp_b 为钻头压力降，MPa；C 为喷嘴流量系数，与喷嘴的阻力系数有关，C 的值总是小于1。如果喷嘴出口面积用喷嘴当量直径表示，则钻头压力降计算式为

$$\Delta p_b = \frac{0.081\rho Q^2}{C^2 d_e} \tag{5-35}$$

2) 钻头水功率

钻头水功率是指钻井液流过钻头时所消耗的水力功率。钻头水功率的大部分变成射流水功率，少部分则用于克服喷嘴阻力而做功。根据水力学原理，钻头水功率可用下式表示：

$$N_b = \frac{0.05\rho Q^3}{C^2 A_0^2} \tag{5-36}$$

对照钻头水功率和射流水功率公式得出

$$N_j = C^2 N_b \tag{5-37}$$

由式(5-37)可以看出，钻头水功率与射流水功率之间只相差一个系数 C^2。C^2 实际上表示了喷嘴的能量转换效率。射流水功率是钻头水功率的一部分。是由钻头水功率转换而来的。为了提高射流的水功率，必须选择流量系数高的喷嘴。

射流的另两个水力参数也可以用钻头水力参数来表示，即

$$v_i = 10C\sqrt{\frac{20\Delta p_b}{\rho}} \tag{5-38}$$

$$F_j = 0.2A_o C^2 \Delta p_b \tag{5-39}$$

由以上两式可以看出，要提高射流喷速和射流冲击力，必须提高钻头压力降和选择流量系数高的喷嘴。

五、提高钻头水力参数的途径

从前文所述的水功率传递关系可知，地面机泵提供的钻井液压力和水功率主要消耗在钻头和循环系统两部分。因此，提高钻头水力参数的问题，也就是采取怎样的手段使地面机泵提供的能量尽量多地传递给钻头，尽量少地消耗在循环系统的问题。

钻头压降公式可以改写为

$$\Delta p_b = \frac{0.05\rho Q^2}{C^2 A_0^2} = K_b Q^2 \tag{5-40}$$

式中，K_b 为钻头压降系数。

根据泵压和泵功率传递关系，可以得到

$$p_s = \Delta p_b + \Delta p_L = K_b Q^2 + K_L Q^{1.8} \tag{5-41}$$

$$\Delta p_b = K_b Q^2 = p_s - K_L Q^{1.8} \tag{5-42}$$

$$N_s = N_b + N_L = K_b Q^3 + K_L Q^{2.8} \tag{5-43}$$

$$N_b = K_b Q^3 = N_s - K_L Q^{2.8} \tag{5-44}$$

由以上几式可以看出提高钻头水力参数（钻头压降和钻头水功率）的主要途径。

1. 提高泵压 p_s 和泵功率 N_s

提高泵压和泵功率，可以提高水力能量的总体水平。但提高泵压和泵功率要受到井队设备配置和物质基础条件的限制。我国喷射钻井的发展大体上可以分为三个阶段，又称为三个台阶。第一阶段 $p_s = 13 \sim 15\text{MPa}$，第二阶段 $p_s = 17 \sim 18\text{MPa}$，第三阶段 $p_s = 20 \sim 22\text{MPa}$。随着阶段的上升，所用钻井泵的额定泵压和额定功率都在增加，这为提高钻头压降和钻头水功率提供了物质基础。

2. 降低循环系统压耗系数 K_L

由于 $K_L = K_g + K_p + K_c$，压耗系数与钻井液密度 ρ_d、钻井液黏度 μ_{pv} 以及管路直径有关。

所以降低 K_L 的途径是：（1）使用低密度钻井液；（2）减小钻井液黏度；（3）适当增大管路内径。对压耗系数影响最显著的是管路内径，在可能的条件下应使用较大直径的或内平的钻杆。比较可知，$\phi114mm$ 钻杆与 $\phi127mm$ 钻杆比较，虽然前者比后者直径只小了 13mm，可压耗系数的差别很大。在其他条件相同的条件下，$\phi114mm$ 钻杆的压耗系数比 $\phi127mm$ 钻杆高出 66%。

3. 增大钻头压降系数

增大 K_b 的途径可能是增大钻井液密度，减小喷嘴流量系数和喷嘴面积。但实际上增大钻井液密度和减小喷嘴流量系数都是不可取的。钻井液密度增大则循环压耗相应增大，也增大了对井底的压力，这对提高钻速是不利的。喷嘴流量系数的减小实际上增大了喷嘴处的能量损耗。所以，唯一有效的办法是缩小喷嘴直径。喷嘴直径的缩小，对提高钻头压降很显著。例如，当喷嘴直径由 12mm 缩小到 11mm 时，K_b 可以增加 42%。

4. 优选排量

排量 Q 的增大将使钻头压降和钻头水功率增大，但也使循环系统压耗和循环系统损耗功率同时增大。因此，必须在一定的优选目标下，优选排量，使钻头和循环系统的水力能量分配达到最合理。

六、水力参数优选

1. 钻井泵的工作特性

进行水力参数优选应该是在现有机泵条件的基础上，考虑怎样充分发挥地面机泵的能力，使钻井泵得到最合理的应用。每一种钻井泵都有一个最大输出功率，称为泵的额定功率；每一种钻井泵都有几种直径不同的缸套，每种缸套都有一定的允许压力，称为使用该缸套时的额定泵压；在额定泵功率和额定泵压时的排量，称为泵的额定排量。

泵的额定功率、额定泵压和额定排量的关系为

$$N_r = p_r Q_r \qquad (5-45)$$

式中，N_r 为额定泵功率，kW；p_r 为额定泵压，MPa；Q_r 为额定排量，L/s。

随着排量的变化，可将钻井泵的工作分为两种工作状态，如图 5-11 所示：

当 $Q<Q_r$ 时，由于泵压受到缸套允许压力的限制，即泵压最大只能等于额定泵压 p_r，因此泵功率小于额定泵功率。随着排量的减小，泵功率将下降。泵的这种工作状态称为额定泵压工作状态。

当 $Q>Q_r$ 时，由于泵功率受到额定泵功率的限制，即泵功率最大只能等于额定泵功率 N_r，因此泵压要小于额定泵压。随着排量的增加，泵的实际工作压力要降低。泵的这种工作状态称为额定功率工作状态。

从泵的两种工作状态可以看出，只有当泵排量等于额定排量时，钻井泵才有可能同时达到额定输出功率和缸套的最大许用压力。

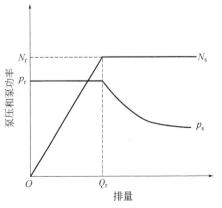

图 5-11　泵的工作状态

2. 水力参数优选标准

将射流和钻头的水力参数表示为排量的函数:

$$p_b = p_s - K_1 Q^{1.8} \tag{5-46}$$

$$V_0 = \sqrt{\frac{2c^2}{\rho}}\sqrt{p_s - K_1 Q^{1.8}} \tag{5-47}$$

$$F_j = \sqrt{2C^2\rho}\,Q\sqrt{p_s - K_1 Q^{1.8}} \tag{5-48}$$

$$N_b = p_s Q - K_1 Q^{2.8} \tag{5-49}$$

以上四个公式表明了四个水力参数随排量 Q 的变化情况。各水力参数随排量变化的关系曲线如图 5-12 所示。从井底清洗的要求看,这四个水力参数都越大越好。但从图 5-7 可以看出,根本没有办法选择同一个排量使这四个水力参数同时达到最大值。

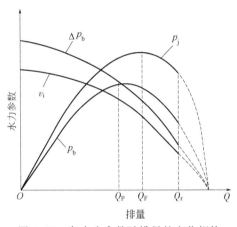

图 5-12　各水力参数随排量的变化规律

四个水力参数中究竟哪个对钻进影响最大?在选择和确定排量时,究竟应该以提高哪个水力参数为准?最大水功率工作方式认为清洗井底是对岩屑做功,所以认为水功率越大越好,这是从"功"的观点出发;最大射流冲击力工作方式却认为射流冲击力是清洗井底的主要因素,应以冲击力达到最大为标准,这是从"力"的观点出发;最大喷射速度工作方式实际上是提高射流动压力,从而增大井底的压力梯度,这是从"动压"的观点出发。究竟哪种最好,长期以来,一直有不同的看法。直到目前还未能从理论上给以分析和回答。国内各油田多使用最普通的最大钻头水功率和最大射流冲击力标准。

课程思政　世界第一的中国钻机

石油钻机是石油工业中最重要的设备之一。新中国成立之前,我国现代石油钻机的生产能力几乎为零,新中国成立以后,虽然我国石油钻机相对美国、俄罗斯、加拿大、罗马尼亚等老牌石油国家起步较晚,但是发展却极为迅速。

第一阶段是从新中国成立之初到改革开放之前,我国石油钻机产业从无到有。1959 年,兰州石油化工机器厂按照苏联提供的图纸成功制造 3200m 石油钻机。1974 年我国自行研究、设计、制造成功"大庆Ⅰ型"3200m 钻机。在 1978 年以前,仅兰州石油化工机器总厂就制造了 239 台钻机。这期间我国制造的石油钻机虽然档次不高,但相应装备逐渐形成一定实力，尤其是锻炼和培养了科研设计队伍，为后来我国制造成套石油钻机打下了坚实基础。

第二阶段是1980—2000年这一时期，已经有了基础的中国企业以许可证贸易、合作生产等形式从西方国家引进设计和制造技术，生产主设备的中国企业普遍采用了美国石油协会的标准和认证。但是，引进技术没有改变我国石油钻采设备工业的轨迹，它从来没有被外国产品或外资企业所主导。即使在引进之风最盛行的20世纪90年代，中国石油企业使用的钻采设备也一直以国产为主（虽然有引进设计的情况）——在大中型钻机方面近90%，在小型设备方面（如抽油机）则全部是国产。

第三个阶段，在进入21世纪后，中国石油钻采设备工业迎来了市场需求的高增长。由于已经形成规模并保持着产品开发能力，中国石油钻采设备不仅满足了国内石油工业的需求，而且还以其在同等技术水平下成本较低的优势，大踏步进入国际市场。据统计，中国石油钻机的产量大约占全世界的60%，并占据国际市场的一半。

中国企业能设计制造1000~12000m九大级别、四种驱动形式的常规陆地钻机、极地钻机和海洋成套钻机、海上钻采平台设备和海洋平台总包，其中全数字交流变频电驱动钻机实现了全天候、全地貌、全井深陆地市场的无缝覆盖，并成功从陆地迈向海洋高端领域。2007年我国成功研制世界首台12000m特深井交流变频石油钻机，其核心部件全部为国产自主开发。它还一举创造了三个世界之最：同一产品获专利最多、研制时间最短、核心技术最先进。该钻机的成功研制，入选2007年"中国十大科技进展新闻"的第二位，排名仅次于嫦娥一号发射成功。2021年我国首套"一键式"人机交互7000m自动化钻机已于四川正式投入工业性试验，再次证明中国石油装备水平处于世界前沿。

习 题

1. 什么是钻压、转速？它们对钻进速度有何影响？
2. 影响钻速的主要因素有哪些？
3. 试述射流对井底的净化作用机理。
4. 试述射流水力参数与工作方式的关系。
5. 简述生产现场实测法确定循环系统压耗的流程。
6. 试推导五个钻井水力参数的数学表达式。
7. 试推导最优排量、最优喷嘴直径。
8. 在实际钻井中为什么要进行水力参数设计？
9. 提高钻头水力参数有哪些途径？

第六章　钻井压力控制

当钻遇油气层时，如果井底压力低于地层压力，地层流体就会进入井筒。大量地层流体进入井眼后，就有可能产生井涌、井喷，甚至着火等，酿成重大事故。因此，在钻井过程中，采取有效措施进行压力控制是钻井安全的一个颇为重要的环节。钻井过程井筒压力控制理论是压力控制钻井和溢流、井喷控制的重要理论论据。

第一节　井控的基本概念

一、井控的概念及分级

井控（well control），就是采用一定的方法平衡地层孔隙压力，即油气井压力控制。井控的任务主要表现在两个方面：一方面，通过控制钻井液密度使钻井在合适的井底压力与地层压力差下进行；另一方面，在地层流体侵入井眼过量后，通过调整钻井液密度及控制井口装置将环空内过量的地层流体安全排出，并建立新的井底压力与地层压力差。

1. 井控的分类

根据所采取控制方法的不同，将井控作业分为一次井控、二次井控和三次井控。

1）一次井控

井内采用适当的钻井液密度来平衡地层孔隙压力，使得没有地层流体进入井内，溢流量为零。做好一次井控，关键在于钻前要准确地预测地层压力、地层破裂压力和坍塌压力，从而确定合理的井身结构和准确的钻井液密度。在钻井过程中，要做好随钻地层压力监测工作，并根据地层压力的监测结果及时对钻井液密度进行调整，并结合地层的实际承压能力，进一步完善井身结构和工艺技术。

2）二次井控

井内使用的钻井液密度不能平衡地层压力，地层流体进入井内，地面出现溢流，这时要依靠地面设备和适当的井控技术来处理和排除侵入井筒的地层流体，使井重新恢复压力平衡。钻井施工现场的井控作业也主要是围绕二次井控开展的，其核心就是要做好溢流的早期发现，及时、准确地关井，正确地实施压井作业。

3）三次井控

二次井控失败，溢流量持续增大，发生地面或地下井喷且失去控制时，要使用适当的技术和设备重新恢复对井内压力的控制，达到一次井控状态。

2. 井控对应的现象及事故

井侵、溢流、井涌、井喷、井喷失控和井喷失火反映地层压力与井底压力失去平衡后井内和井口所出现的各种现象及事故发展变化的不同严重程度。

1）井侵

当地层压力大于井底压力时，地层中的流体（油、气、水）侵入井筒液体内，这种现象通常称为井侵，最常见的井侵为气侵。

2）溢流

当气侵发生后，地层流体过多地侵入井筒内，使井内流体自行从井筒内溢出，即井筒—地层压力系统失去平衡，井内压力低于地层压力，地层流体进入井筒的现象，称为溢流。

3）井涌

井涌是井喷的前兆，是指井内钻井液涌出喇叭口或转盘面的情形，是溢流发展到一定程度的表现形式。

4）井喷

井涌发展到一定程度，地层流体（油、气、水）无控制地流入井内，井内流体喷至转盘面以上一定高度，称为井喷。

5）井喷失控

发生井喷后，因井控设备损坏或其他原因失去了对油气喷流的控制，采用常规的方式无法控制井口，而使得井口出现敞喷的现象，称为井喷失控。

6）井喷失控着火

井喷失控后，高压油气因遭遇明火、雷击或喷出的砂石碰击井架产生火花而引起着火。

二、地层—井筒压力体系

在钻井过程中，井眼和地层压力系统主要指：岩层孔隙中的流体压力（即地层压力）p_p；在不同钻井工况下由钻井液产生的井内有效液柱压力 p_{mE}。

1. 静止工况下的井内有效液柱压力

静止工况下的井内有效液柱压力为

$$p_{mE} = \rho g h \qquad (6-1)$$

式中，ρ 为钻井液密度，g/cm^3；h 为所在深度，m。

2. 循环钻井工况下的井内有效液柱压力

循环钻井工况下的井内有效液柱压力为

$$p_{mE} = \rho g h + p_{co} \qquad (6-2)$$

式中，p_{co} 为环空循环压降，MPa；

3. 起下钻工况下的井内有效液柱压力

钻柱在充有钻井液的井内运动会产生附加压力，抽汲压力是由于上提钻柱而使井底压力减小的压力（视频6-1），激动压力是由于下放钻柱而使井底压力增加的压力，这两个压力称为钻柱在充有钻井液的井内运动时的波动压力。波动压力以弹性波的方式在井内传播，波动压力的主要影响因素有起下钻速度、管柱结构、管柱尺寸、井身结构、井眼直径及钻井液性能等。

视频 6-1
抽汲效应

$$p_{mE} = \rho g h - p_{sw} \quad (起钻) \tag{6-3}$$

$$p_{mE} = \rho g h + p_{sg} \quad (下钻) \tag{6-4}$$

式中，p_{sw} 为抽汲压力，MPa；p_{sg} 为激动压力，MPa。

4. 地层压力和井内有效液柱压力间的关系

根据井内有效液柱压力和地层压力之间的关系可将压力控制钻井方式分成以下几类：

（1）当 $p_{mE} = p_p$ 时的钻井方式为平衡压力钻井；

（2）当 $p_{mE} > p_p$ 时的钻井方式为过平衡压力钻井；

（3）当 p_{mE} 略大于 p_p 时的钻井方式为近平衡压力钻井；

（4）当 $p_{mE} < p_p$ 时的钻井方式为欠平衡压力钻井。

三、井控装置

井控装置是指为实施油、气井压力控制技术而设置的一整套专用的设备、仪表和工具，是对井喷事故进行预防、监测、控制、处理的重要而关键的装置。通过井控装置可以做到有控制地施工，既可以减少对油气层的伤害，又可以对溢流、井喷进行有效控制，减少井喷失控的风险，实现安全作业。

井控装置主要由检测设备、控制设备和处理设备三部分组成：

（1）检测设备主要有气体测量设备、液面测量仪、密度仪、黏度仪；

（2）控制设备有防喷器（如闸板防喷器、环形防喷器）、内防喷工具（如钻具回压阀）等；

（3）处理设备有节流管汇、压井管汇、除气器、放喷装置、地面加压及其他辅助设备等。

防喷器是整个井控系统的核心。防喷器可分为闸板式（全封、半封）防喷器，环形防喷器和旋转防喷器等多种类型。其作用是在相应的工作条件下关闭井口，阻止地层流体进入井内或流出地面。

1. 闸板防喷器

闸板防喷器是通过一对闸板从防喷器的内部两侧向中间运动，最后封闭钻杆柱外的环形空间（半封）或整个井筒（全封）。闸板形状见图 6-1 及视频 6-2。

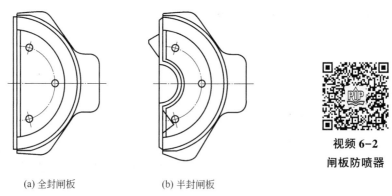

视频 6-2
闸板防喷器

(a) 全封闸板　　　　　　(b) 半封闸板

图 6-1　闸板防喷器结构

此外还有一种剪切闸板防喷器，它的作用是在发生井喷时将井内管柱剪断，达到完全封井的目的（图 6-2、视频 6-3）。在正常情况下，也可当作全封闸板使用。在高压、高含硫地层和区域探井的钻井作业中，应安装剪切闸板防喷器。

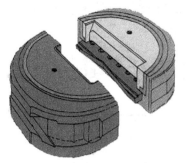

视频 6-3
剪切闸板防喷器

图 6-2　剪切闸板防喷器结构

2. 环形防喷器

环形防喷器曾被称为万能防喷器、多效能防喷器。它采用一个有加强筋的合成橡胶芯子作为密封元件，能向中心收缩而达到密封的目的。在全开的位置时，密封元件的内径等于防喷器的通孔直径。需要关闭时，通过液压控制，挤推橡胶芯子向中间运动，从而包紧在防喷器中的钻杆、方钻杆或其他管柱，可以对任何形状或任何尺寸的钻柱或电缆进行压力封闭，还可以在封闭条件下允许钻杆慢慢地上下活动。其结构如图 6-3 及视频 6-4 所示。

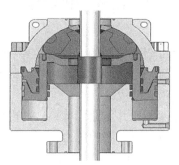

视频 6-4
环形防喷器

图 6-3　环形防喷器

3. 旋转防喷器

旋转防喷器常用于欠平衡压力钻井中。欠平衡压力钻井时，由于钻井液循环时的井底压力低于地层压力，在钻开油气层时地层流体将进入井内，实现边溢流边钻进。旋转防喷器是保证欠平衡压力钻井安全的重要工具。旋转防喷器能实现以下功能：

（1）密封钻柱与井口装置的环形空间（主要作用），使钻井液能按预定的出口流出，如图 6-4 所示。

（2）允许在额定动密封压力条件下旋转钻具，实施带压钻进作业。

（3）通过排出管汇（液动节流阀），对返出的油气侵钻井液进行分离、处理，实现连续欠平衡钻进。

（4）在设计欠压值或与强行起下钻设备配合时，可以进行带压起下钻作业。

旋转防喷器按密封结构方式可分为主动密封式旋转防喷器和被动密封式旋转防喷器。主

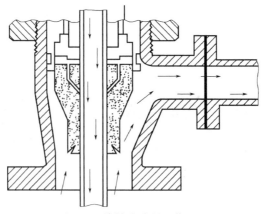

图 6-4 旋转防喷器工作原理

动密封式旋转防喷器内设计有活塞。当需要关闭防喷器时，利用液压力推动活塞，挤压胶芯，受上壳体内腔球面的限制，胶芯向内收缩抱紧钻具，实现胶芯与钻具的密封。采用被动密封式旋转防喷器时，井眼与钻具之间的环形空间，靠特制的密封胶芯与钻具之间的过盈实现密封，井压起辅助密封作用。高压动密封旋转轴承总成与控制头底座之间靠一个高压动密封组件实现密封。

当关井以后，需要在井口有压力下钻进时，则可与闸板防喷器或环形防喷器配合，使钻柱下入井内，并使旋转防喷器的自封头胶皮将方钻杆抱紧，实现密封。钻进时，方钻杆通过旋转防喷器的方补芯，带动旋转头和旋转筒转动，从而实现在关井条件下继续钻进。

4. 井控管汇

在井控压井作业中，需要借助一套装有可调节流阀的专用管汇给井内施加一定的回压，并通过管汇控制井内各种流体的流动或改变流动路线，这套专用管汇称为井控管汇。井控管汇包括节流管汇、压井管汇、防喷管线、放喷管线等。

节流管汇作用是通过节流阀的节流作用实施压井作业，替换出井内被污染的钻井液，同时控制井口套管压力与立管压力，恢复钻井液柱对井底的压力控制，控制溢流。节流压井管汇按压力等级有不同的组合形式，一般分为 14MPa、21MPa、35MPa、70MPa、105MPa、140MPa 几个压力级别。图 6-5 所示为 21MPa 的节流管汇组合形式。

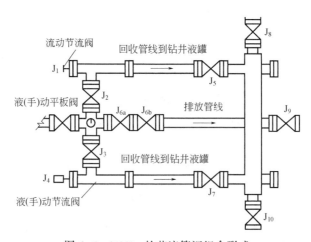

图 6-5 21MPa 的节流管汇组合形式

压井管汇的作用是当用全封闸板全封井口时，通过压井管汇往井筒里强行吊灌或顶入重钻井液，实施压井作业。压井管汇的组合形式如图 6-6 所示。

5. 钻具内防喷工具

钻具内防喷工具是装在钻具管串上的专用工具，用来封闭钻具的中心通孔。在钻井中发生溢流或井喷时，钻具内防喷工具能防止钻井液沿钻柱水眼向上喷出，保证水龙带及其他装置不因高压而憋坏。现场常用的钻具内防喷工具有方钻杆旋塞阀、钻具止回阀等，与井口防喷器组配套使用（视频 6-5）。

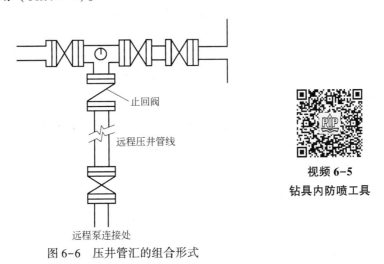

视频 6-5
钻具内防喷工具

图 6-6　压井管汇的组合形式

方钻杆旋塞阀是安装在方钻杆上的手动控制阀，是防止钻柱内喷的有效工具之一。方钻杆旋塞阀可分为方钻杆上部旋塞阀和下部旋塞阀。上部旋塞阀连接于水龙头下端和方钻杆之间，下部旋塞阀连接于方钻杆下端和方钻杆保护接头之间。通过专用开关扳手，控制旋塞内部球阀旋转来实现水眼的开通与关闭（图 6-7）。钻井液可无压降地自由流过方钻杆旋塞阀。

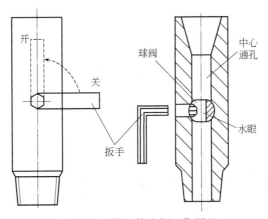

图 6-7　方钻杆旋塞阀工作原理

钻具止回阀是钻井过程中的一种重要内防喷工具，它装于钻杆内，用于阻止井内液体沿管柱内孔喷出地面。它是一个单向流动的阀。只允许钻柱内的流体自上而下流动，而不允许其向上流动，从而达到防止钻具内喷的目的。

第二节　地层流体侵入原因及特征

一、溢流与井喷原因

钻井过程中，当井内钻井液液柱压力低于地层压力时就会失去地层井眼系统的压力平衡，发生溢流与井喷。尤其是钻遇高压油气层时，这种危险性更大。在正常钻井或起下钻作业中，地层流体向井眼内流动必须具备下面两个条件：一是井底压力小于地层流体压力；二是地层具有允许流体流动的条件。当井底压力比地层流体压力小时，就存在着负压差值，遇到高孔隙度、高渗透率或裂缝连通性好的地层，就可能发生溢流。造成井底有效压力降低，进而导致地层流体进入井眼的原因有多种，主要有以下几种。

1. 地层压力预测不准确

钻遇异常压力地层并不一定会直接引起溢流。如果没有充分掌握地层压力，会导致钻井液密度设计过低。在一些区块中，由于缺乏精确的地层资料，在钻井过程中也没有进行地层压力检测，从而导致设计的钻井液密度无法平衡地层压力。

2. 起钻时井内未灌满钻井液

起钻过程中，由于钻柱的起出，钻柱在井内的体积减小，井内的钻井液液面下降，从而静液压力就会减少。在裸眼井段，只要静液压力低于地层压力，溢流就可能发生。此过程中，需要及时准确地向井内灌满钻井液以维持足够的静液压力，灌入的钻井液体积应等于起出的钻具体积。

3. 钻井液密度降低

钻开异常高压油气层时，油气侵入钻井液，引起钻井液密度下降，静液压降低；处理事故时，向井内泵入原油或柴油，造成静液压降低；钻井液性能大处理时，未能做好压力平衡计算，造成钻井液密度下降。

4. 钻井液漏失

由于钻井液密度过高或下钻时的压力激动，使得作用于地层上的压力超过地层的破裂压力或漏失压力而发生漏失。在深井、小井眼内使用高黏度的钻井液钻进时，环空压耗过高也可能引起循环漏失。另外，在压力衰竭的砂层、疏松的砂岩以及天然裂缝的碳酸盐岩中漏失也较普遍。由于大量钻井液漏入地层，引起井内液柱高度下降，从而使静液压力和井底压力降低，由此导致溢流发生。

5. 起钻中抽汲压力，降低井筒液柱压力

起钻抽汲作用会降低井底压力，当井底压力低于地层压力时，就会造成溢流。这是由于钻井液黏附在钻具外壁上并随钻具上移，同时，钻井液要向下流动，填补钻具上提后下部空间，由于钻井液的流动没有钻具上提得快，这样就在钻头下方造成一个抽汲空间并产生压力降，从而产生抽汲作用，导致井底压力降低，由此导致溢流发生。

二、气侵的特点

地层中的油、气、水可能单独存在，也可能共存。无论是油侵还是水侵往往也伴随着一些天然气。气相的入侵方式或在井筒中的运动状态都不同于油侵和水侵，下面分析其侵入和在井筒内状态特征。

1. 气侵的途径与方式

1）岩屑气造成的气侵

钻进中，随着气层岩石的破碎，岩石孔隙中的气体进入钻井液。进入气量的体积与岩石孔隙度、天然饱和度、钻速、井径等因素有关。如果钻进薄层气层，进入气体量少；当钻进大段含气岩层，侵入钻井液的气量可能相当大。特别是钻到大裂缝或溶洞气藏，将会出现置换性的大量气体突然侵入，在井底积聚形成气柱。

2）扩散气侵

储层中气体通过滤饼向井内扩散，扩散进入井筒钻井液的气体量主要取决于钻开气层的表面积、浓度差及滤饼性质。一般情况经过滤饼扩散进入井内的气体量并不大，但若由于井内压力激动等原因致使滤饼受到破坏，或停止循环时间太久，则扩散进入井内的气体量就会增加。

（以上两种侵入途径都是在钻井液柱压力大于地层压力时，气体侵入井内钻井液中。）

3）压差气侵

当井底压力小于地层压力时，气体由气层以气态或溶解状态大量地流入或渗入钻井液。这一般发生在因起钻抽汲等原因降低了钻井液有效密度同时又较长时间停止循环的情况下，这就可能在井底聚集大量气体而形成气柱。

2. 气侵对井筒压力的影响

1）气体均匀侵入时对钻井液柱压力影响

气体侵入钻井液，通常以游离状态——微小气泡吸附在钻井液颗粒表面，随钻井液返出地面。由于气体是可压缩的，气泡在上升过程中所处压力不断减小，体积就不断膨胀增大，所以气侵钻井液密度在不同深度是不同的。即使返至地面的钻井液气侵十分严重，密度下降很多，而井内钻井液柱压力减少却不大。

设气体膨胀是等温过程，钻井液气侵后井内钻井液柱压力下降值可用下式计算。

$$\Delta p = \frac{2.3(1-\alpha)p_s}{\alpha} \lg \frac{p_s + 0.00981\rho_m H}{p_s} \qquad (6-5)$$

式中，Δp 为钻井液气侵后井内钻井液柱压力减少值，MPa；α 为返至井口气侵钻井液密度 ρ_s 与气侵前钻井液密度 ρ_m 的比值，$\alpha = \rho_s/\rho_m$；H 为井深，m；p_s 为井口环形空间压力，MPa。

例如，某井井深 $H = 5000m$，气侵前钻井液密度 $\rho_m = 1.20g/cm^3$，气侵后返至井口的钻井液密度 $\rho_s = 0.60g/cm^3$，$p_s = 0.0981MPa$，求井底钻井液柱压力减少值。代入数据计算得到气侵前井内钻井液柱压力为 58.8MPa；气侵后井内钻井液柱压力减少 1.1%。

为了方便计算，可以将公式(6-5)绘制成计算图版（图6-8），只要知道 ρ_s、ρ_m 和 H，就可查出 Δp。从图6-8可以看出，如果 ρ_m 和 ρ_s 不同，气侵后钻井液压力减小，就相对值来说，浅井要大于深井。仍以前题为例，如 $\rho_s = 0.60g/cm^3$，$\rho_m = 1.2g/cm^3$，$\alpha = \rho_s/\rho_m = 0.50$，对于1000m浅井，井内钻井液柱压力减少值为 0.47MPa，相当于气侵前井内钻井液柱压力的4%。从上述计算得知，无论是深井还是浅井，气侵后井内钻井液柱压力减少值是很小的。如采取有效除气措施，保证继续泵入井内的钻井液维持原有密度，就不致产生井涌和井喷。如果不采取除气措施，让气侵钻井液继续泵入井内，环空钻井液不断受气侵，则井内钻井液柱压力不断下降，最后失去平衡，导致井涌和井喷。

2）井内积聚成气柱对钻井液柱压力影响

实际工作中，常常会遇到另一种情况，由于起钻时的抽吸作用和起钻后长时期停止循环，在井底积聚相当数量的天然气形成气柱。气柱在井中上升，或者被循环钻井液推着上行，这时气柱体积会不断膨胀，井底压力逐渐降低。图6-9说明气柱上行至不同深度时气柱体积膨胀高度和井底压力降低值。

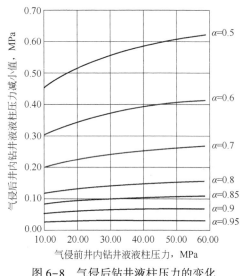

图6-8　气侵后钻井液柱压力的变化

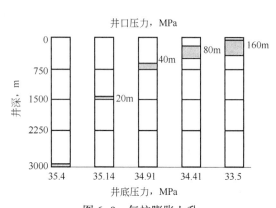

图6-9　气柱膨胀上升

当气柱上行至井口附近，气柱膨胀压力足以将上部钻井液顶出时，气柱上部钻井液及气体全部喷出井外，称为钻井液自动外溢。通过上面的分析计算可知，当井内积聚一定长度气柱时就产生钻井液自动外溢，这常常是造成井喷的重要原因。为此，当起升钻柱时，应采取严格措施，防止大量气体涌入井内形成气柱。

3）关井时气侵对井筒压力的影响

在一口受到气侵而已经关闭的井中，环形空间仍是不稳定的。天然气由于其密度小于钻井液而会滑脱上升，有运移到井口并蓄积起来的趋势。目前广泛使用的低黏度低切力钻井液，使这种现象更容易发生。由于井已关闭，总的容积不变，天然气不可能膨胀。因此在上升过程中，天然气的体积并不变化，这就使得天然气的压力在上升过程中也不变化，始终保持着原来的井底压力值。当天然气升至地面时，这个压力就被加到钻井液柱上，作用于整个井筒，造成过高的井底压力，而在井口则作用有原来的井底压力。

图6-10表明了这种情况。所用钻井液密度为1.20g/cm³，如果在3000m深的井底处有天然气，其压力为35.4MPa。如果天然气上升而不允许其体积膨胀，则当其升至1500m井深处，天然气压力将仍为35.4MPa，而此时井底压力增加为53.1MPa，同时将有17.7MPa的压力作用于井口。而当此天然气上升至井口时，其压力仍为35.4MPa，即井口将作用有原来的井底压力，而此时井底压力将高达70.7MPa，即套管鞋处或裸眼井段在井口套压未达到

最大值前，可能早已压裂地层引起井漏。

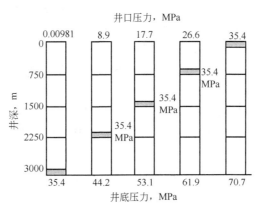

图 6-10　关井情况下气侵钻井液作用于井筒的压力（钻井液密度 1.20g/cm³）

充分认识天然气在井内上升过程中体积不能膨胀所带来的上述特点是很重要的，从中可以得出如下对实际工作有重要意义的结论：

（1）考虑到关井时井口将作用有相当高的压力，因此要求井口装置必须具有足够高的工作压力。

（2）不应该长时间关井不循环。因为长期关井将使井口作用有很高的压力，而井底则作用有极高的压力。这就可能，或者超过井口装置的耐压能力，或者超过井内套管柱或地层所能承受的压力，造成井口失去控制，套管憋破，地层憋漏，以致发生井喷、井漏等严重复杂情况。因此当关井一段时间后，如果井口压力不断上升，井口和井内的压力还未超过上述耐压极限时，应该开启阻流器或阀门以释放部分压力。还必须指出，不仅应该注意钻井液已喷尽而井中全为天然气的那些井（因为这些井的井口和井内有很高的压力），而且需要格外注意那些关着的还有钻井液柱（或者一部分钻井液）而天然气在井口不断积蓄起来的井。比起喷空的井，有钻井液的井在井内不同深度处都有可能作用着更高的压力。

（3）在将井内气侵钻井液循环出井时，为了不使井口和井内发生过高的压力，必须允许天然气膨胀。以前压井时采用的方法是循环时保持钻井液池液面不变，认为只要保持循环钻井液量不增加，地层流体就不会再流入井内。实际上，这就是让天然气在井内上升而不膨胀。它会带来过高压力的危险。

（4）在较长期的关井以后，由于天然气在井内上升而不能膨胀，井口压力不断上升。这时容易产生的误解是，认为地层压力非常高，等于井口压力再加上钻井液柱压力，并且想据此算出所需的钻井液密度。实际上，这是完全错误的。从前述已经知道，这时井口压力的增加是由于天然气不能膨胀的结果。因此，在天然气上升而不能膨胀的情况下，地层压力并不等于井口压力加钻井液柱压力，也不应这样来计算所需的钻井液密度。

三、溢流的早期发现

地层流体进入井会使钻井液性能及地面流体量发生变化，密切注意这些变化并进行全面分析判断，可对溢流及井喷进行有效控制。溢流的早期发现可由以下几方面进行：

（1）钻井液池液面升高。即在无地面外来流体进入循环系统时，地层流体进入井筒使循环流体总体积增加，致使井口返出流量增大，循环池液面增加，这是地层流体进入井筒将出现溢流的可靠信号。

（2）钻速变快。钻进油气层时，由于储集层压力一般都高于非储集层压力，当钻井流体性能不变时，井内压差值减小，钻速变快，尤其是碳酸盐岩产层，裂缝、洞发育、当出现蹩跳、放空、钻速加快时，说明可能钻遇到异常高压地层。

（3）井口返出钻井流体速度增大。由于气侵钻井流体接近地面时，气体膨胀、体积增大，井口返出流体速度增大。

（4）立管压力下降。当钻遇天然气层，天然气进入环空上升膨胀而置换了环空部分钻井液，致使环空液柱压力低于钻柱内液柱压力而出现内外压差，这个压差将使立管压力下降。

（5）地面油、气、水显示。在钻进含油、气、水地层后，从井口地面返出的钻井流体中将出现油、气、水显示。如钻井液中含有原油、天然气、H_2S，这些流体可由井口监视人员目观，也可由地面专门监测仪表检测。

（6）钻井液性能变化。钻进过程中，当钻井液受到气侵后，其密度下降、黏度升高，气泡增多。

第三节　溢流与井喷的控制

一、溢流关井及关井方法选择

井控技术要求，在钻进、起下钻等作业中，一旦发现地层流体进入井筒，就应迅速关井，并且准确记录立管压力、套压和钻井液增量。这三个基本参数是实施井控技术不可缺少的数据。

如果关井后立管压力为零，套压不为零，则表明原钻井液密度能够平衡地层压力，不必加重，只要通过节流阀循环，加强除气，即可恢复密度继续钻进；如立管压力和套管均不为零，说明地层压力大于钻井液柱压力，就必须根据立管压力求得地层孔隙压力和压井钻井液密度进行压井。

钻井工程中一旦出现溢流或井喷，常采用以下方法关井。

1. 硬关井

硬关井就是一旦发生溢流或井喷后，在防喷器与四通等的旁侧通道全部关闭的情况下立即关闭防喷器。这种方法的优点是关井迅速，地层流体进入井筒的量少，关井套压小，压井作业时井口承受的压力也低；缺点是瞬时关井时井内将产生水击压力。

2. 软关井

软关井是当发生溢流或井喷后，在阻流器通道开启、其他旁侧通道关闭的情况下关防喷器，然后再缓慢关闭阻流器，待压力恢复后记录关井立管压力和套压（视频6-6）。软关井方法的优点是克服了硬关井的缺点，但其缺点是关井的时间比较长，因此进入井筒的地层流体多，套压较高。

视频 6-6

关井

3. 半软关井法

半软关井法即防喷器的关闭是在节流阀处于适当开启度（约 3~5 圈）

条件下进行。其不同类型防喷器关闭顺序为：先关万能防喷器，后关闸板防喷器，待防喷器关闭后，最后完全关闭阻流器。先关万能防喷器后关闸板防喷器，是因为闸板防喷器的闸板胶芯在关闭过程中，不能承受高压流体的冲击，因此也不允许用打开防喷器的办法泄压。适当打开节流阀的目的在于关井过程中，使井口套压保持一定值，既可以减小水击影响、降低井口压力，又可在很大程度上阻止地层流体侵入井内。

从国内外实际情况来看，采用软关井的偏多。这是因为打开放喷阀后再关防喷器比较容易，又降低了冲击震动，因此是安全的。另外，我国目前尚未普遍使用钻井液池液面监测仪表，发现溢流往往比较迟，当发现时井口喷势已较大，如果硬关井，不但冲击震动大，而且易刺坏防喷器芯子，因此还是软关井保险。当然，如果有液面监测，发现溢流早，井口喷势又不大，采用硬关井也是可行的。

二、压井理论与方法

压井（killing well）即指溢流发生后向井内泵入一定密度的钻井流体，恢复和重建地层—井筒压力系统的平衡。

1. 压井基本目的

压井的目的是恢复井眼内压力平衡，即井底压力等于或稍大于地层压力，并且还必须将地层进入井眼中的流体安全地排出井眼，或安全地再压回地层。压井的原则是保持井底常压，就是在压井过程中，井底压力略大于地层压力并且使井底压力保持不变。为此需要配置合适密度的钻井液，并通过控制节流阀，使井眼内地层进入的流体循环排出，既不损坏井口装置及套管，又不压裂地层，并且压井循环结束后还可以保证井底压力略大于地层压力。

2. 关井立压计算

溢流发生过程中，近井眼区域地层压力下降，因此溢流关井初期，井底压力不等于地层压力，当关井经过一段时间后，井底压力将恢复直至等于地层压力。其恢复时间，对于有良好渗透率的地层，一般需要 $10 \sim 15min$；而致密地层则时间更长些。溢流关井后，地层—井筒压力系统为一密封水力学系统。

该系统由地层、井筒内钻柱及井筒与钻柱间环形空间组成，该水力学系统满足以下压力平衡关系：

$$p_d + p_{md} = p_p = p_a + p_{ma} \tag{6-6}$$

式中，p_d 为关井立管压力，MPa；p_{md} 为钻柱内钻井液柱压力，MPa；p_a 为套压，MPa；p_{ma} 为环空受气侵钻开液柱压力，MPa；p_p 为地层压力，MPa。

从上式可得，地层压力可由立管压力和套压两个方向进行求取，但由于环空受气侵钻井液密度难于计算精确，因此地层压力的求取一般情况都由立管压力计算。求出地层压力后，即可求得压井所需钻井液密度：

$$\rho_{mk} = \frac{p_p}{0.00981H} \tag{6-7}$$

由于钻柱结构不同，求取立管压力的方法也不一样。当钻柱未装单流阀时，立管压力稳定以后可从立管压力表上直接读出 p_d 值代入上式，计算地层压力。当钻柱装有单流阀时，

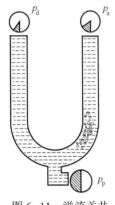

图 6-11 溢流关井
水力学系统

溢流关井后井底压力不能准确传到立管压力表，在这种条件下可采取以下方法求取立管压力：

（1）下钻前装带后小孔以传递压力的单流阀。

（2）当下钻前钻柱装的是普通单流阀，关井立管压力由两种方法确定。

① 在环形空间节流阀关闭情况下，缓慢启动泵，当泵压突然升高时细心观察套压，当其升高时停泵读出套压即将升高时的立管压力。如套压升高至关井套压以上某个值，那么从立管压力减去这个升高值即为关井立管压力。

② 事先确定压井所用泵速下的流动阻力，缓慢地开启节流阀和启动泵，保持套压等于关井套压，使泵速达到压井所用泵速，调节节流阀保持套压不变；读出立管压力，从立管压力减去事先确定的流动阻力，余下的即为关井立管压力。

由于环形空间内气侵钻井液密度小于钻柱内钻井液密度，因此关井套压通常大于关井立管压力。当环空钻井液气侵越严重，这个差值越大。因此，比较关井套压和立管压力的大小差值，可以判断气侵的严重程度和侵入流体类型（油、天然气、水等）。

3. 常规压井方法

常规井控指一旦发生溢流或井喷后，立即有效地控制井口，保证井内有一半或一半以上钻井流体的压井方法。常规井控溢流或井喷关井后，关井立管压力可能为零，也可能不为零，下面分析这两种情况下的压井方法。

1）关井立管压力为零的压井方法（$p_d = 0$）

这种情况往往是由于抽汲作用或由于气体扩散进井筒钻井液中形成溢流，且说明井内钻井液柱压力大于或等于地层压力，可不必提高钻井液密度即可建立井筒内压力平衡。

（1）套压为零（$p_a = 0$）：说明环空钻井流体侵污不严重，应该开着防喷器恢复循环排出被侵污流体，对井口返出流体进行充分除气。

（2）套压不为零（$p_a \neq 0$）：由于立管压力为零，说明井内钻井液柱压力等于或大于地层压力，只需控制一定回压循环排除环空受气或油侵钻井液即可控制溢流。

视频 6-7
司钻法压井

2）关井立管压力不为零的压力方法（$p_d \neq 0$）

由于溢流关井后，立管压力和套压均不为零，这说明井筒内钻井液柱压力小于地层压力，这种情况要重新恢复和建立地层—井筒压力系统平衡必须增大钻井液密度，其对应方法主要有司钻法和工程师法。

（1）司钻法（或两步控制法）：司钻法压井分两个循环周（两步）进行，第一循环采用原密度钻井液循环排出环空气侵的钻井流体；第二循环泵入按关井立管压力求得的所需密度的钻井液置换出井筒内的钻井液而恢复建立井筒压力系统平衡时的压井方法。司钻法压井见视频 6-7。

（2）工程师法（等候加重法）：工程师法压井是溢流关井后，根据关井立管压力求得地层压力，待配制好所需压井密度的钻井液后，通过一个循环周内同时排出环空气侵流体的压井方法。工程师法压井见视频 6-8。

视频 6-8
工程师法压井

第四节 欠平衡及控压钻井技术

一、欠平衡钻井技术

欠平衡钻井是在钻井过程中井筒流体有效压力低于地层压力，允许地层流体进入井筒，并可将其可控循环到地面的钻井技术。该项技术在工艺技术理论、井口和地面控制分流装置、循环介质及相关的多相流体参数设计等方面都与常规钻井技术有很大的差别，因此它是一套不同于常规钻井的特殊钻井工艺技术。

1. 欠平衡钻井优势和特点

由于欠平衡钻井过程保持井筒的欠压差，因此欠平衡钻井对开发低压低渗透储层、开发后期压力枯竭储层以及不同压力体系的储层都具有以下优势和特点：

1）防止储集层污染，提高采收率

欠平衡钻井中消除了驱使固相和液相进入储集层的正压差，因而减少了固相和液相侵入储集层近井地带造成的储层损害。

2）及时发现地质异常情况和识别产层

在进行欠平衡钻井作业中，实时采集数据和解释数据有助于发现地质异常情况，避免复杂情况的发生。另外，通过监测产出的流体，可以及早发现油气显示，适时评价油藏，有助于更准确描述油藏、优化开发方案、提高开发效益。

3）提高钻速

通过降低井底压差，减小钻屑的井底压持效应，能够大幅度提高机械钻速。据调研发现，3000m以下的中深井段，井底压差对机械钻速的影响异常明显。在通常情况下，压差每降低0.01MPa，机械钻速将会提高0.6~0.9m/h。欠平衡钻井井筒液柱压力减少，使得井底正在被钻的岩石更容易破碎，也有助于减少"压持作用"，使钻头继续切削新岩石而不是碾压已破碎的岩屑，从而提高了机械钻速。欠平衡钻井还具有延长钻头寿命的特点。

4）防止和减少压差卡钻及井漏

在常规钻井时，正压差作用下，钻井液滤失量在井壁上形成滤饼，若钻柱被挤靠在滤饼上，就可能发生压差卡钻。欠平衡钻井在井壁不会形成滤饼，也没有正压差力的作用，因此，不用担心压差卡钻。

井漏可能大大增加钻井工程的成本，而钻井液漏进裂缝、低压油层或高渗透性油藏，就增加了额外的钻井液成本，同时堵漏费工、费钱更不用说，漏失的钻井液会造成严重的地层伤害，影响油气井的产能，这些问题的发生使常规钻井成本比欠平衡钻井高。欠平衡钻井可以减少或避免这些问题。

5）随钻油气藏评价

欠平衡钻井是钻井和开采同时并取的过程，可获得油藏特征信息，有利于工程及地质人员及时识别地层流体性质。

2. 欠平衡钻井方式

欠平衡钻井分为两种类型，即边喷边钻（flow drilling，又称控流）和人工诱导（artificial inducing）。所谓边喷边钻欠平衡钻井，就是用合适密度的钻井液（包括清水、混油钻井液、原油、柴油、添加空心固体材料钻井液等）进行的欠平衡钻井；而人工诱导欠平衡钻井，就是用充气钻井液、泡沫、雾，甚至用气体作循环介质进行的欠平衡钻井。一般而言，当地层压力当量密度大于或等于 $1.10\mathrm{g/cm^3}$ 时用边喷边钻，否则可用人工诱导。这两类方法不是绝对的，实际应用时应根据具体情况进行选择。

井底欠压差值的获取是欠平衡钻井实现的关键，根据实现井筒欠压差值所采用的循环介质类型，通常将欠平衡钻井分成：干气（空气、天然气、氢气、烟道气）钻井、雾化钻井、充气流体钻井、泡沫钻井、玻璃微珠（或塑料微珠）钻井、液相欠平衡钻井（如清水、油基钻井液、低密度钻井液）。表 6-1 所示为不同循环介质流体的密度。

表 6-1　不同循环介质密度

分类	密度，$\mathrm{g/cm^3}$	分类	密度，$\mathrm{g/cm^3}$
干气	0.001~0.01	雾化流体	0.01~0.03
泡沫流体	0.032~0.064	充气流体	0.45~0.90
单相流体	0.96	玻璃微珠、塑料微珠	0.7

干气钻井属于气相欠平衡钻井，雾化、泡沫及充气钻井属于气液两相流欠平衡，边喷边钻属于液相欠平衡钻井。

1）气相欠平衡钻井

气相欠平衡钻井又叫空气钻井，是利用空气或天然气、氮气、烟道气等作为循环介质的一种欠平衡钻井技术。由于空气密度小，空气钻井中井内流体静水压力大大低于常规钻井液静水压力，因此极易在井底形成欠压差。这样不但可有效防止液相和固相进入储集层，而且能极大地提高机械钻速。实践表明，空气钻井比用常规钻井液钻井提高机械钻速 3~4 倍。

气相钻井的缺点是存在井壁不稳定因素和携屑困难。采用空气钻井，由于地层产水，对钻具具有腐蚀作用；另外，由于空气中存在氧气，容易发生井下燃爆。而氮气和天然气虽然可以克服腐蚀问题，但存在成本高和现场供应困难等问题。因此选择哪种气体通常考虑实用性、总气量、所需气体的供给速率及化学相容性。

2）雾化钻井

在空气钻井过程中，如果地层内有少量水进入井眼，这种情况下岩屑难以携带，故不宜继续使用空气钻井，应改用雾状流体钻井。用泵将水或轻质钻井液加一定的泡沫剂直接注入空气流体内，在环形空间形成雾状流。

3）泡沫钻井

泡沫钻井是利用稳定泡沫作为循环介质的一种欠平衡钻井技术。稳定泡沫是由气体、液体和表面活性剂配制的一种流体，密度一般为 $0.032~0.064\mathrm{g/cm^3}$，泡沫流体静压力是水的 1/20~1/50，这样的钻井流体密度不仅可极大地减少或避免储集层的损害，而且可获得高的机械钻速，减少浸泡时间。泡沫具有较高的携岩能力，约为水的 10 倍，一般钻井液的 4~5 倍。其含液量低，为泡沫体积的 3%~25%，这可大大减少液体对储集层的浸泡和损害。泵入井内的流体无固相，且泡沫为一次性流体，钻进中固相不会重新进入井内，可以减少固相对储集层的伤害。

4）充气钻井

充气钻井是目前国内外油田常用的获取井底欠压差值的欠平衡钻井方式。根据充气方式的不同，有以下几种充入方式。

（1）常规钻柱充入方式：即气相和液相在地面混合，两相流体由钻柱经钻头而进入环空获得欠平衡钻井欠压差。

（2）寄生管柱充气方式：在下入的中间套管柱外寄生一根一定尺寸的充气管柱，在欠平衡钻井时，液相由钻柱注入，气相由地面寄生管注入，二者在环空混合的欠平衡钻井，如图6-12所示。

（3）同心管柱充气方式：在下完中间套管固井后，再下入同心管柱，气相从同心管柱与中间套管环空充入，而液相则由钻柱注入，液相在上返过程中与来自同心管与中间套管环空的气相混合而形成欠平衡钻井，从钻柱与同心管环空返出地面，如图6-13所示。

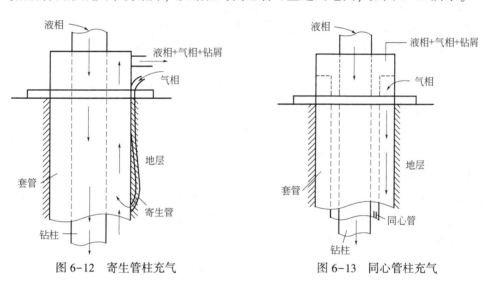

图6-12 寄生管柱充气   图6-13 同心管柱充气

5）边喷边钻

上述气体型钻井液及相应钻井技术多用于地层压力较低的油气藏。在钻进过程中，井口回压一般均较低。而对于地层压力较高的油气藏，如地层压力系数大于1.0，为了实行欠平衡压力钻井，则可以采用非气体型钻井液，只是控制当量循环钻井液密度低于地层压力系数即可。这种情况下的井口回压有时可能较高。

3. 欠平衡钻井主要设备及装置

常规钻井中是控制地层流体进入井筒，而欠平衡钻井则是允许地层流体进入井筒。因此在欠平衡钻井中对进入井筒的流体在井口及地面进行有效控制是极其重要的问题。这种控制必须达到有效去除返回混合流体中的气相和固相，回收液相（油、钻井液）。欠平衡钻井主要设备及装置如下：

（1）旋转控制头或旋转防喷器（RBOP）；

（2）井口防喷器组（BOP）；

（3）节流管汇；

（4）地面三相（或四相）分离系统；

（5）制氮气装置；

（6）空气压缩装置。

二、控压钻井技术

随着国内外石油勘探与开发向深部复杂地层的不断发展，窄密度窗口安全钻井的问题越来越突出，常出现诸如井涌、井漏、有害气体泄漏、起下钻时间过长等钻井复杂情况。窄密度窗口安全钻井问题已经是造成深井、高温高压井等钻井周期长、事故频繁、井下复杂情况的主要原因，成为影响和制约石油勘探开发进程的技术瓶颈。

针对窄密度窗口的安全钻井问题，国外提出了控压钻井技术（MPD）。该技术主要是通过对井口回压、流体密度、流体流变性、环空液位和水力摩阻的综合控制，使整个井筒的压力维持在地层孔隙压力和破裂压力之间，进行平衡或近平衡钻井，有效控制地层流体侵入井眼，减少井涌、井漏、卡钻等多种钻井复杂情况。

国际钻井承包商协会欠平衡作业与控制压力委员会将控压钻井技术定义为：一种适用的钻井程序，用于精确控制整个井眼的环空压力剖面，目的在于确定井底压力范围，从而控制环空压力剖面。

控压钻井系统一般由旋转防喷器、随钻压力测量工具（PWD）、自动节流系统、回压补偿系统、液气控制系统及自动控制软件等组成。控压钻井通过装备与工艺相结合，合理逻辑判断，提供井口回压保持井底压力稳定，使井底压力相对地层压力保持在一个微过、微欠和近平衡状态，实现井筒环空压力动态、自适应控制。

1. 控压钻井控制原理

钻井过程中，井筒中任一点的环空压力由井筒液柱压力、环空循环压耗（钻井液循环时的环空流动阻力）、井口回压、循环过程中产生的压力波动（如激动压力、抽吸压力、侵入井内地层流体引起的压力波动）等组成。

$$p_{mE} = p_h + p_{co} + p_{back} + p_{af} \tag{6-8}$$

式中，p_{mE} 为井底压力，p_h 为环空液柱压力，p_{co} 为环空循环压耗，p_{back} 为井口回压，p_{af} 为环空循环压力波动。

常规钻井过程中，调节钻井液密度是关键的控制手段，但这种方法时效性较差；通过调节循环排量的方式也能实现对井底压力的控制，但是由于系统缺乏有效的封闭性，在起下钻和接单根时（钻井液循环停止），缺乏实现连续压力控制的有效手段。但对于复杂地层而言，仅通过调整钻井液密度并不能满足要求。控压钻井过程中，可以使用较低的钻井液密度，保持循环状态下的井底压力在安全密度窗口内，当循环停止时，在井口精确施加一定量的回压，以维持静态井底压力在安全密度窗口内，保证钻井安全，理想的情况是静止时施加的井口回压，井筒压力剖面控制原理如图 6-14 所示。

2. 控压钻井技术控制的变量

（1）井口压力。当井底压力发生变化时，可通过旋转控制头和节流管汇来控制井眼压力。控制方法有两种：一种是通过控制井口回压来平衡井底压力；另外一种是在井筒的某一位置安装一个泵，通过泵来调整井底压力。

（2）环空压耗。当循环钻井液时，井底压力等于钻井液静液柱压力和环空压耗之和。

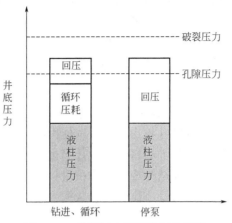

图 6-14　井筒压力剖面控制示意图

通过改变钻井液流态、流速和环空间隙（通常是改变钻柱组合的外径和长度），就可以控制环空压耗。

（3）钻井液参数。可通过改变钻井液密度、黏度、排量或者相关联的方式来实现。例如，低密度钻井液井口加回压的作业方式、双密度梯度钻井的方式等。

（4）钻井液温度或固相含量。通过改变钻井液温度或固相含量来达到稳固井眼的目的，以加宽地层孔隙压力和破裂压力之间的窗口，实现快速钻进。

3. 控压钻井技术的应用形式

控压钻井是一种在整个井筒内精确控制环空压力剖面的自适应钻井过程，其压力控制的目标是：在整个钻井作业过程中无论是否钻进、是否循环钻井液，都能精确控制井底压力，使其维持恒定。实现井筒内压力控制的形式有多种，以下为几种常见的控制压力钻井技术的应用形式。

1）井底压力恒定技术

井底压力恒定（constant bottom hole pressure，CBHP）的控压钻井又称为当量循环密度（equivalent circulating density，ECD）控制，是一种通过环空水力摩阻、节流压力和钻井液静液柱压力来精确控制井眼压力的方法。设计时使用低于常规钻井方式的钻井液密度进行近平衡钻井，循环时井底压力等于静液柱压力加上环空压耗；当关井、接钻杆时，循环压耗消失，井底压力处于欠平衡状态，在井口加回压使井底压力保持一定程度的过平衡，防止地层流体侵入。

2）精细控压钻井技术

精细控压钻井技术（fine managed pressure drilling，FMPD）是井底压力恒定钻井技术的一个具体实施方式，将由井下 PWD 随钻测压设备测得的井底压力数据传输给控制计算机，计算机通过计算压力、控制模型，给节流阀和回压泵发指令，调节井口回压、精确控制井底钻井液当量密度，保持井底压力恒定。

精细控压钻井的主要技术特点是利用旋转控制头、自动节流控制系统、回压泵、PWD 随钻测压等设备及相关的软件控制技术，将井底压力的波动降到最低，实现井底压力微过平衡钻进，其核心问题是在钻井过程中保持井底压力略高于地层孔隙压力或井底压力在一个合适的范围内（即设计过平衡值1MPa）。但在实际钻井过程中，由于地层流体的进入特别是地层气体在井底负压状态下进入井筒，起下钻、活动钻具、泵入排量的变化都会造成井底压力的波动，井底压力不是一个恒定值，因此需要利用回压补偿泵、自动节流管汇和旋转控制头来维持井口回压的稳定，以达到微过平衡钻进的目的。

3）微流量控制钻井技术

微流量控制（micro-flux control，简称MFC）钻井技术是一种采用自动闭环系统进行井筒微小溢流量和微小漏失量监测的钻井技术。该系统使用特有的算法实时判断并测量微小的井下溢流和漏失，通过安装在节流管汇高精度流量计测量返出流速，尽早发现流体漏失或液面增加，并自动做出反应，降低流体增加或减少体积量，控制井内压力平衡。该钻井系统主要由3部分组成：旋转控制头、微流量节流管汇和数据采集与控制系统。

4）加压钻井液帽钻井技术

加压钻井液帽钻井（pressurized mud cap drilling，PMCD）是在钻井中因环空流体密度较小而需在井口施加一个正压，因此称为加压钻井液帽钻井。加压钻井液帽钻井是一种控制严重井漏的钻井方法，适用于陆上和海洋油气井眼严重漏失地层的钻进作业。

5）双梯度钻井技术

与陆地和浅海钻井相比，深海钻井环境更复杂，容易出现常规钻井装备和方法难以克服的技术难题：锚泊钻机本身必须承受锚泊系统的重力，给钻机稳定性增加了难度；隔水管除了承受自身重力，还承受严重的机械载荷，防止隔水管脱扣是一个关键问题；地层孔隙压力和破裂压力的间隙很小，很难控制钻井液密度安全钻过地层；海底泥线处高压、低温环境影响钻井液性能，产生特殊的难题；海底的不稳定性、浅层水流动、天然气水合物可能引起钻井风险。双梯度钻井技术能够很好地解决这些问题。

双梯度钻井（dual gradient drilling，DGD）在隔水管内充满海水（或不使用隔水管），采用海底泵和小直径回流管线旁路回输钻井液；或在隔水管中注入低密度介质（空心微球、低密度流体、气体），降低隔水管环空内返回流体的密度，使之与海水相当，在整个钻井液返回回路中保持双密度钻井液体系，有效控制井眼环空压力、井底压力，使压力窗口维持在地层孔隙压力和破裂压力之间，克服深水钻井中遇到的问题，实现安全、经济地钻井。

课程思政　警钟长鸣——"12·23"井喷事故

2003年12月23日深夜21时55分，重庆市开县（今开州区）高桥镇罗家寨罗家16H井发生特大井喷事故，富含硫化氢的天然气猛烈喷射30多米高，失控的有毒气体随空气迅速向四周弥漫，距离气井较近的重庆市开县4个乡镇6万多灾民需要紧急疏散转移。事故导致243人因硫化氢中毒死亡、2142人因硫化氢中毒住院治疗、65000人被紧急疏散安置。

事故调查中，专家组从产生溢流到井喷、井喷失控、事故扩大三个关键层面对川东钻探公司"12·23"特大井喷事故进行了深入浅出、层层剥茧式的分析。调查发现，罗家16H井是在一连串的麻痹和违章中，最终产生了严重的井喷事故。

该井造成事故的直接原因是：作业人员在起钻过程中存在违章操作，钻井液灌注不符合规定；在气层钻进的钻柱中没有安装钻具回压阀，致使起钻发生井喷时钻杆内无法控制，使井喷演变为井喷失控。防喷器组中没有安装剪切闸板防喷器，使得在井喷初期失控时，再次失去了控制井喷的机会。事故扩大的直接原因是：井喷失控后，未能及时采取放喷管线点火措施，以致大量含有高浓度硫化氢的天然气喷出扩散，导致人员伤亡扩大。事故的间接原因分别是：起接过程中没有按规定灌注钻井液；人员撤离后未留专人在安全防护下监视井口喷势情况、检测井场有害气体浓度，因而不能及时确定放喷管线点火的时间等。在本次事故中，罗家16H井在设计时违反有关规定，井口与井场周围民宅的距离不足50m。同时，在开钻前，没有充分了解井场周围的居民住宅，学校、厂矿等详细情况，并据此制定有效的应急预案，以至在井喷失控时，不能及时通知居民迅速撤高危险区。

　　"12·23" 井喷事故虽然已经过去了多年，但它的影响并没有远去，事故的深刻教训仍然警醒着一批又一批的石油人。钻井作业时一定要高度重视安全，建立健全安全生产制度，严格执行安全规章。油气开发必须建立在安全生产的基础上，不能只重视追求利润，务必对普通劳动人民的生命财产负责，执行健康第一、安全至上、环境优先的原则。

习 题

1. 什么是一次井控、二次井控和三次井控？
2. 在钻井中，确定钻井液密度的主要依据是什么？其重要意义是什么？
3. 井底压力失去平衡后，根据严重程度划分，有哪些井控事故？
4. 主要的井控设备有哪些？作用是什么？
5. 在实际钻井中，如何处理平衡压力钻井与安全钻井的关系？
6. 溢流（井喷）的原因及预兆是什么？
7. 关井的方法有哪些？什么情况下采用硬关井？
8. 气侵情况下如何准确地确定关井立压与套压？
9. 简述欠平衡压力钻井的特点、适用性及局限性。
10. 简述控压钻井技术的技术原理。

第七章　井眼轨道设计与轨迹控制

第一节　概　　述

视频 7-1
水平井钻进

定向井是指按照预先设计的井斜方位和井眼的轴线形状进行钻进的井。定向井是相对于直井而言的，凡是设计目标偏离井口所在铅垂线的井都属于定向井。定向井在石油勘探与开发中得到了广泛的应用。当地面井口位置不在地下油气藏的正上方或钻井目标有特殊要求，将按要求设计对应的井眼轨道，并在钻进过程中一直进行井眼轨迹控制，使井眼沿预先设计的井眼轨道钻达预定目标。水平井钻进过程见视频 7-1。

定向井引入石油钻井界约在 19 世纪后期，当时的定向井是在落鱼周围侧钻。世界上第一口真正有记录的定向井是 1932 年美国人在加利福尼亚亨延滩油田完成。当时浅海滩下油田的开发是在先搭的栈桥上竖井架钻井。美国一位有创新精神的钻井承包商改变了这种做法，他在陆地上竖井架，使井眼延伸到海床下，由此开创了定向钻井新纪元。1934 年，德国得克萨斯康罗油田一口井严重井喷。一位有丰富想象力的工程师提出用定向井技术来解决。在距失控井一定距离钻一口定向井，井底与失控井相交，然后向井内泵入重浆压住失控井，这是世界上第一口定向救援井。随着生产的发展、海洋石油的开发、井下动力钻具的研制以及计算技术的进步，定向井技术也得到了长足的发展。

我国的定向钻井技术始于 1956 年，当时在苏联专家的帮助下，在玉门油田打了一批定向井。20 世纪 60 年代，在苏联专家撤离后，我国完全依靠自己的力量，在四川钻出了许多高难度的定向井和水平井，曾达到相当高的水平，与当时世界先进水平的差距并不大。在当时，我国是世界上第二个钻成水平井的国家，但在 20 世纪 60 年代中期以后，我们与世界先进水平的差距拉大了。70 年代到 80 年代初期，在江汉、胜利和渤海等油田，定向钻井仍在继续，钻了一批小斜度定向井。从 1985 年到 2000 年的 15 年，我国连续三个五年计划，集中了国内大油田、石油高校和研究院所的力量，对定向井、丛式井、水平井和侧钻水平井等关键技术进行了重点攻关，取得了极其显著的成果，大大缩短了与世界先进水平的差距。在该时期，起主导作用的是硬件的发展：在测量仪器方面，使用了磁通门和加速度计，出现了电子测量仪和随钻测量仪；在造斜工具方面，开始出现了由弯外壳螺杆钻具组成的滑动导向钻井系统，进而出现了多种形式的旋转导向钻井系统，从而显著地提高了定向钻井的技术水平，极大提高了定向钻井的质量、速度和效益。

定向井的应用范围广阔，目前定向井主要应用于以下三种情况：

（1）地面环境条件的限制。油田所处地面不利于或不允许设置井场钻井或搬家安装受到极大障碍，如房屋建筑、城镇、河流、沼泽、高山、港口、道路、海洋、沙漠等地面条件限制（图 7-1）。为了勘探和开发它们下面的油田，最好是钻定向井。

（2）地下地质条件要求。由于地质构造特点，定向井能更有利于发现油藏、增加开发

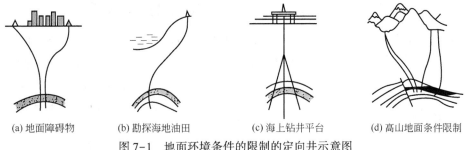

(a) 地面障碍物 (b) 勘探海地油田 (c) 海上钻井平台 (d) 高山地面条件限制

图 7-1　地面环境条件的限制的定向井示意图

速度。如控制断层、探采盐丘突起下部的油气层、探采高角度裂缝性油气藏、开发薄油层油藏等。形成了侧钻井，多底井，分支井，大位移井，侧钻水平井，径向水平井等定向井的新种类（图7-2）。

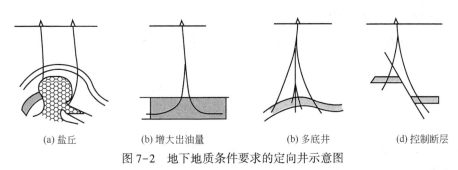

(a) 盐丘 (b) 增大出油量 (b) 多底井 (d) 控制断层

图 7-2　地下地质条件要求的定向井示意图

（3）处理井下事故的特殊手段。当井下落物或断钻事故最终无法捞出时，可从上部井段侧钻打定向井［图7-3(a)］；特别是遇到井喷着火常规方法难以处理时，在事故井附近打定向井（称作救援井），与事故井贯通，进行引流或压井，从而可处理井喷着火事故［图7-3(b)］。我国自行设计、施工的数口成功的定向救援井濮2-151井（中原油田）、永59井（胜利油田）、南2-1井（青海油田），均成功地制服了井喷失控事故。

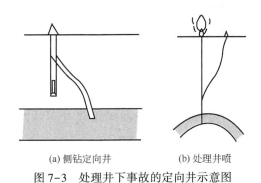

(a) 侧钻定向井 (b) 处理井喷

图 7-3　处理井下事故的定向井示意图

第二节　井眼轨迹的基本概念

搞清井眼轨迹的有关参数的概念及这些参数之间的关系，对于井眼轨道的设计、井眼轨迹的测量和计算、井眼轨迹的控制都是至关重要的。

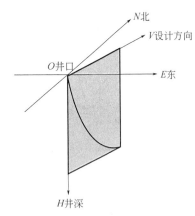

图 7-4　定向井轨迹坐标系统

一、定向井轨迹的坐标系统

在定向井钻井过程中，采用一个右手空间坐标系来描绘井眼轨迹。在建立坐标系时，通常把坐标系的原点选在井口处，以正北方向作为 N 轴的正向，以正东方向作为 E 轴的正向，H 轴铅垂向下指示出垂深方向。北坐标、东坐标、垂深构成一个符合右手法则的三维坐标体系。在 $ONEH$ 坐标系下，沿井深绘制出井眼轨迹的坐标，便得到了井眼轨迹的三维坐标图，如图 7-4 所示。定向井的三维坐标系中任何一点都可以通过北坐标、东坐标、垂深准确定位。

二、轨迹的基本要素

定向井的井眼轨迹是空间的一条曲线，为了能结合工程参数描述该曲线，需要掌握定向井的基本要素。

（1）井深：井眼轴线上任一点到井口的井眼长度称为该点的井深，也称为该点的测量井深或斜深，井深通常是以钻柱长度或电缆长度来测量的。井深的单位为米，常用字母 L 表示；

（2）井斜角：井眼轴线上任一点的井眼方向线（切线，指向前方）与通过该点的重力线间之间的夹角，称为该点处的井斜角，单位为度，常用字母 α 表示。如图 7-5 所示，A 点的井斜角为 α_A，B 点的井斜角为 α_B。

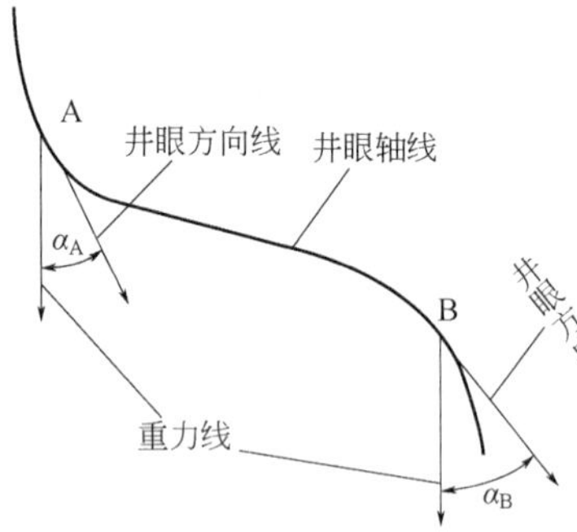

（3）方位角：井眼轴线上任一点的正北方向线与该点的井眼方向线在水平面投影线的夹角；也可以理解为，在水平投影平面，以正北方位线为始边，顺时针旋转至测点处井眼方位线所转过的角度。

图 7-5　井斜角示意图

井眼方位线是指该测点处的井眼方向线在水平面上的投影线。方位线是水平面上的矢量，而方向线则是空间的矢量。只要讲到方位、方位线、方位角，都是在某个水平面上；而方向和方向线则是在三维空间内。

正北方位线是沿着该测点处的地理子午线向正北方向延伸的线段。正北又称为"真北"。正北方位线和井眼方位线都是有向线段。

方位角通常用字母 ϕ 表示，单位为度。如图 7-6 所示，测点 A 的方位角为 ϕ_A，测点 B 的方位角为 ϕ_B。

井深、井斜角和方位角为定向井井眼轨迹的基本要素，掌握了井眼轴线任一点的这三要素，也就掌握了井眼轴线的坐标，就能把井眼轴线精确描述出来。

（4）垂深：井眼轴线上任一点到井口所在水平面的距离称为该点的垂深，单位为米；垂深常以字母 H 表示，垂增以 ΔH 表示。如图 7-5 所示，A、B 两点的垂深分别为 H_A、H_B，AB 井段的垂增 $\Delta H = H_B - H_A$。

（5）水平位移：又称为闭合距（closure distance），是指测点至井口所在铅垂线的距离，即在水平面上测点相对于井口的直线移动距离，简称平移，常以字母 S 表示。如图 7-7 所示 A、B 两点的水平位移分别为 S_A、S_B。在国内油田闭合距有时特指完钻时的水平位移。

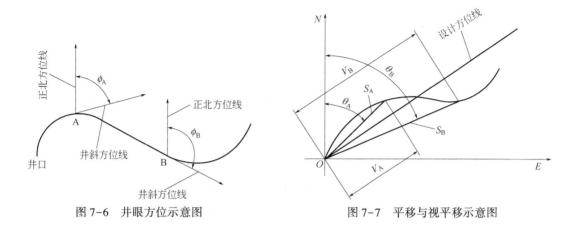

图 7-6　井眼方位示意图　　　　　　　图 7-7　平移与视平移示意图

（6）平移方位角：又称为闭合距方位角（closure azimuth），是指以正北方位为始边顺时针转至平移线上所转过的角度，常以字母 θ 表示。如图 7-7 所示，A、B 二点的平移方位角分别为 θ_A、θ_B。在国内油田闭合方位角有时特指完钻时的平移方位角。

（7）视平移：又称投影位移，是水平位移在设计方位线上的投影长度。视平移以字母 V 表示。如图 7-7 所示，A、B 二点的视平移分别为 V_A、V_B。显然，当实钻轨迹与设计轨迹偏差很大时甚至背道而驰时，视平移可能成为负值。水平位移和水平长度是完全不同的概念。在实钻的井眼轨迹上，二者的区别是明显的。但在二维设计轨迹上二者是完全相同的。

三、井眼曲率

井眼曲率是井眼轨道设计和定向施工中的一个非常重要的参数，它决定着设计的可行性、经济性和安全性。井眼曲率大，可以在较短的弯曲井段获得所需的较大的井斜角，从而节省造斜进尺和施工费用。但是，井眼曲率过大会加剧钻具磨损，甚至造成断钻具事故。过大的井眼曲率也使钻具通过困难并给后期的完井作业和采油工程增加麻烦。

井眼的曲率的定义为：单位井段长度内井眼切线倾角的改变。通常井眼曲率以两测点间切线倾角的变化值与两测点间井段长度的比值表示。下面分三种情况来讨论井眼曲率的计算方法：

1. 只有井斜角变化的井段

此种井段处于一个垂直平面内，井段两测点间的切线倾角的变化即为井斜角变化，因此该井段井眼曲率 K 等于该井段的井斜变化率，有

$$K = K_\alpha = 30 \frac{\alpha_B - \alpha_A}{L_B - L_A} \tag{7-1}$$

式中，K_α 为井斜变化率，（°）/30m；α_A、α_B 为测点 A、测点 B 处井斜角，（°）；L_A、L_B 为测点 A、测点 B 处测量井深，m。

2. 只有方位角变化的井段

此种情况井段两测点间的切线倾角的变化即为方位角变化，因此该井段井眼曲率等于该

井段的方位变化率，有

$$K=K_\phi = 30\frac{\phi_B-\phi_A}{L_B-L_A} \qquad (7-2)$$

式中，K_ϕ 为井斜变化率，(°)/30m；ϕ_A、ϕ_B 为测点 A、测点 B 处方位角，(°)。

3. 同时有井斜角和方位角变化的井段

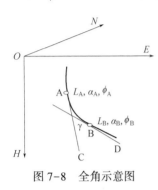

图 7-8　全角示意图

图 7-8 中的 AB 表示空间井眼轴线段，A 和 B 为 L 上相邻的两个测点。全角就是 A 点切线矢量和 B 点切线矢量间的夹角。

测点 A 的方向矢量为：$\{\sin\alpha_A\cos\alpha_A,\ \sin\alpha_A\sin\phi_A,\ \cos\alpha_A\}$

测点 B 的方向矢量为：$\{\sin\alpha_B\cos\alpha_B,\ \sin\alpha_B\sin\phi_B,\ \cos\alpha_B\}$

测点 A、B 间的全角 γ 的余弦等于

$$\cos\gamma = \cos(\overrightarrow{AC},\overrightarrow{BD}) = \cos\alpha_A\cos\alpha_B + \sin\alpha_A\sin\alpha_B\cos(\phi_B-\phi_A) \qquad (7-3)$$

有

$$K=\frac{30\gamma}{L_B-L_A} \qquad (7-4)$$

由于式（7-4）是根据平面圆弧曲线假设而推导的，所以计算的狗腿角乃是最小狗腿角，所以计算的井眼曲率也是最小曲率。

此外我国钻井行业还采用另一计算全角的公式（7-5）计算狗腿，然后再代入式（7-4）中求得井眼曲率。该公式可采用空间曲线法求得，有

$$\gamma=\sqrt{\Delta\alpha^2+\Delta\phi^2\sin^2\alpha_c} \qquad (7-5)$$

式中，α_c 为该切段的平均井斜角，等于 $\frac{\alpha_B+\alpha_A}{2}$。

四、井眼轨道类型及设计方法

1. 常见井眼轨道类型

这里的分类是根据井眼轨道而不是根据实钻轨迹划分的。这是因为井眼轨道是一条人为设定的某种规则曲线，容易作为分类的标准。而实钻轨迹是一条随意的空间曲线，不能作为分类的标准。根据井眼轨道的不同，定向井可分为二维定向井和三维定向井两大类。

1）二维定向井井眼轨道

二维定向井是指设计的轨道都在一个铅垂平面上变化，即设计轨道只有井斜角的变化而无方位角的变化。二维定向井又可分为常规二维定向井和非常规二维定向井。常规二维定向井的井段形状都是由直线和圆弧曲线组成。非常规二维定向井的井段形状除了直线和圆弧曲线外，还有某种特殊曲线，例如悬链线、二次抛物线等等。常用的二维井眼轨道有两种，即三段制井眼轨道和五段制井眼轨道（图 7-9）。

（1）直、增、稳三段制井眼轨道。它是最常用和最简单的井眼轨道。造斜点较浅（可减少最大井斜角），靶点较浅。水平位移较大时常采用。因造斜段完成后井斜角和方位角变化不

大，轨迹控制容易，一般井斜角为15°~45°。

（2）直、增、稳、降、稳五段制剖面。常用于靶点较深，水平位移较小，入靶点有井斜要求的定向井（小水平位移深定向井采用三段制井眼轨迹难控制）、多目标井等。难度较三段制剖面大，主要原因是有降斜段。降斜段会增大扭矩、摩阻。

2）三维定向井井眼轨道

三维定向井井眼轨迹指设计的井眼轨道既有井斜角的变化，又有方位角的变化。三维定向井又可分为纠偏三维定向井和绕障三

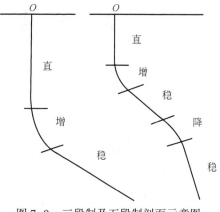

图7-9　三段制及五段制剖面示意图

维定向井。纠偏三维定向井在实钻井眼偏离设计轨道时要进行纠偏时进行的设计。绕障三维定向井常用于在地面井口位置与设计目标点之间的铅垂平面内存在井眼难以通过的障碍物（如已钻的井眼、盐丘等的情况），设计井需要绕过障碍钻达目标点。

2. 井眼轨道设计原则

1）保证实现钻定向井的目的

根据不同的定向井钻井目的对定向井井身剖面进行合理设计。例如，对于裂缝性油藏，轨道设计应横穿裂缝；薄油层油藏应采用大斜度或水平井；低渗块状油层可考虑采用多底井；救援井应根据目标层位、靶区半径的要求设计简单、快速、经济的井眼轨道；落鱼侧钻仅需要设计轨道避开落鱼、有一定的水平位移；对于整块油藏，应按开发井网布置要求设计轨道。

2）考虑地面条件限制

地面条件限制是确定定向井井位和丛式井平台位置的重要依据，还需考虑交通、采油、油气集输等方面的需要。

3）正确选择造斜点、井眼曲率和最大井斜角

上述参数的选择应有利于采油、修井作业和钻井施工。

造斜点的选择－应选在比较稳定、均匀的地层。尽量在软－中硬地层造斜，并考虑钻头类型。尽量在方位漂移不大的地层造斜。应考虑垂深、水平位移与最大井斜。造斜点高则水平位移大、井斜小，低则相反。最大井斜角<15°则方位不稳，最大井斜角>45°则测井、完井施工难度大、扭方位困难、扭矩大、井壁不稳，故一般最大井斜角为15°~45°。

井眼曲率不宜过小，以免造斜井段过长，增加轨迹控制工作量。井眼曲率不宜过大，以免造成钻具偏磨、摩阻过大、井眼形成键槽、其他井下作业（如测井、固井、射孔、采油等）的困难。

4）剖面设计应有利于安全、快速钻进，降低钻井成本

在满足钻井目的前提下，尽量选用比较简单的剖面类型；尽量利用地层自然造斜规律；尽量利用拥有的造斜工具造斜能力；尽量使井身轨道短；尽可能保持较长的直井段。

第三节　井眼轨迹的测量与计算

一、井眼轨迹的测量

为了能知道实钻井眼轨迹是否和设计一致，是否能钻达钻井目标，必须测定地下井眼的位置。而实际地下井眼的位置和实钻井眼轨迹是通过测量不同井深处的井斜角和方位角，并利用计算来一一确定的。另外，为了给造斜器、弯接头或弯外壳在井下确定方向（简称定向），还需要测量工具面角。因此，实钻井眼轨迹的测量需要使用能够在井身不同深度测量井斜角、方位角及工具面角的测量仪器。

早在20世纪20年代，当发现许多所谓的直井实际上井眼偏斜达30°时，人们就开始进行油井测斜了。这些大斜度是造成某些早期油田钻遇许多干井的原因。最早的测斜仪器是氢氟酸瓶。它的测斜原理是：仪器内容器是玻璃圆筒，内装有氢氟酸。如果仪器在倾斜位置停留一段时间，则酸将与玻璃起反应并在圆筒面上留下指示水平的刻痕，据此刻痕可计算出井斜角。由于定向钻井的日益普遍，对测斜提出了更多、更高的要求。需要在不同井深测量井斜及方位并据此计算并绘制井口至井底的轨迹。后来出现了采用井下机械照相和电子照相装置进行测斜。20世纪60年代以后已具备了很好的测斜仪器及测斜方法。海上油田的开发，由于钻井费用极高，而海上平台钻一口定向井测斜要占总钻井时间的10%，因此下入单点测斜仪测斜和造斜工具定向非常昂贵。这就对采用更加复杂的测斜仪器和方法（如有线测斜及更为先进的无线测斜）起到了刺激的作用。测斜技术的改进可以更好地了解井眼轨迹。连续监测为定向钻井人员提供了可随时改变钻井参数以影响井眼方位角及井斜角的可能。

如前所述，实钻井眼轨迹的测量实质上是井下井斜和方位的测量。根据不同的测量原理又有多种井斜方位测量仪。在实际的测斜仪器中，井斜和方位测量仪器是整套装在一个壳体里面，由电池、井下发电机或地面供电。测量工具用光滑的钢绳下入井内或在下钻时装在钻铤里面下入，也可从地面投入。某些陀螺测斜工具装在电缆上入井，这样可以在地面记录测量结果，并用电缆为仪器提供电能。干电池驱动的陀螺测斜工具装在细钢丝绳上入井。如果测量工具装在靠近钻头的井底钻具里，并在钻进过程中进行测量，则称这种测量工具为随钻测量（measurement while drilling，MWD）工具。

1. 罗盘重垂式测量井斜方位

该种测斜仪测量井斜角基本技术原理是采用地球重力场和地磁场测量井斜和方位。包括井斜刻度盘、罗盘、十字摆锤、照明和照相系统。井斜角刻度盘是一块刻有很多同心圆的光学玻璃片。测量时仪器轴线与井身轴线相重合，但测锤轴线永远为铅垂线。

1）井斜角的测量

当测斜仪随井眼倾斜时，仪器轴线即为测点切线，而十字摆锤始终指向重力线方向，重力线与仪器轴线的夹角即为井斜角（图7-10）。由摆锤在井斜刻度盘底片上的位置读取。

2）井眼方位角的测量

摆锤所在铅垂线与仪器轴线（井眼方向线）构成井斜铅垂面，该井斜铅垂面与水平面的交线就是井斜方位线，即摆锤在罗盘面上的投影与罗盘中心的连线。

3) 井斜角和方位角的记录

因为刻度盘是透明的玻璃,所以十字摆锤能投影到刻度盘下面的罗盘上,通过照相系统将十字摆锤投影位置记录下来。在地面,将圆形底片从仪表筒内取出进行冲洗,读出结果(图7-11)。

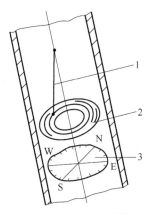

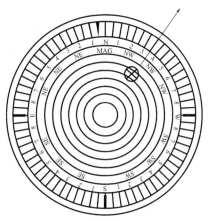

图7-10 0°~20°测角装置

1—测锤;2—井斜角刻度盘;3—罗盘

图7-11 测斜底片图

2. 加速度计和磁力仪测量井斜方位

加速度计磁力计井斜方位测量的原理是利用安装在测斜仪器内的加速度计和磁通门磁力仪(图7-12)可测量出 x、y、z 方向地球重力加速度分量,测量出 x、y、z 方向的地磁分量,并可由这些测量值计算出井斜角、方位角以及工具面角。

3. 磁偏角与无磁钻铤

以地磁场为基础测量井眼方位的测量仪器要对真北极和磁北极之间的差进行修正。磁偏角是磁北极和真北极之间的夹角,该角随时间而变化,并取决于地理位置和地球的表面特征,磁偏角又分为东磁偏角和西磁偏角(图7-13)。东磁偏角指磁北方位线在正北方位线的东面,西磁偏角指磁北方位线在正北方位线的西面。

用磁性测斜仪测得的井斜方位角称为磁方位角,并不是真方位角,需要经过换算求得真方位角。这种换算称为磁偏角校正,换算的方法如下:

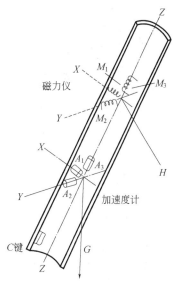

图7-12 安装在测斜仪器内的
加速度计和磁力仪

真方位角=磁方位角+东磁偏角

真方位角=磁方位角−西磁偏角

除了对真北极作修正外,使用磁测量工具时必须特别注意防止磁干扰的影响。这种干扰可能是由于紧靠钢钻铤引起的,也可能是由邻近的套管和具有磁性的地层所致。利用无磁钻铤可以将罗盘和罗盘上下的磁钢和磁场分开,并可防止对地磁场的干扰。

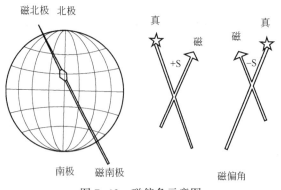

图 7-13　磁偏角示意图

4. 陀螺方位测量

在已下套管的井内使用磁性罗盘时，钢套管的影响会得出错误的测量结果。在附近有下过套管的井的裸眼井内测量时也会如此。丛式井平台上一口定向井初始造斜时，由于紧靠已下套管的各邻井使用磁性测斜仪是不可靠的。在这种情况下必须用不受磁场影响的陀螺罗盘代替磁罗盘。

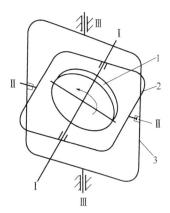

图 7-14　用自由陀螺仪测方位角
1—转子；2—内环；3—外环

目前使用的陀螺测斜仪中，方位角的测量是用一个如图 7-14 所示的二自由度万向支架自由陀螺仪。当陀螺转子绕转子轴高速旋转时，二自由度陀螺仪的转子轴具有一个重要特性，即定轴性。所谓定轴性，是当作用于陀螺仪的外力矩为零时，陀螺转子轴 I 相对惯性空间具有方向不变的特性。因此可以利用它来作为运动物体的惯性基准。这是陀螺测斜仪在钻井测量中，利用二自由度万向支架自由陀螺仪确定方位的主要依据。在下入陀螺测斜仪前，必须将陀螺与已知的标准方向对准，这个方向通常是真北。将陀螺方向定好再将仪器装进测斜仪内并用钢丝自钻柱内下入进行测量。当读取测量结果时，方位参考真北来定而无需用磁偏角校正。

5. 随钻井眼轨迹测量

随钻测量是定向钻进中一种先进的技术手段，可以不间断定向钻进而测量近钻头孔底信息，并将信息即刻传送到地表。其传感器装在作为下部钻具组合整体的一部分的特殊井下仪器中。井下仪器中还有一个发射器，通过某种遥测信道将信号发送到地面，遥测信道可以是电磁波、声波、钻井液压力脉冲。目前已经进入商业系统的传输方法只有压力脉冲法和压力脉冲调制法。压力脉冲系统可进一步再分为正压力脉冲系统和负压力脉冲系统。

图 7-15 所示为一种典型的随钻测量系统，它的井下部分包括加速度计和磁通门磁力计传感部件，由传感器转换到信号的部件，脉冲发生器部件和动力部件。在地面由压力传感器接收信号并传输到计算机进行处理。将这些信息转换成井斜角、方位角和工具面角的数据。这些信息被传输到终端打印，并传输到钻台显示，类似于有线随钻测斜工具那样显示井斜角、方位角和工具面角。

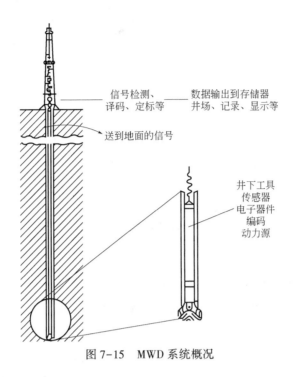

信号检测、
译码、定标等

数据输出到存储器
井场、记录、显示等

送到地面的信号

井下工具
传感器
电子器件
编码
动力源

图 7-15　MWD 系统概况

二、实钻井眼轨迹的计算

实际测量井眼某点的状态时，取得的数据是该点的井深、井斜角与方位角。而且是每间隔一定井段测量一次。计算实际井眼轴线就是根据这三个数据进行的。两相邻测点间的轴线变化情况是不知道的。为了进行计算，对两测点之间的轴线形状作了各种假定，假定成直线、折线、圆弧、圆柱螺线等。因此形成了多种计算方法。要想使计算结果符合实际，就应当缩短相邻两测点间的距离。其中平均角法是最简单的一种，因此以它为例进行分析。

平均角法认为，两相邻测点之间的井眼轴线为一直线，该直线的方向为上、下测点处井眼的"平均方向"。用 α 和 ϕ 表示井斜角和方位角，ΔL、ΔH、ΔN、ΔE、ΔS 表示井深增量、垂深增量、北坐标增量、东坐标增量和水平投影长度增量。从图 7-16 可得出

$$
\begin{cases}
\alpha_c = \dfrac{\alpha_1 + \alpha_2}{2} \\[2mm]
\phi_c = \dfrac{\phi_1 + \phi_2}{2} \\[2mm]
\Delta H = \Delta L \cos\alpha_c \\[2mm]
\Delta S = \Delta L \sin\alpha_c \\[2mm]
\Delta N = \Delta L \sin\alpha_c \cos\phi_c \\[2mm]
\Delta E = \Delta L \sin\alpha_c \sin\phi_c
\end{cases}
\qquad (7-6)
$$

这是一种非常普通的方法，可借助计算器求解，使用相当简单。在测点相距不甚远的情况下可使用该法。

此外，我国钻井行业标准一般推荐采用最小曲率法。最小曲率法是假设两测点间的井段是空间某一平面内的一段圆弧，更符合实际情况。但该法涉及较复杂的数学计算，更适于计

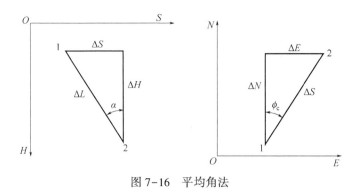

图 7-16　平均角法

算机计算。近年来由于计算机的普及，该法已在钻井现场普遍使用，详细计算方法请参看有关文献。

三、井眼轨迹的图示法

投影图表示法包含水平投影图、垂直投影图和垂直剖面展开图。

1. 水平投影图

水平投影图则相当于俯视图，是将井眼轨迹这条空间曲线投影到水平面上。图 7-17 中的坐标为 N 坐标和 E 坐标，以井口为坐标原点。所以只要知道轨迹上各点的 N、E 坐标就可以很容易画出该井轨迹的水平投影图。由于水平面的位置不影响井眼轨迹的投影结果，所以它的位置是任选的。

2. 垂直投影图

垂直投影图是将井眼轨迹投影到某个铅垂面上，这个铅垂面通常选为二维井眼轨迹的设计平面或三维井眼轨迹的设计曲面，垂直投影图相当于侧视图。图 7-17 中的坐标为垂深 H 和视平移 V，也是以井口为坐标原点。但是经过井口的铅垂平面有无数个，应该选择哪个呢？我国钻井行业标准规定，选择设计方位线所在的那个铅垂平面。这样的垂直投影图与设

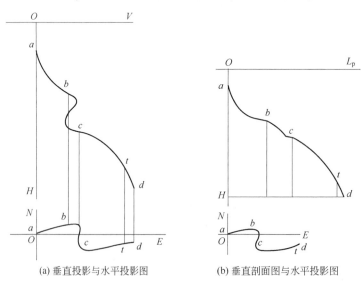

(a) 垂直投影与水平投影图　　　　(b) 垂直剖面图与水平投影图

图 7-17　定向井轨迹绘图方法

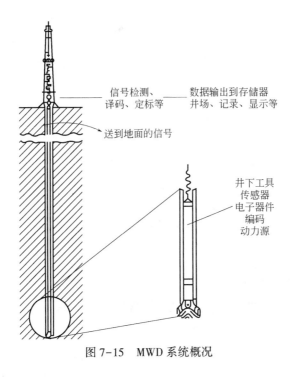

信号检测、　　　数据输出到存储器
译码、定标等　　　井场、记录、显示等

送到地面的信号

井下工具
传感器
电子器件
编码
动力源

图 7-15　MWD 系统概况

二、实钻井眼轨迹的计算

实际测量井眼某点的状态时，取得的数据是该点的井深、井斜角与方位角。而且是每间隔一定井段测量一次。计算实际井眼轴线就是根据这三个数据进行的。两相邻测点间的轴线变化情况是不知道的。为了进行计算，对两测点之间的轴线形状作了各种假定，假定成直线、折线、圆弧、圆柱螺线等。因此形成了多种计算方法。要想使计算结果符合实际，就应当缩短相邻两测点间的距离。其中平均角法是最简单的一种，因此以它为例进行分析。

平均角法认为，两相邻测点之间的井眼轴线为一直线，该直线的方向为上、下测点处井眼的"平均方向"。用 α 和 ϕ 表示井斜角和方位角，ΔL、ΔH、ΔN、ΔE、ΔS 表示井深增量、垂深增量、北坐标增量、东坐标增量和水平投影长度增量。从图 7-16 可得出

$$
\begin{cases}
\alpha_c = \dfrac{\alpha_1 + \alpha_2}{2} \\[2mm]
\phi_c = \dfrac{\phi_1 + \phi_2}{2} \\[2mm]
\Delta H = \Delta L \cos\alpha_c \\[1mm]
\Delta S = \Delta L \sin\alpha_c \\[1mm]
\Delta N = \Delta L \sin\alpha_c \cos\phi_c \\[1mm]
\Delta E = \Delta L \sin\alpha_c \sin\phi_c
\end{cases}
\tag{7-6}
$$

这是一种非常普通的方法，可借助计算器求解，使用相当简单。在测点相距不甚远的情况下可使用该法。

此外，我国钻井行业标准一般推荐采用最小曲率法。最小曲率法是假设两测点间的井段是空间某一平面内的一段圆弧，更符合实际情况。但该法涉及较复杂的数学计算，更适于计

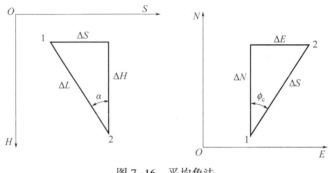

图 7-16 平均角法

算机计算。近年来由于计算机的普及,该法已在钻井现场普遍使用,详细计算方法请参看有关文献。

三、井眼轨迹的图示法

投影图表示法包含水平投影图、垂直投影图和垂直剖面展开图。

1. 水平投影图

水平投影图则相当于俯视图,是将井眼轨迹这条空间曲线投影到水平面上。图 7-17 中的坐标为 N 坐标和 E 坐标,以井口为坐标原点。所以只要知道轨迹上各点的 N、E 坐标就可以很容易画出该井轨迹的水平投影图。由于水平面的位置不影响井眼轨迹的投影结果,所以它的位置是任选的。

2. 垂直投影图

垂直投影图是将井眼轨迹投影到某个铅垂面上,这个铅垂面通常选为二维井眼轨迹的设计平面或三维井眼轨迹的设计曲面,垂直投影图相当于侧视图。图 7-17 中的坐标为垂深 H 和视平移 V,也是以井口为坐标原点。但是经过井口的铅垂平面有无数个,应该选择哪个呢?我国钻井行业标准规定,选择设计方位线所在的那个铅垂平面。这样的垂直投影图与设

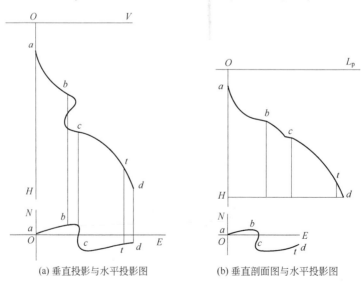

(a) 垂直投影与水平投影图   (b) 垂直剖面图与水平投影图

图 7-17 定向井轨迹绘图方法

计的垂直投影图进行比较，可以看出实钻井眼轨迹与设计井眼轨道的差别。很容易判断出是否需要调整井斜和方位、需要增斜还是降斜、需要增方位还是减方位，便于指导施工中轨迹控制。显然，只要计算出一口井轨迹上所有各点的垂深和视平移就可以很容易画出该井轨迹的垂直投影图。

3. 垂直剖面展开图

如图 7-18 所示，过井眼轨迹上的各点作一系列铅垂线，由于井眼轨迹是一条空间曲线，所以这些铅垂线将构成一个柱面。该柱面与水平面的交线就是井眼轨迹的水平投影图。柱面是可展曲面，将它展为平面后，井眼轨迹的空间曲线也随之变成了平面曲线，这样便得到了井眼轨迹的垂直剖面展开图，常简称为垂直剖面图。垂直剖面图与水平投影图相结合见图 7-17（b）。

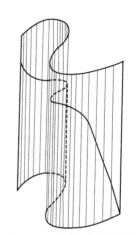

图 7-18　垂直剖面图原理

井眼轨迹的柱面图表示法有两个主要优点：

（1）通过垂直剖面图和水平投影图容易想象出井眼轨迹的空间形状。若将垂直剖面图沿水平投影图上井眼轨迹的形状进行弯曲，即可快速复原出井眼轨迹的空间形态。

（2）柱面图表示法能直观地反映出绝大多数井眼轨迹参数的真实值，特别是井深、井斜角、方位角等基本参数的真实值，因此柱面图表示法在井眼轨迹设计和实钻轨迹的测斜计算等方面具有重要地位。

第四节　定向井井眼轨迹控制

一、定向井轨迹控制方法

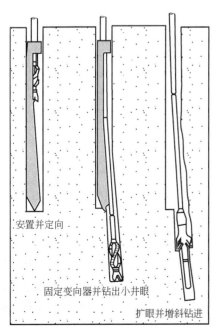

安置并定向

固定变向器并钻出小井眼

扩眼增增斜钻进

图 7-19　造斜器工作原理

井眼轨迹控制是采用各种技术，使钻头沿设计井眼轨道钻进。井眼轨迹控制是钻井工作中的一项重要工作。造斜器和带稳定器钻具组合、带有弯接头或弯外壳的井下动力钻具都能不同程度地实现井眼轨迹的控制。以下介绍改变井眼轨迹所用的主要工具以及影响这些工具使用的主要因素。

1. 转盘钻造斜

转盘钻造斜是指仅依靠地面转盘旋转进行定向钻进的方式，它是在井下动力钻具技术成熟之前的主要手段。

1）造斜器

造斜器是转盘钻定向钻井最早使用的造斜工具。造斜作用是通过造斜器下部的钢质尖楔完成的。造斜器强迫钻头在向下钻进的过程中沿着造斜器的楔形面向所需要的造斜方向逐渐偏斜（图 7-19）。造斜器能连续造斜，需要多次起下钻，工艺复杂、效率低，目前主要用于套管开窗侧钻。

2）多稳定器造斜钻具组合

下部钻具组合是钻柱的一部分，它影响钻头的轨迹，从而影响井眼轨迹。所有的下部钻具组合在钻头会上形成一个侧向力，这个力使钻头造斜、降斜、稳斜以及向左或向右。如图7-20所示，多稳定器造斜钻具是通过设计不同的稳定器个数和安放位置，让下部钻具组合具有造斜能力。20世纪80年代以来，国内外对稳定器钻具组合的研究逐步深入。研究出了微分方程法、有限元法、纵横连续梁法、加权余量法等方法，且都需要使用较复杂的计算机程序。

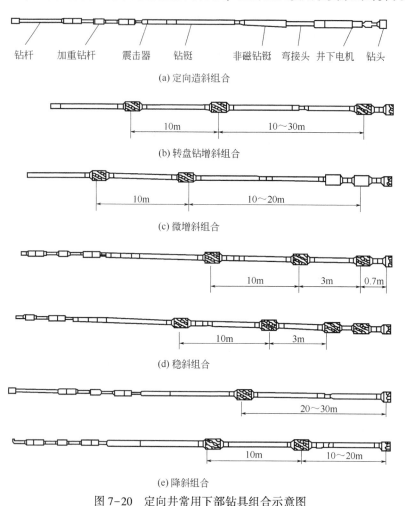

(a) 定向造斜组合

(b) 转盘钻增斜组合

(c) 微增斜组合

(d) 稳斜组合

(e) 降斜组合

图7-20　定向井常用下部钻具组合示意图

使用下部钻具组合控制井眼轨迹的主要优点是旋转钻进，有利于井眼净化、减少钻柱滑动摩阻、节约钻井成本、减少井眼狗腿等；缺点是缺乏方位控制的能力。

2. 动力钻具造斜

动力钻具又称井下电机，包括涡轮钻具、螺杆钻具、电动钻具三种。目前我国常用的是前两种。动力钻具接在钻铤之下，钻头之上。在钻井液循环通过动力钻具时，驱动动力钻具转动并带动钻头旋转破碎岩石。动力钻具以上的整个钻柱都可以不旋转。这种特点对于定向造斜是非常有利的。

1）动力钻具造斜的原理

动力钻具造斜工具的形式有两种：一种是在动力钻具和钻铤之间接一个弯接头，使此部位形成一个弯曲角。第二种是将动力钻具的外壳做成弯曲形状，称为弯外壳马达（图7-21）。其造斜原理与弯接头类似，一般弯外壳马达比弯接头的造斜能力更大。常用的弯曲角有0.5°、1°、2°、2.5°、3°、3.5°、4°等，弯曲角太大时不易下井。

这种带弯角的结构一方面迫使钻头倾斜，造成对井底的不对称切削，从而改变井眼方向；另一方面井壁迫使弯曲部分伸直，使钻头受到钻柱的弹性力的作用，从而产生侧向切削力，改变井眼方向（图7-22），侧向切削力越大，钻具造斜率就越大。钻具造斜率的大小与以下因素有关：

（1）弯角越大，造斜率越大；

（2）弯曲点以上钻柱的刚度越大，造斜率越大；

（3）弯曲点至钻头的距离越小且重量越小，造斜率越大；

（4）钻进速度越小造斜率越高。

此外，造斜率大小还与井眼间隙、地层因素、钻头结构有关。

图7-21 弯外壳马达

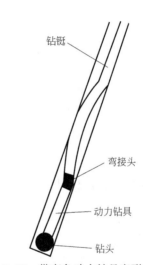

图7-22 带弯角动力钻具变形示意图

2）装置角

造斜工具装置角在方位控制中是非常重要，它决定了新钻井眼是增斜、稳斜还是降斜，是增方位、稳方位还是减方位。装置角是井斜铅垂面顺时针与造斜工具面之间的夹角（图7-23）。

井斜铅垂面指井底井眼方向线所在的铅垂平面。造斜工具面指造斜工具的作用方向线与井底井眼方向线构成的平面。井底平面指井底与井眼方向线垂直的平面。因井斜铅垂面、造斜工具面均与井底平面垂直、故可在井底平面上量度。在井底平面上，造斜工具装置角等于以井斜铅垂面与井底平面的交线高边方向线为始边，顺时针转到造斜工具面与井底平面的交线所转过的角度。

（1）当装置角为0°，即与原井斜方位相同时，造斜工具只引起井斜角的增加，方位角不变。装置角为180°时，引起的是井斜角的减小，方位角不变。如果造斜工具是按0°或

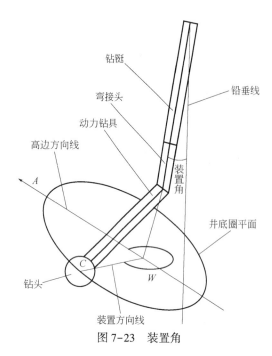

图7-23 装置角

180°安放，则可得最大的井斜角变化，而方位角不变。

（2）当装置角是90°或270°时，则仅有方位角的变化，井斜角不变。方位角的变化是最大的。

（3）当装置角是除0°，90°，180°，270°以外的其他角度时，将引起方位角与井斜角的同时改变。改变情况则决定于装置角的大小。

3）滑动钻进与复合钻进

滑动钻进是一种水平井或定向井施工时采用的导向钻进方法，滑动钻进时上部钻具不旋转，钻头只在动力钻具的作用下旋转。滑动钻进方式可改变井眼方向、增斜和降斜，一般用于调整井眼轨迹。

复合钻进是指在带有井下动力钻具的上部钻具钻柱在转盘作用下旋转，钻头同时在转盘和动力钻具作用下旋转，此时钻头的转速高、钻速快，一般用于稳斜井段。因为此时钻柱会绕井眼轴线公转，在转动一周时，钻头倾角的正负交替变化，达到稳斜的效果。

因此在实际钻井过程中，可以通过改变滑动钻进和复合钻进来实现同一套井下弯外壳动力钻具组合增斜、降斜和稳斜的效果。也可以改变滑动和复合钻进的相对比例，来实现对井眼轨迹造斜率的调整。

二、导向钻井技术及工具

导向技术是根据实时测量的结果，井下实时调整井眼轨迹。井下导向钻井技术是连续控制井眼轨迹的综合性技术，它主要是以先进的钻头、井下导向工具、随钻测量技术和计算机技术为基础的井眼轨迹控制技术，其主要特点是井眼轨迹的随钻测量、实时调整。导向钻井技术是随油藏地质的要求和钻井采油地面条件的限制而逐步发展起来的。在这种技术中，井下导向钻井工具处于核心地位，它决定导向钻井系统的技术水平，导向技术则是导向钻井系统的关键技术。

导向技术按导向依据的特点又可分为几何导向技术和地质导向技术，按照导向工具的工作方式可分为滑动导向技术和旋转导向技术。

1.几何导向与地质导向

1）几何导向

在最初的普通定向井、水平井钻井施工过程中，由于钻井工具、测量仪器技术性能的限制，轨迹的控制和测量都是单独进行的。在钻井过程中，根据井眼轨迹井斜，方位调整需要，要进行多次起下钻作业，在需要对轨迹数据进行测量时，又要停止钻井施工，单独进行测量施工。为了避免多次反复不必要的起下钻作业和节省测量时所消耗的大量钻机占用时间，人们在优化轨迹设计的同时，对井下工具和测量仪器的性能进行了改进，开发研究出了几何导向钻井技术。几何导向是根据设计轨迹和实时检测的轨迹偏差矢量，控制井眼轨迹。几何导向的核心技术是利用井下随钻测量工具测量的几何参数（井斜、方位和工具面）并传给控制系统，由控制系统及时纠正和控制井眼轨迹的钻井技术。在地质导向技术问世之前，常规的井眼轨迹控制技术均属于几何导向范畴。

几何导向钻井技术井下钻具主要由导向仪器，井下导向工具和配套工具共同组成，导向仪器主要是只提供定向参数的测量仪器。严格地说，真正的导向仪器就是 MWD，井下导向工具主要是井下动力钻具，可变径稳定和配套工具。导向仪器为工程人员进行轨迹控制提供了几何导向依据，由井下导向工具实现轨迹的控制。配套工具包括无磁钻杆，无磁钻铤，MWD 悬挂短节等。几何导向钻井技术常用的井下钻具组合为：钻头+螺杆钻具+单向阀+无磁钻铤 1 根+MWD 短节（内装 MWD 井下仪器）+无磁钻杆 1 根+转换接头+震击器+转换接头+加重钻杆+钻杆。

2）地质导向

地质导向是在拥有几何导向能力的同时，又能根据随钻测井（logging while drilling，LWD）实时采集的近钻头处地层参数，超前预测和识别油气层，实时控制井眼轨迹，引导钻头准确钻达油气富集区域。

由于地质不确定性带来的误差，原设计靶区可能并非储层。地质导向钻井技术可以精确地控制大斜度井和水平井的动靶，特别适合在薄产层和高倾角产层中钻水平井，可以随时知道所钻地层的地质特征和钻头与地层流体的相对位置，因此可以控制钻具始终在水平段储层物性最好的产层中延伸。与几何导向相比，地质导向并不一定需要预先确定的设计井眼轨迹，它能利用随钻测井资料，根据地层特点（特别是原来未了解或未设计的地质变化情况）动态地按地质和工程要求实时随机地控制井眼轨迹，使钻头沿地层最优位置钻进。

组成地质导向钻井技术井下钻具主要由地质导向仪器、地质导向工具和配套工具共同组成。地质导向仪器由 MWD 和能够测量地质参数的地质传感器共同组成，形成 LWD。目前用于地质导向的测井仪器种类很多，包括自然伽马测井仪、电阻率测井仪、岩层密度测井仪，中子孔隙度测井仪器，声波测距仪，井径测距仪，地层压力/温度测井仪等，这些测井仪根据施工的需要可以以任意顺序和 MWD 连接，组成不同内容的 LWD 系统，可以测量地层的自然伽马含量，地层的电阻率，岩石的孔隙度、光电指数，井径，原始地层压力，地层温度，岩层的机械、物理性质等参数，分析判断地层性质、岩层界面、产层走向及地层中流体的性质，以对地层进行全方位实时评价，控制轨迹在产层的最佳部位穿行。常见的地质导向工具见图 7-24。

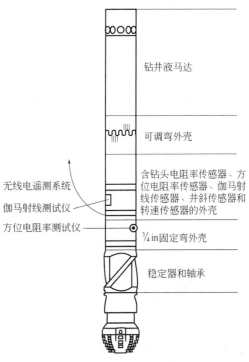

图 7-24　Anadrill 公司的地质导向工具

2. 滑动导向钻井与旋转导向钻井

1) 滑动导向钻井

滑动导向钻井作业时，转盘停止转动并被锁住，只有井底螺杆钻具带动钻头旋转，钻柱不旋转，滑动向前推进。这种作业方式要把大量的时间花费在定向作业上，尤其是深井作业更是如此，但其优点是成本低、易于实现。其主要缺点有：

（1）由于钻柱滑动向前运动，造成钻井工程中钻柱的扭矩、摩阻大；

（2）由于钻柱不旋转，造成井眼清洗问题；

（3）钻压传递效率低，机械钻速慢；

（4）钻头选型受限制。

目前滑动式导向工具主要有各种弯角的固定式弯接头，弯壳体螺杆钻具以及可变角的弯接头，偏心支撑型螺杆钻具等。

2) 旋转导向钻井

旋转导向钻井技术是 20 世纪 90 年代国际上发展起来的一项尖端自动化钻井技术，与常规滑动导向钻井相比，旋转导向钻井系统是在钻柱旋转钻进时，随钻实时完成导向功能的一种导向式钻井系统。旋转导向是由计算机控制井斜和方位的智能式自动导向的旋转钻井系统，能够在旋转状态下实现准确增、稳、降斜及扭方位作业，因此井眼净化效果更好，对井眼轨迹的控制能力更加精确，形成的井眼较常规井下螺杆钻具导向钻具组合钻出的井眼更加光滑，能够有效减少摩阻扭矩和井下复杂情况的发生，更适合复杂油气藏中钻超深井、丛式井、水平井、大位移井、分支井及三维复杂结构井等特殊工艺井和易发生黏卡等复杂情况的水平井。

旋转导向钻井系统可以将几何导向和地质导向功能集为一体，使定向钻井既可依据工程参数进行几何导向，又可依据地质参数进行地质导向，根据实时监测到的井下情况，引导钻头在储层中的最佳位置钻进。旋转导向钻井系统技术是现代定向钻井技术的核心技术，是现代导向钻井技术的发展方向。

旋转导向系统一般主要由地面监控系统、双向通信系统、井下旋转导向钻井工具系统、井下测量系统及短程通信系统 5 部分组成。

（1）地面监控系统：主要监控旋转导向工具的工作状态，实时监控井眼轨迹，调整待钻轨迹设计，发送新的井眼轨迹控制指令。

（2）双向通信系统：通过脉冲信号上传井下测量参数，或从地面下传控制指令。

（3）井下导向工具：在钻柱旋转时控制井斜和方位，按预定设计井眼轨迹钻进。

（4）井下测量系统：主要用于随钻测量井眼轨迹几何参数和地层参数。

（5）短程通信系统：进行井下工具测控系统与随钻测量系统数据之间的交换。

井下导向工具是控制井眼轨迹方向的核心工具，其导向控制方式有很多种。主流的设计方法有静态指向式、动态指向式、静态推靠式三种。本书以推靠式导向为例进行介绍。推靠式旋转导向工具由不旋转导向套和旋转心轴两大部分通过上下轴承连接形成一可相对转动的结构。旋转心轴上接钻柱，下接钻头，起传递钻压、扭矩和输送钻井液的作用。在导向套中布置有 3 个可伸缩翼片，翼片由 3 个独立的液压活塞驱动，由液压阀控制有选择地伸出，压靠在井壁以产生需要的导向力。液压阀可以调节每个活塞内的压力，从而形成不同方向和不同大小的导向力，所以此工具既可调节井眼轨迹方位，又可调节造斜率的大小。液压阀受井下微处理器的控制。井下微处理器布置在不旋转的导向套上,在工具下井前,将设计轨迹的数据预置在井下微处理器中。工作时,将随钻测量的井眼信息或随钻测井的地质信息与设计数据对比,自动控制液压阀,也可采取地面下发指令的方式控制液压力。导向套内还有各种传感器,可测量井斜角、方位角及工具的工作状态。该工具的工作原理如图 7-25 所示。

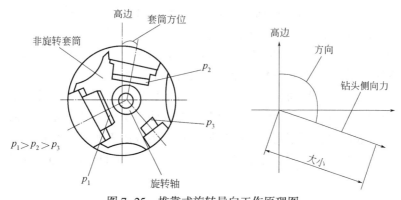

图 7-25　推靠式旋转导向工作原理图

第五节　直井井斜控制

在钻井工作中不但要求速度快,而且要求质量好。井身质量的好坏是油气井完井质量的前提和基础,它直接关系到油气田的勘探和开发工作。衡量井身质量的一个非常重要的指标即是井斜,或者说要使得钻井高质量,就必须严格地控制井斜。井斜过大会造成以下危害:

(1)井斜过大会使井眼偏离设计井位,将打乱油气田开发的布井方案。对于勘探工作来说,井斜大了会使井深发生误差,使所得的地质资料不真实。且由于井底远离设计井位,会错过油气层,造成勘探工作的失误,这对于断块小油田显得格外重要。

(2)井斜过大会给钻井工作增加困难。在斜井内,钻柱易靠在井壁的一侧,旋转时发生严重摩擦,易使钻柱磨损,起下钻困难,也可能造成井壁坍塌及键槽卡钻等事故。

(3)井斜过大会直接影响固井质量。首先是造成下套管困难,同时套管下入后不易居中,这往往是造成固井窜槽、管外冒油冒气的原因之一。

(4)对采油工作来说,井斜过大会直接影响井下的分层开采、注水工作的正常进行(如下封隔器困难,封隔器密封不好等),对抽油井也常引起油管和抽油杆的磨损和折断,甚至造成严重的井下事故。

一、井眼弯曲的原因

影响井斜的原因有很多,如地质条件、钻具组合、钻进技术措施、操作技术及设备安装质量等。在上述因素中,地质条件和钻柱下部结构对井斜的影响最大。

1. 地层条件对井斜的影响

造成井眼弯曲的地质因素主要是岩石的各向异性和软硬交错。地质因素在井眼的自然弯曲中起主要作用并具有一定的规律性。

1）岩石的各向异性

岩石在不同方向上具有不同的强度和硬度等力学性质的现象称为岩石的各向异性。岩石的各向异性与岩石的层理、片理、微裂隙性和流纹性等构造特征有着密切的关系。

用平底圆柱压头在一定压力 p 作用下压入岩石时，对于各向同性岩石，压头下方形成圆锥形破碎穴[图7-26(a)]。对于各向异性岩石，若压头作用方向平行或垂直于岩石层，则压头下方也形成圆形的破碎穴[图7-26(b)、(c)]，但前者比后者直径小；若压头作用方向与层面斜交，则压头下方形成不对称的形似椭圆的破碎穴(图7-26(d))，逆层面倾向一侧破碎较宽，顺层面倾向一侧破碎较窄，椭圆长轴垂直于层面走向。这种情况充分说明垂直于层面方向抗压入阻力最小，从而决定了钻头以锐角穿过层理发育岩层时孔底截面呈椭圆状，椭圆起着导向作用，使粗径钻具在纯力作用下定向偏倒，从而钻孔朝垂直于层面方向弯曲。岩石的各向异性系数越大，则钻孔弯曲的趋势越强。实践还表明，当钻孔遇岩层倾角为30°~60°时，钻孔弯曲强度最大。片理、流纹性、裂隙性与层理的影响相似，都使钻孔趋于与构造面垂直。

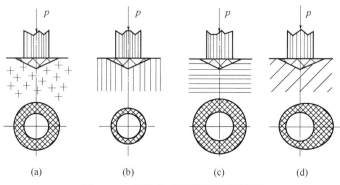

图7-26 压头作用下岩石破碎情况

2）岩石软硬互层

当钻头从软地层进入硬地层时，如图7-27(a)所示。钻头在 A 侧接触到硬岩石，而在 B 侧仍接触软岩石。这样在钻压 p 作用下，由于 A 侧岩石的硬度大，可钻性小，钻头刀刃吃入地层少，钻速慢；而在 B 侧岩石的硬度小，可钻性大，钻头刀刃吃入地层多，钻速快，

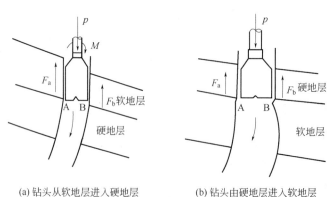

(a) 钻头从软地层进入硬地层　　　　　(b) 钻头由硬地层进入软地层

图7-27 岩性变化对井斜的影响

这样钻出井眼自然会偏斜。另外，由于钻头两侧受力不均（分别为 F_a 和 F_b），在 A 侧的井底反力的合力比 B 侧大，将产生一个弯矩 M，扭转钻头，使其沿着地层上倾方向发生倾斜。

当钻头由硬地层进入软地层时，如图 7-27(b) 所示，开始时由于地层在软地层一侧吃入多，钻速快，而在硬地层一侧吃入少，钻速慢，井眼有向地层下倾方向倾斜的趋势。但当钻头快钻出硬地层时，此处岩石不能再支承钻头的重负荷，岩石将沿着垂直于层面方向发生破碎，在硬地层一侧留下一个台肩，迫使钻头回到地层上倾方向。所以钻头由硬地层进入软地层也有可能仍然向地层上倾方向发生倾斜。

2. 钻柱弯曲引起的钻头侧向力

一般而言，井眼总会存在井斜，因此在钻井时，钻铤与井眼下边在切点处开始接触，切点至钻头距离为切线长度 L。切点以下钻柱由于自重 W 作用将产生一个钻头处的侧向力 F（图 7-28）。

$$F = \frac{LW_c \sin\alpha}{2} \qquad (7-7)$$

式中，F 为钻头侧向力，N；L 为切线长度，m；W_c 为钻铤线重量，N/m；α 为井斜角，(°)。

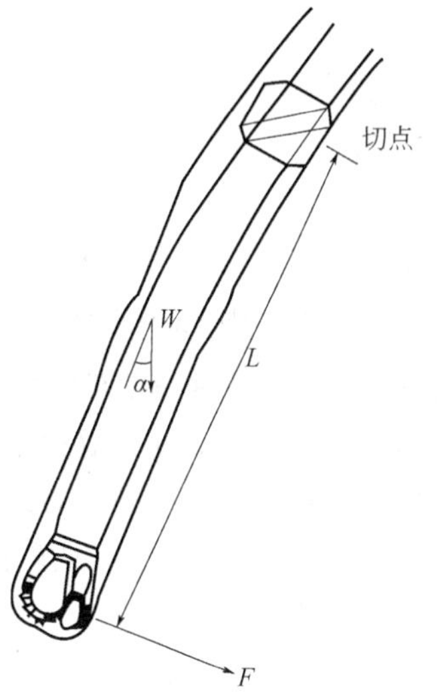

因为该力使井眼降斜，为负侧向力。当钻头受压后，切点下移，侧向力减少。钻头处钻铤弯曲导致产生井眼偏斜的负荷增大（正侧向力）。因此，随着钻压增加，负侧向力减少，正侧向力增大。

总侧向力矢量和轴向力将决定井眼的偏斜度，当然，地层的各向异性也必须考虑。井下钻具中稳定器的位置也

图 7-28　斜井中的下部钻柱受力

将影响钻头侧向力的大小，因此将决定下部钻具组合是增斜、稳斜还是降斜。稳定器直接接在钻头上方将产生一个支点，稳定器上方钻铤的重量使钻头产生增斜侧向力。当钻头和稳定器间的距离增加时，钻头上的增斜侧向力减少。当稳定器离钻头足够远时，稳定器以下钻柱产生的钟摆力将使钻头有降斜的趋势。

二、井斜控制

井斜控制，就是要在提高井身质量、保证准确钻达目标的前提下，提高钻进速度、降低钻井成本。从根本上说，井斜控制就是要控制造斜率和方位变化率，以期得到合格的井斜角、方位角和井底位移。

通过上节的分析，已知造成井斜的主要原因，其中的地质环境因素只能认识和加以利用而不能改变。能被操作者用来主动进行控制的是钻具组合的类型、结构、工艺操作参数。下部钻具组合类型是首先要考虑的主要方面，因为井斜控制的本质实质上是控制钻头上的三维力。常用的控制井斜的钻具组合是带稳定器的旋转钻具组合：钟摆钻具和满眼钻具。这两种钻具下面将作为主要介绍的内容。

1. 钟摆钻具工作原理

钟摆钻具是国内外石油钻井应用最为广泛的一种钻具结构，一般可用于普通地区钻井和井斜产生后的纠斜。

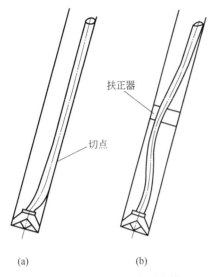

扶正器

切点

(a)   (b)

图 7-29　钟摆钻具组合受力模型

在实际钻井过程中，井眼一般都是倾斜的，钻柱某点将和井壁接触，称为上切点。钟摆钻具就是利用斜井内钻柱切点以下钻铤重量的横向分力（钟摆力）将钻头压向井眼下方，以逐渐达到减小井斜的效果，这个横向分力的作用犹如钟摆一样，故称其为钟摆钻具组合，其受力模型如图 7-29 所示。

未加钻压时，作用在钻头处的侧向力只是钻头与上切点之间钻铤重量的横向分量，这个力称作钟摆力，此力为降斜力使井眼趋于垂直；当施加钻压时，钻压的横向分量也将产生侧向力，此力一般为增斜力，使井眼偏离原来的方向。这两个力的合力决定了钻进方向。

因此要提高钟摆钻具组合纠斜能力，可以选用大尺寸钻铤或加重钻铤，也可以加稳定器以增加切点以下的钻铤长度。具体钟摆钻具的结构，由于各地区地层情况不同而不同，但一般有如图 7-30 所示的单稳定器钟摆钻具和双稳定器钟摆钻具。单稳定器钟摆钻具结构依次为：钻头+钻铤 2~3 根+稳定器+钻铤。双稳定器钟摆钻具结构依次为：钻头+钻铤 2~3 根+稳定器+钻铤 1 根+稳定器+钻铤。一般单稳定器钟摆钻具使用较多，具体钻铤尺寸需要根据不同的井眼尺寸和钻井参数进行设计。

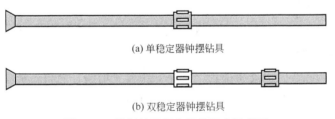

(a) 单稳定器钟摆钻具

(b) 双稳定器钟摆钻具

图 7-30　钟摆钻具组合钻具组合示意图

此外钟摆钻具组合应避免使用大钻压而应采取吊打方式，这样可得到较大的钟摆力和降斜效果。但这对于需要较高钻压的牙轮钻头将会降低钻井速度，改用需钻压较小的 PDC 钻头往往能取得更好的效果。

2. 满眼防斜钻具工作原理

满眼钻具一般是由几个外径与钻头直径相近的稳定器（3~5 个）与一些外径较大的钻铤所组成。它的防斜原理基本上有两条。一是由于此种钻具比光钻铤的刚度大，并能填满井眼，因而在大钻压下不易弯曲，能保持钻具在井内居中，减小钻头倾斜角，所以能减小和限制由于钻柱弯曲产生的增斜力。二是在地层横向力的作用下，稳定器能支承在井壁上，限制钻头的横向移动。

满眼钻具的设计要求主要有三点：保证下部钻铤有尽可能大的刚度；保证稳定器之间具有合适的长度；保证稳定器与井眼之间的间隙尽可能小。满眼钻具能承受较大钻压，因而能获得较高的机械钻速。但满眼钻具的主要作用是防斜（或控制井眼曲率变化），在发生井斜后其纠斜效果不如钟摆钻具，此时需要起下钻换钟摆钻具纠斜。

— 130 —

满眼钻具组合一般要装三个稳定器（或在大钻铤外表面的适当位置加焊硬质合金扶正块），如图7-31所示，下稳定器靠近钻头，多为螺旋稳定器，依次向上是短钻铤（3m左右）、中间稳定器、钻铤（1根）和上稳定器。钻具组合有"满眼""刚性"的结构特点。即其稳定器外径接近井眼尺寸，钻铤外径较大，具有较强的抗弯能力，故能承受较高钻压而变形较小，使钻具组合在井眼内基本居中。采用满眼钻进法，井眼开始要直，因为满眼钻具组合的主要作用是防斜保直，控制井斜变化率，而基本上无降斜能力。只要初始井眼是斜直井眼，钻头就会以很小的井斜变化率向下钻进，维持井斜角大体不变。

图7-31 满眼钻具组合

3. 垂直钻井系统

垂直钻井具有减少套管层次和套管尺寸、提高机械钻速、减少钻柱事故的优点。垂直钻井为主动防斜方式，其防斜打直效果不受钻压影响，有利于提高钻速，广泛应用于高陡构造与大倾角等易斜地层和自然造斜能力强的条件下的深井、超深井和复杂结构井直井段。

自动垂直钻井工具首先源于德国的大陆超深井计划（KTB）。从1986年钻井方案的设计阶段起，KTB技术管理部门就认识到了垂直钻井系统的重要性。1990年10月，自动垂直钻井工具第一次在KTB中使用，其主要组成部分为：（1）钻井液脉冲发生器（将井下的信息传递到地面）；（2）传感器及控制器（测量及决定工具的导向方向）；（3）液压控制系统（产生降斜力，纠正井斜）。

后来美国的Baker Hughes公司又在此基础上进一步研究发展，形成了一种真正商业化的自动垂直钻井工具。Baker Hughes INTEQ的Verti Trak闭环导向系统是一种主动防斜的钻井装置。其内部的钻井液脉冲发送器发送倾角和工具状态的信息到地表，能够实现双向通讯。该系统中将导向单元、高性能液压螺杆和近钻头MWD倾角传感器（能够感知0.1°的倾角变化）结合在一起。根据测量得到的数据，利用内部微处理器计算克服井斜所需要的力并控制液压管线传送压力给两个膨胀式导向块，使井眼重新返回到垂直状态。该系统能减少井眼扭曲及消除狗腿和台阶，钻出更加光滑的垂直井眼。

课程思政 我国第一口水平井

我国第一口水平井是磨3井。该井由四川石油管理局川中矿区3201钻井队（队长沈国福）在四川省遂宁磨溪构造打成。1965年7月12日开钻，同年11月25日完钻。完井井深1625m，垂直井深1367.8m，最大井斜92°，水平位移444.2m，横穿油层276.6m，水平延伸160m。该水平井的钻探成功，探索出了对付低渗透裂缝性油气藏的有效方法，开辟了裂缝性油气藏钻探找油找气的新途径。在该井还采用了泵冲法准确的测定井斜等新工艺、新技术。特别是以我国第一口水平井荣载史册。

1991年3月，原石油工业部老领导康世恩和中国石油天然气总公司总地质师阎敦实等同志，来川中矿区视察工作时，特别参观了磨3井。康世恩同志讲，要在磨3井立一块牌，写上我国第一口水平井，还要写上队长、指导员、技术员的名字，周围种上花草，让年轻的石油工人知道这个历史。

1. 井眼轨迹的基本参数有哪些？为什么将它们称为基本参数？

2. 水平投影长度与水平位移有何区别？视平移与水平位移有何区别？

3. 狗腿角、狗腿严重度二者，概念有何不同？

4. 垂直投影图与垂直剖面图有何区别？

5. 对一个测段来说，测斜计算要计算哪些参数？对一个测点来说，测斜计算需要计算哪些参数？测段计算与测点计算有什么关系？

6. 动力钻具造斜工具有哪几种形式？它们的造斜原理有何共同之处？

7. 螺杆钻具在定向井造斜方面有何优点？

8. 装置角有什么重要意义？当装置角等于240°时，井眼轨迹将如何发展？

9. 有了装置角为什么还要有装置方位角？它们之间有什么关系？

10. 引起井斜的地质原因中最本质的两个因素是什么？二者如何起作用？

11. 引起井斜的钻具原因中最主要的两个因素是什么？它们又与什么因素有关？

12. 满眼钻具组合控制井斜的原理是什么？它能使井斜角减小吗？

13. 钟摆钻具组合控制井斜的原理是什么？为什么使用它钻速很慢？

第八章 固 井

固井就是在钻成的井眼内下入一串套管柱，并在套管柱与井壁之间的环形空间注入水泥浆进行封固的一整套工艺技术。固井是一口井建井过程中的重要工程。固井质量的好坏，不但对后续钻进、试油等有很大影响，而且对以后长期开采也有很大的影响。一口井要生产几十年，如果固井质量不好（例如套管破裂、挤毁、水泥胶结不好，引起地层中油气水互窜等），势必造成后续工作困难，严重时会导致井的报废。因此，必须认真做好固井工作。

固井的目的主要有：（1）安装井口装置，以控制在以后钻进中要遇到的高压油气水层；（2）封隔各种复杂地层（如胶结疏松地层、破碎带、高压层、低压层、盐层、不稳定页岩层等），为后续钻完井作业奠定基础；（3）保证在遇到井涌或井喷而需要压井时，不会因钻井液的密度增大将上部地层压裂而失去对井内压力的控制，导致更严重的井喷；（4）封隔套管与井壁之间的环形空间，防止地下各油气水层相互窜通，避免酸化、压裂等工作液层间乱窜；（5）为油气的生产建立长期稳定的通道；（6）封闭暂不开采的油气层。

第一节 井身结构

一口井开钻前根据该井的钻探目的、本地区地质条件及钻井工艺技术水平所确定的套管层次、各层套管下入深度、水泥返高及套管尺寸与钻头的匹配，称为该井的井身结构，如图8-1所示。

井身结构的确定既要符合优质、快速、安全钻进及勘探开发的要求，又要力求节约，降低钻井成本，提高经济效益。根据地质条件、钻井技术水平和采油、采气的技术要求。首先确定出所需的套管层数，每层的下入深度和水泥返高，然后再根据油层套管的尺寸，由内到外地确定各层套管的尺寸和相应的钻头尺寸。

一、套管柱类型

国内油田套管下入层次为导管、表层套管、中间套管（或技术套管）、油层套管（或生产套管）。

1. 导管

导管不属于井身结构各层套管之列，但它是开始钻进时建立钻井液循环不可缺少的基础。其功用为引导钻头入井，防止钻井液循环冲坏钻机周围的设备、

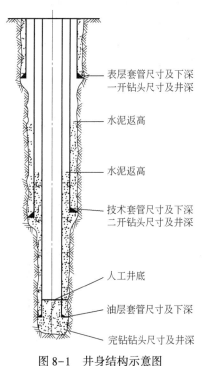

表层套管尺寸及下深
一开钻头尺寸及井深

水泥返高

水泥返高

技术套管尺寸及下深
二开钻头尺寸及井深

人工井底

油层套管尺寸及下深

完钻钻头尺寸及井深

图 8-1 井身结构示意图

防止地表土层坍塌，提高井内钻井液的出口高度、使其回流入高架槽而实现闭路循环。导管下入深度较浅（2~40m），用水泥浆固定。

2. 表层套管

表层套管用以封隔上部松软的易塌地层和易漏地层，安装井口以控制井内压力，支撑技术套管与油层套管。其下入深度随具体井的情况不同，从几十米到几百米。管外水泥返到地面。钻高压油、气井时，一般应将表层套管下得深些，并使套管鞋坐于致密、坚硬的岩石上，以保证对井下油气压力的控制。

3. 技术套管

技术套管用以封隔用钻井液难以控制的复杂地层，如漏失层、高压水层、严重坍塌层以及非目的层的油气层或压力相差悬殊的油气水层，保证钻井顺利进行。技术套管外的水泥浆一般要返至要封隔的复杂地层顶部 100m 以上，对于高压气井，则一般要求返到地面。

4. 油层套管

油层套管又称生产套管，是油气井套管程序里的最后一层套管，用以将油气层与其他地层以及不同压力的油气层分隔开来，以形成油、气流至地面的通道，满足开采和增产措施的要求。油层套管的下入深度取决于目的层的深度和完井方法。水泥浆一般返至所封隔的油气层以上。

5. 尾管

尾管是一种不延伸到井口的套管柱，分为钻井尾管和生产尾管，其优点是下入长度短、重量轻、费用低。在深井钻井中，尾管另一个突出的优点是，在继续钻井时可以使用异径钻具，在顶部的大直径钻具具有更高的抗拉伸强度和更低的管内流动摩阻，在尾管内的小直径钻具具有更高的抗内压力能力。

下完尾管，继续钻进时，尾管以上的技术套管柱可能受到磨损而强度降低，或本身抗内压强度较低，所以有可能将尾管回接到地面。因此，尾管上部应带有回接接头，以供必要时回接（图 8-2）。尾管的缺点是固井施工困难。尾管的顶部通常要进行抗内压试验，以保证密封性。

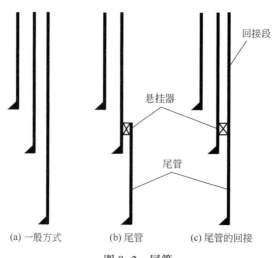

(a) 一般方式　　(b) 尾管　　(c) 尾管的回接

图 8-2　尾管

二、套管的层次和下入深度

套管层数和每层套管应下入的深度是根据井眼所穿过的地层情况确定的。确定的原则是保证裸眼井内钻井液有效液柱压力必须大于或等于地层压力，防止井喷，但又必须小于等于地层破裂压力，防止压裂地层发生井漏；反之，则需要用套管封隔。

$$p_f \geqslant p_{mE} \geqslant p_p \tag{8-1}$$

式中，p_f 为地层破裂压力；p_{mE} 为钻井液有效液柱压力；p_p 为地层压力。

将裸露井眼中满足压力不等式(8-1)条件的极限长度井段定义为可行裸露段。可行裸露段的长度是由工程和地质条件决定的井深区间，其顶界是上一层套管的必封点，底界为该层套管的必封点深度。可行裸露段主要依据本地区的地层压力（或坍塌压力）、地层破裂压力和必须封隔的复杂地层进行确定（图8-3）。

设井深 H_2 处存在一高压层，其地层压力的当量密度为 ρ_1，一般为了确保安全钻井液密度会附加一定的安全值，此时设计钻井液密度 ρ_2 平衡地层压力。这样，整个裸露的井筒中钻井液的密度都是 ρ_2，它在浅井段 H_1 处所产生的静液压力已经达到（或接近达到，一般为了安全都要留有一定余量）该处的地层破裂压力。所以为了保证安全顺利地钻到 H_2 处，就必须将 H_1 以上的井段用套管和水泥封固起来。这样就确定了这一层套管的下入深度。用同样的方法自深而浅进行设计，或以不发生压差卡钻的压差为依据，即可确定出整口井的套管下入层数和每层套管的下入深度。再全面考虑到地层的特殊情况和钻井工程中的具体要求即可做出合理实用的设计。

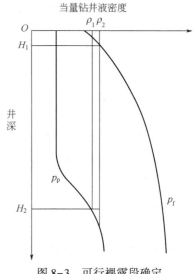

图8-3 可行裸露段确定

也可以按实际情况决定套管下入深度。如确知井下压力不高，无压破地层的风险，可不必按破裂压力来确定备层套管的下入深度。而按该地区的实际情况决定。这样可节省套管与水泥。

三、水泥返高

水泥返高水泥浆沿套管与井壁之间的环形空间上返面到转盘平盘之间的距离。不同井的类型、开次对水泥返高的要求不一样。一般有如下一些要求：

（1）表层固井水泥返至地面。

（2）浅气层井、高压气井、储气库井和稠油热采井各层次套管应返至地面。

（3）尾管固井水泥返至尾管悬挂器顶部50m以上。

（4）含盐膏层的井返至盐膏层顶部以上200m。

（5）技术套管水泥返深达到钻井工程设计要求。

四、套管尺寸与井眼尺寸选择及配合

套管尺寸及井眼（钻头）尺寸的选择和配合涉及采油、勘探以及钻井工程的顺利进行和成本因素。

1. 设计中考虑的因素

（1）生产套管尺寸应满足采油方面要求。根据生产层的产能、油管大小、增产措施及井下作业等要求来确定。

（2）对于探井，要考虑是否要加深和遭遇复杂地层增加套管层次的可能性，还要考虑对岩心尺寸的要求等。

（3）要考虑到工艺水平，如井眼情况、曲率大小、井斜角以及地质复杂情况带来的问题。并应考虑管材、钻头等库存规格的限制。

2. 套管和井眼尺寸的选择和确定方法

（1）确定井身结构尺寸一般由内向外依次进行，首先确定生产套管尺寸，再确定下入生产套管的井眼尺寸，然后确定中间套管尺寸等，依此类推，直到表层套管的井眼尺寸，最后确定导管尺寸。

（2）生产套管根据采油方面要求来定。勘探井则按照勘探方面要求来定。

（3）套管与井眼之间有一定间隙，间隙过大则不经济，过小会导致下套管、平衡注水泥困难。间隙值最好为不低于 19mm（$\frac{3}{4}$in）。

3. 套管及井眼尺寸标准组合

目前国内外所生产的套管和钻头的尺寸已标准化、系列化，相互间的尺寸配合基本确定或在较小范围内变化，如图 8-4 所示。实践表明选择表中套管与井眼尺寸的常用配合，可确保有足够的间隙以下入该套管及注水泥。虚线表示不常用的尺寸配合（间隙较小），选用时须重点关注套管接箍、钻井液密度、注水泥及井眼曲率等对下套管、平衡注水泥等的影响。

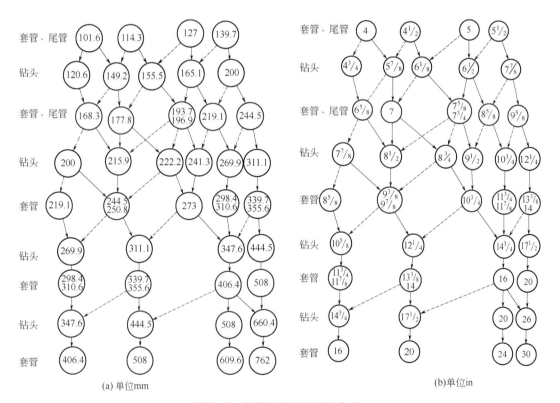

(a) 单位mm   (b)单位in

图 8-4　套管与井眼尺寸配合表

第二节　套管

一、套管柱的外载

1. 轴向载荷

计算套管自重所产生的轴向拉力，有考虑钻井液浮力与不考虑钻井液浮力两种方法。当不考虑钻井液的浮力时，计算的是套管在空气中的重量；当考虑钻井液的浮力时，计算的是套管在钻井液中的重量，常简称为浮重。

对于某一段套管（设为第 k 段），当不考虑钻井液的浮力时，其顶端的轴向拉力为包括其自身在内的下部各段套管的重力之和，有

$$T_k = \sum_{i=1}^{k} q_i L_i \tag{8-2}$$

式中，T_k 为 k 段套管连接时顶端轴向拉力，kN；q_i 为第 i 段套管单位长度名义重量，kN/m；L_i 为第 i 段套管段长，m；i，k 为下标，表示套管段的序号，从井底开始计数。

当考虑钻井液的浮力时，其顶端的轴向拉力为

$$T_k = \sum_{i=1}^{k} q_{bi} L_i \tag{8-3}$$

式中，q_{bi} 为钻井液中第 i 段套管单位长度重量，kN/m。

$$q_b = q B_F \tag{8-4}$$

$$B_F = 1 - \frac{\rho_m}{\rho_s} \tag{8-5}$$

式中，B_F 为浮力系数；ρ_s 为套管钢材密度，g/cm³，多取值为 7.85。

钻井液中套管单位长度重量 q_b 常简称为每米浮重。很显然，套管柱自重所产生的轴向拉力的分布规律是井底最小（为零），往上逐渐增大，井口拉力最大。

2. 外挤压力及内压力

外挤压力指管外液柱、地层骨架及地层流体在套管外壁上产生的压力，如下套管过程中套管会受到管外钻井液静液柱压力的挤压作用，注水泥结束后套管会受到管外钻井液、前置液、水泥浆液柱压力的挤压作用。

与此对应的内压力，则是指管内液体的静液柱压力等在套管内壁上产生的压力，如下套管过程中套管会受到管内钻井液对套管内壁的内压力，注水泥过程中套管会受到管内液柱压力、注水泥泵压对套管内壁的压力。

在大多数情况下，套管会同时受到外挤压力和内应力，而二者的作用方向相反，因此，彼此可以对冲一部分；如果外挤压力大于内应力，则套管受力以外挤为主，外挤压力对冲完内压力的部分即有效外挤压力才能真正导致套管出现外挤变形；与此相反，如果内压力大于外挤压力，则套管受力以内压为主，内压力对冲完外挤压力的部分即有效内压才能真正导致套管出现内压变形。

一旦有效外挤压力超过套管的抗挤强度，套管将被挤毁；而一旦有效内压超过套管的抗

内压强度，套管将出现破裂而失效的情况。

在油气井的钻井、完井等作业期间，不同工况下，管内外的外挤压力、内压力都有可能不同，从而导致套管本身的受力情况也有所不同；如下套管时，由于管内灌浆滞后，一般管外压力大于管内压力；注完水泥后，由于水泥浆的密度一般都高于钻井液的密度，为此，一般也是管外压力大于管内压力；而在溢流、井喷、压裂等工况时，井口憋压较高，一般管内压力高于管外压力。

由于各种情况都可能发生，所以在考虑外挤压力和内压力时，多按最危险的工况进行考虑，即考虑在有效外挤压力或有效内压下的抗挤或抗内压强度是否满足要求。

二、套管的强度

1. 套管基本参数

套管的基本参数为套管尺寸、套管壁厚（或单位长度名义重量）、螺纹类型与套管钢级。当给定这四个基本参数后，套管也就对应确定了，套管的强度也与这四个基本参数密切相关。

1) 套管尺寸

通常所说的套管尺寸（又称名义外径、公称直径或公称外径）指的是套管本体的外径。套管尺寸已标准化、系列化。

2) 套管壁厚与套管单位长度名义重量

套管壁厚指的是套管本体处套管壁的厚度，有时又称为套管名义壁厚，也已标准化、系列化。

套管单位长度名义重量又称为套管公称重量，指的是包括接箍在内的、套管单位长度上的平均重量。显然，套管壁厚、套管单位长度名义重量二者是直接相关的。

3) 螺纹类型

套管螺纹及螺纹连接是套管质量的关键所在，与套管的强度和密封性能密切相关。API标准的螺纹类型有4种：短圆螺纹（英文缩写STC）、长圆螺纹（英文缩写LTC）、梯形螺纹（英文缩写BTC）、直连型螺纹（英文缩写XL，用于无接箍套管）。图8-5所示为API螺纹连接示意图。

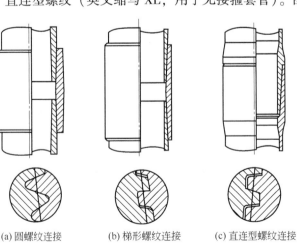

(a) 圆螺纹连接　　　(b) 梯形螺纹连接　　　(c) 直连型螺纹连接

图 8-5　API 螺纹连接示意图

圆螺纹和梯形螺纹最常用。圆螺纹加工容易、成本低，长圆螺纹连接的丝扣扣数比短圆螺纹连接的多，所以能承受的轴向拉力比短圆螺纹的大。长圆螺纹扣与短圆螺纹扣螺纹的基本设计相同，圆螺纹扣的齿尖角为60°，单位长度上的扣数为每英寸8扣。梯形螺纹连接所能承受的轴向拉力比长圆螺纹的大。梯形螺纹近似方形，单位长度上的扣数为每英寸5扣。

直连型螺纹连接与上述圆螺纹和梯形螺纹连接的区别是，它没有接箍，套管与套管之间是整体连接。采用直连型螺纹连接的套管称为无接箍套管，套管两端管壁厚一些，以便加工强度满足要求的螺纹。无接箍套管的特点是螺纹连接处的外径比有接箍套管的接箍外径小，因此常用于环空间隙小的情况，以利下套管和随后的注水泥作业。但是要注意，这种套管的内径要稍小一些。由于无接箍套管两端管壁厚一些，同时其连接部分的加工精度要求高，所以无接箍套管比圆螺纹套管和梯形螺纹套管要贵许多。

对于一般井，API标准螺纹能满足要求。但对于深井、超深井、高压气井、热采井、大位移井等，API标准螺纹常不能满足轴向拉力或气密封性的要求。因此，发达国家长期以来都在积极开发特殊螺纹的套管，并已应用于生产。我国近年来也引进试用了一些特殊螺纹的套管，取得了较好的效果。

4）套管钢级

套管钢级即套管钢材级别，套管钢级体现套管的材料力学意义上的强度大小（注意，不是钻井工程中所指的套管强度）。API套管钢级代号由字母及字母后的数码组成，字母是任意选择的，数码值乘以1000即为以"磅力/英寸^2（psi）"表示的套管的最小屈服强度值。常见的有10种钢级的API套管：H-40、J-55、K-55、C-75、L-80、N-80、C-90、C-95、P-110、Q-125。如P-110钢级的套管，其最小屈服强度为110000lbf/in^2（758.42MPa）。

目前，国内外油田（尤其是国外油公司）主要使用API标准系列套管。我国主要套管生产厂家也已按API标准生产套管。采用非API标准有两种情况，一是套管的尺寸、钢级与壁厚按照API规范，只是在螺纹连接上采用非API标准的特殊螺纹连接型式，这主要是为了解决螺纹连接的高密封要求问题；二是套管的尺寸、壁厚与螺纹连接型式按照API规范，但使用特殊的套管钢级，这是为了解决套管腐蚀和高应力问题。

2. 套管强度

1）套管强度分析

在套管柱外载分析与计算部分已经指出，套管柱所受的外载可分为三种，即作用在管柱外壁上的外挤压力、作用在管柱内壁上的内压力和作用在管柱轴线平行方向的轴向拉力。套管柱在井下应能经受住这些外载的作用。套管所具有抵抗外载的能力称为套管强度。套管所能承受的最大外挤压力称为套管的抗挤强度、套管所能承受的最大内压力称为套管的抗内压强度、套管所能承受的最大轴向拉力称为套管的抗拉强度。

套管强度与套管的钢级、直径、壁厚、螺纹连接类型、加工精度等诸多因素有关。通常是根据大量的全尺寸试验数据，结合理论分析，给出半经验半理论的计算公式，然后根据这些公式计算套管的强度，如API套管强度计算方法，实践证明该方法行之有效的方法。到目前为止API已将其套管的强度计算公式和套管强度数据以公报、手册的形式予以公布，既方便了使用，又让用户能了解其强度数据的来源。

2）轴向拉力作用下套管强度

需要注意的是，API所公布的套管强度数据是套管受相应的单一外载作用时的强度，如抗挤强度是套管仅受外挤压力作用时套管所能承受的最大外挤压力值。但套管柱在井下一般是处于复合外载作用状态（两种及两种以上外载同时作用状态），在复合外载作用下，套管所能承受某一外载的能力与受该外载单一作用时的能力是不同的，换言之，套管的强度要发生变化，有时套管的强度增加，有时套管的强度降低。自然，人们更关心强度降低的情况。在进行套管柱强度设计时，要充分考虑这一点。其中轴向拉力对套管的抗挤能力影响较大，在设计时应考虑。可采用式(8-6)计算轴向拉力作用下套管抗挤强度，因为是双轴应力问题，故经常又称为双轴应力抗挤强度。

$$p_{cc} = p_c \left[\sqrt{1 - \frac{3}{4}\left(\frac{T}{T_s}\right)^2} - \frac{1}{2} \cdot \frac{T}{T_s} \right] \qquad (8-6)$$

式中，T 为套管轴向拉力，kN；T_s 为套管管体屈服强度，kN；p_{cc} 为轴向拉力作用下套管的抗挤强度，MPa；p_c 为（无轴向拉力时）套管抗挤强度，MPa。

3. 套管柱强度设计方法

目前，套管柱强度设计中所采用的方法基本上均是安全系数法，即要求：

套管强度/外载≥设计安全系数   (8-7)

与外载和强度相对应，设计安全系数也有三种，即抗挤设计安全系数、抗内压设计安全系数、抗拉设计安全系数，分别以 S_c、S_b、S_t 表示。

在设计套管柱时，应事先选定或给定设计安全系数。很明显，设计安全系数的大小直接影响套管柱的安全与经济性。但设计安全系数的准确确定却是很困难的事，一般都是经过长期的生产实践逐渐确定下来的。表8-1为我国石油行业标准中所推荐的安全系数值。

表 8-1 套管柱设计安全系数范围

套管类型	抗挤设计安全系数 S_c	抗内压设计安全系数 S_b	抗拉设计安全系数 S_t
表层套管	1.0~1.1	1.1~1.2	1.6~1.8
技术套管	1.0~1.125	1.1~1.33	1.6~2.0
生产套管	1.0~1.2	1.1~1.4	1.6~1.9

三、套管柱的下部结构

要将设计好的不同壁厚、不同钢级的套管柱，顺利、安全地下入预定深度，以及为了提高注水泥质量，必须在套管柱下部安装一些附加装置，这些附加装置统称套管附件。

1. 引鞋

引鞋是装在套管柱底部的圆锥形带循环孔的短节，如图8-6所示，其作用是引导套管入井，防止套管在井眼凹陷处、台阶处遇阻并减小套管的下入阻力。引鞋一般用生铁、硬木或水泥、塑料等易钻材料做成。

2. 套管鞋

用套管接箍做成，下端车成45°内斜坡，以便引导钻具顺利进入套管，防止钻具的接头、钻头挂碰套管底端，如图8-7所示。套管鞋接在引鞋之上。固井后不再钻进的油层套管可不用。

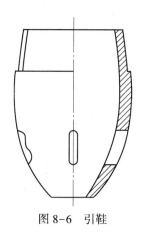

图 8-6　引鞋

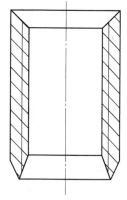

图 8-7　套管鞋

3. 套管浮箍

套管浮箍（图 8-8）是套管附件之一。深井与特殊井中可与套管浮鞋联合使用，提高注水泥作业安全性。装有单流阀，在下套管过程中，套管浮箍实现环空钻井液单向流动，实现固井碰压后放压候凝，防止候凝时发生水泥浆倒流，并有助于提高水泥环与套管的胶结质量。套管浮箍也起承坐胶塞的作用。

4. 套管扶正器

套管扶正器是装在套管柱上使套管柱在井眼内居中的装置，是套管附件之一，装在套管外边，用以扶正套管使之居于井眼中心，保证水泥浆在套管周围均匀分布，防止顶替时发生窜槽。使用套管扶正器除了能保证套管柱外水泥环有一定的厚度，还可减小下套

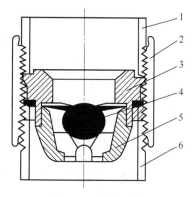

图 8-8　套管浮箍

1—套管；2—浮箍本体；3—承托（阻流）环；
4—尼龙球；5—承托架；6—套管

管时的阻力，避免黏卡套管，有利于提高固井质量。套管扶正器分为弹性扶正器、刚性扶正器和滚轮扶正器三种类型，其中弹性扶正器和刚性扶正器见图 8-9 和图 8-10。

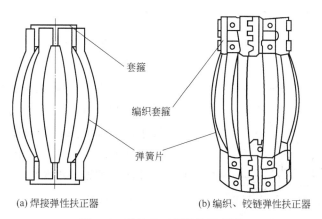

(a) 焊接弹性扶正器　　　　　(b) 编织、铰链弹性扶正器

图 8-9　弹性扶正器结构示意图

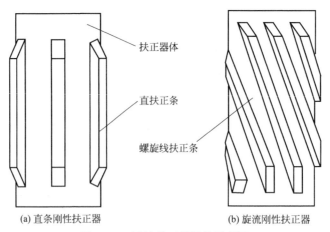

(a) 直条刚性扶正器   (b) 旋流刚性扶正器

图 8-10　刚性扶正器结构示意图

第三节　注水泥

　　注水泥就是将按照一定水灰比配制好的水泥浆，通过一定的设备和工艺注入套管，并使水泥浆在管外环形空间上返到一定高度的工艺过程，该项作业比较复杂而且难度较大，施工前必须进行精确的计算、试验和措施研究，施工时还要配备整套地面设备和辅助装置，并进行严密的组织施工。

一、注水泥设备及工艺过程

1. 注水泥设备

1）水泥车

水泥车是注水泥的主要设备，装有水泥泵式、水泵、管线、量水箱，带有变速箱的内燃机及水泥混合器等。

2）混合漏斗

混合漏斗结构如图 8-11 所示，水泥车水箱的水经柱塞泵打出，经漏斗下面的喷嘴高速射出，与水混合成均匀的水泥浆。

3）水泥头

水泥头是套管柱最上面的一个连接工具，其上装有压力表、用于存放胶塞，并将套管和注水泥、替泥浆、顶胶塞等地面管线连接起来，便于注水泥施工时根据需要快速倒换入井工作液。常见的水泥头结构如图 8-12 所示。

4）胶塞

胶塞用于在套管内隔开水泥浆与钻井液，

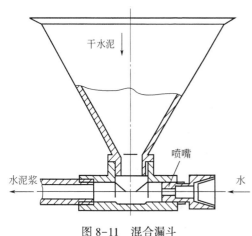

图 8-11　混合漏斗

图 8-12　水泥头

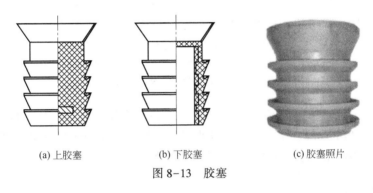

(a) 上胶塞　　　　　(b) 下胶塞　　　　　(c) 胶塞照片

图 8-13　胶塞

使其不会相混；刮净套管内壁上附着的钻井液。双塞法注水泥使用两个胶塞，如图 8-13 所示。下胶塞中空，上部有一层隔膜将中心孔封住，当下胶塞到达井底位置时，被承托环挡住，即将循环通路堵死，泵压增高后，隔膜憋破，从而恢复管内循环畅通。上胶塞继续下行，待两塞相碰，再次将通路堵死，泵压又突然上升，说明替钻井液工作已经完成。

2. 注水泥工艺过程

下完套管、循环调整钻井液性能之后，注入前置液、水泥浆，再用钻井液把水泥浆顶替到套管外环形空间的作业称为注水泥。图 8-14 所示为典型的采用双胶塞注水泥的施工程序。

如图 8-14 所示，在套管柱最上端的装置为水泥头，内装有上、下胶塞。当按设计将套管下至预定井深后，装上水泥头，循环钻井液。当地面一切准备工作就绪后开始注水泥施工。先注入隔离液，然后打开下胶塞挡销，压下胶塞，注入水泥浆（注入水泥浆的过程常简称为注浆或注灰）；按设计量将水泥浆注入完后，打开上胶塞挡销，压胶塞，用钻井液顶替管内的水泥浆（钻井液顶替水泥浆的过程简称为替浆）；下胶塞坐落在浮箍上后，在压力作用下破膜；继续替浆，直到上胶塞抵达下胶塞而碰压，施工结束。常规注水泥施工过程见视频 8-1。

注入井内的水泥浆要凝固并达到一定强度后才能进行后续的钻井

视频 8-1

常规注水泥施工

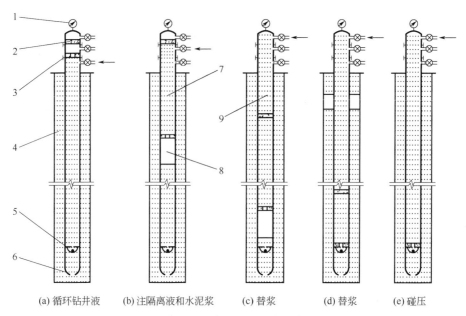

(a) 循环钻井液　　(b) 注隔离液和水泥浆　　(c) 替浆　　(d) 替浆　　(e) 碰压

图 8-14　注水泥工艺流程示意图

1—压力表；2—上胶塞；3—下胶塞；4—钻井液；5—浮箍；6—引鞋；
7—水泥浆；8—隔离液；9—钻井液

施工或其他施工，因此，注水泥施工结束后，要等待水泥浆在井内凝固，该过程称为候凝。候凝时间通常为 24h 或 48h，也有 72h 或几小时的，候凝时间的长短视水泥浆凝固及强度增长的快慢而定。候凝期满后，测井进行固井质量检测和评价。

二、油井水泥

1. 油井水泥的类型

目前，国内外使用的油井水泥主要是硅酸盐水泥，是由水硬性硅酸钙为主要成分，加入适量石膏和助磨剂（或是加入适量的石膏或石膏和水）磨细制成的。干水泥与水（经常还要加入外加剂）混合而成的浆体称为水泥浆。水泥浆凝结硬化后形成水泥石（在井下环形空间中的水泥石又称为水泥环）。

为了适应不同井深的需要和防止地层流体中硫酸盐对水泥石的腐蚀，有多种级别、类型的油井水泥可供选用。美国石油学会（API）规定了 8 种级别的油井水泥，见表 8-2。

表 8-2　API 油井水泥使用范围

级别	类型			备注
	普通型	中抗硫酸盐型	高抗硫酸盐型	
A	√	—	—	普通水泥
B	—	√	√	抗硫水泥
C	√	√	√	具有高早期强度
D	—	√	√	适于中温条件
E	—	√	√	适于高温条件

级别	类型			备注
	普通型	中抗硫酸盐型	高抗硫酸盐型	
F	—	√	√	适于超高温条件
G	—	√	√	基本油井水泥
H	—	√	√	基本油井水泥

注：表中"√"表示有此类水泥，"—"表示无此类水泥。

表 8-2 中 G 级和 H 级水泥为基本水泥，与促凝剂或缓凝剂一起使用，能适应于较大的井深和温度范围，也是目前使用最普遍的水泥。

在 API 标准和我国标准中，还对水泥的有关化学指标和物理指标以及相关的测试方法作了规定。

2. 水泥浆性能

水泥浆（石）性能包括密度、稠化时间、流变性、失水量、稳定性、水泥石抗压强度、水泥石渗透率。目前在现场上常测定的是前六项性能。为了保证施工安全并提高固井质量，水泥浆以及最终所形成的水泥石必须满足一定的要求。

1）水泥浆密度

水泥浆密度指的是单位体积内所含的水泥浆的质量。水泥浆的密度通常是用泥浆密度计测定。对水泥浆密度的要求是，在注水泥过程中要能保证井内的压力平衡（即既不井涌又不井漏），同时还要兼顾水泥浆（石）的其他性能，因水泥浆（石）的其他性能与水泥浆的密度密切相关。水泥浆的密度通常为 $1.85 \sim 1.90 \mathrm{g/cm^3}$，这一般比钻井液的密度大得多。

2）水泥浆稠化时间

随着水泥的不断水化，水泥浆不断变稠，直至失去流动性。为了保证注水泥施工安全，能将水泥浆泵送到井内环形空间的预定位置，水泥浆必须在一定的时间内保持较好的流动能力。水泥浆的稠化时间用加压稠度仪测定，该仪器能模拟井下的温度压力条件。用加压稠度仪模拟井下温度压力条件，从给水泥浆加温加压时起至水泥浆稠度达 100Bc（Bc 为稠度单位）所经历的时间称为水泥浆的稠化时间。对水泥浆稠化时间的要求是，注水泥施工作业能在稠化时间以内完成，并包含有较大的安全系数（如附加 1h）。反过来，当水泥浆的稠化时间确定后，整个注水泥施工必须在规定的时间内完成，否则易导致不能把水泥浆完全替出套管的注水泥施工事故。

3）水泥浆流变性

水泥浆的流变性指的是水泥浆在外加剪切应力作用下流动变形的特性，用流变参数衡量（与流变模式有关）。对水泥浆流变性的主要要求是有利于提高水泥浆对钻井液的顶替效率（水泥浆顶替钻井液的程度）。另外，水泥浆的流变性能还要有利于降低注水泥过程中的循环摩擦，以防止井眼憋漏，合理选择施工装置与设备。水泥浆的流变性用旋转黏度计测定，对于深井，应采用专用的水泥浆高温高压流变仪（原理与常规的旋转黏度计相同）、模拟井下温度压力条件测定。

4）水泥浆失水量

水泥浆中的自由水通过井壁渗入地层的现象称为水泥浆失水。水泥浆大量失水将造成水泥浆急剧变稠，大大影响其流动性，从而不利于安全注水泥（稠化时间缩短、浆体增稠、摩阻增大）。水泥浆大量失水进入油气层也将对油气层产生损害。

用失水仪测定水泥浆的失水量。失水量大小用30min内的失水总体积表示。原则上说，水泥浆失水量越小越好，但控制水泥浆失水的外加剂通常对水泥浆的流变性、稠化时间、抗压强度等有影响，因此应权衡考虑。以下是水泥浆失水量控制指标的一些推荐数值：一般套管注水泥（100~200）mL/30min；挤水泥或尾管注水泥（50~150）mL/30min；防气窜（20~40）mL/30min；高密度水泥应低于50mL/30min。

5）水泥浆稳定性

水泥浆的稳定性测试包括自由水含量测试和沉降稳定性测试，在静止过程中，水泥浆中的自由水自水泥浆中析出而形成连续水相的现象称为析水。单位体积水泥浆所析出的自由水体积即为水泥浆自由水含量（也称析水量）。水泥浆的沉降稳定性指的是在静止状态下，由于颗粒沉降而导致水泥浆上下密度不一致的现象。水泥浆有析水实际上就有沉降稳定性问题，但水泥浆无析水不一定沉降稳定性就好。水泥浆析水量过大和沉降稳定性不好，将导致水泥浆密度分布不均，所形成的水泥石强度不一致，影响对地层的封隔。如果在井下，由于析水而形成纵向水槽，将影响环空的封隔。在定向井、水平井中，如果不控制析水，容易在环空的上侧形成连续水槽，严重影响封固质量。因此，必须对水泥浆的析水和沉降稳定性进行控制，原则上析水越小越好、沉降稳定性中水泥浆上下密度的差别越小越好，在定向井和水平井中要使用零析水水泥浆。

6）水泥石抗压强度

在API和我国标准中，目前是通过测试水泥石的抗压强度来检验水泥石的力学性能。水泥石在压力作用下达到破坏前单位面积上所能承受的力称为水泥石的抗压强度。

从工程角度而言，水泥石的强度应满足以下要求：

（1）能支承住井内的套管。研究表明，支承套管所需的水泥石抗压强度是很低的，只需0.7MPa即可。这一般均能满足。

（2）能承受住钻进时的冲击载荷。钻进时对套管进而对水泥石冲击载荷的大小，主要取决于钻进技术措施。在钻柱加压部分未出套管鞋前，应控制钻压和转速，减小对套管和水泥环的冲击载荷。

（3）能承受酸化压裂。注水泥井段在承受酸化压裂时的最薄弱环节不是水泥石本身，而应是水泥环与井壁胶结处（或水泥环与套管胶结处），水泥石强度远大于水泥环与井壁的胶结强度。

水泥的抗压强度固然重要，但实际上人们更关心水泥与套管尤其是水泥与井壁的胶结情况。

7）水泥石渗透率

水泥石的渗透率指的是在一定压差下，水泥石允许流体通过的能力。显然，为实现封隔，水泥石的渗透率越低越好。实际上，水泥石的渗透率是很低的，大多数水泥石的渗透率都低于$1×10^{-5}\mu m^2$。但如果水泥环与套管或水泥环与井壁间存在微环隙、或胶结强度不够高，则对层间封隔有严重影响。

3. 水泥的外加剂

如果仅靠调节水泥的化学成分不能完全满足注水泥工艺要求，就应通过加入外加剂来调节水泥浆的性能。水泥的某些外加剂与钻井液处理剂有类似之处。

（1）加重剂。当需要高密度水泥浆时，应在水泥浆中使用加重剂。常见的加重剂有重晶石、赤铁矿粉等高密度材料。

（2）减轻剂。当要求降低水泥浆密度时，应在水泥浆中加入减轻剂。常见的减轻剂有硅藻土、黏土粉、沥青粉、玻璃微珠、火山灰等低密度材料。

（3）缓凝剂。缓凝剂可使水泥浆的稠化、凝固时间延长，通常用于高地温梯度的井和深井，以保证有足够的注水泥作业时间。常用的缓凝剂有丹宁酸钠、酒石酸、硼酸、铁铬木质素磺酸盐、羧甲基羟乙基纤维素等。

（4）促凝剂。促凝剂可使水泥浆加快凝固，用于缩短水泥的候凝时间及增加水泥的早期强度，多用于浅层及低温层的封固。常用的促凝剂有氯化钙、硅酸钙、氯化钾等。

（5）减阻剂。减阻剂能明显改善水泥浆的流动性能，使水泥浆的流动阻力减少，有利于在低流速状态下使水泥浆的流动进入紊流状态，提高注水泥的质量。常见的减阻剂有 β 奈磺酸甲醛的缩合物、铁铬木质素磺酸盐、木质素磺化钠等。

（6）降失水剂。降失水剂能降低水泥浆的失水量。常见的水泥浆降失水剂种类繁多，主要有聚合物、超细颗粒、胶孔等。

（7）防漏失剂。防漏失剂用于防止水泥浆在漏失层中的漏失，多为纤维状、颗粒状等固体堵漏材料，如沥青粒、纤维材料等。除此之外，还有一些其他材料，如石英为抗高温材料，甘油聚醚为消泡剂。

三、提高注水泥质量的措施

注水泥的目的在于提供良好的环空封隔。为实现这一目的，要解决以下两个方面的问题：一是如何使环形空间充满水泥浆，二是如何使水泥浆在凝结过程中压稳油气水层和封隔好油气水层。

1. 注水泥质量的基本要求

（1）水泥浆返高和套管内水泥塞高度必须符合设计要求，过高和过低都是不允许的。

油气层固井，设计水泥返高应超过油气层顶界 150m，实际封过油气层顶部不少于 50m。

油层套管采用双塞固井时，阻流环距套管鞋长度不少于 10m，技术套管（或先期完成井）一般为 20m，套管鞋位置应尽量靠近井底。

油气层底界距人工井底（管内水泥面）不少于 15m。

（2）注水泥井段环形空间的钻井液应全部被水泥浆替走，即无窜槽现象存在。

水泥浆在环形空间顶替钻井液的程度用顶替效率 η 表示。

对于注水泥井段：　　　　　　　　　$\eta =$ 水泥浆体积/环空体积

对于注水泥井段的某一截面：$\eta =$ 水泥浆面积/环空面积

当 η 等于 1（即 100%）时，水泥浆全部顶替走了钻井液；当 η 小于 1 时钻井液没有被水泥浆完全替走，称为发生了钻井液窜槽；η 值越大，顶替效率越高。

（3）水泥环与套管和井壁间有足够的连接强度，能经受住酸化压裂。

（4）水泥石能抵抗油、气、水的长期侵蚀。

2. 提高注水泥顶替效率的措施

窜槽是指在注水泥过程中由于水泥浆不能将环空中的钻井液完全替走而使环形空间局部

出现未被水泥浆封固住的现象。最终是水泥浆里留存有钻井液，在水泥浆凝固后，这部分留下的钻井液使水泥石中留有一通道，造成封闭不良，漏油气水。窜槽是当前引起注水泥质量不高的主要原因。提高注水泥顶替效率，主要有以下措施：

1）加扶正器降低套管在井眼中的偏心程度

套管在井眼中不居中的现象称为套管偏心。在定向井和水平井中，由于套管的自重，管柱将偏向井眼下侧，形成偏心。就是直井，由于实际所钻成的井眼不可能是一个完全垂直的井眼，因此也存在套管偏心的情况。注水泥顶替效率与套管在井眼中的偏心程度密切相关。图 8-15 所示为单一液体在同心环空和偏心环空中的流速分布情况。

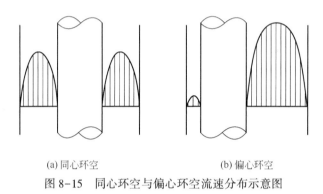

(a) 同心环空   (b) 偏心环空

图 8-15　同心环空与偏心环空流速分布示意图

在水泥浆顶替钻井液的过程中，也会发生类似的情况，水泥浆在宽间隙处顶替钻井液的速度快一些，而在窄间隙处的顶替速度则较慢，导致宽窄间隙水泥浆返高不一致。若套管偏心严重，则可能出现窄间隙的钻井液根本不能被顶走而滞留在原处的窜槽现象。

因此，要尽量降低套管在井眼中的偏心程度。目前所采取的措施是在套管上安装套管扶正器。我国相关标准中给出了套管扶正器安装间距计算的推荐方法。

2）注水泥时活动套管

在注水泥过程中，旋转或上下活动套管是提高顶替效率的有效措施。图 8-16 所示为旋转套管提高顶替效率的示意图。

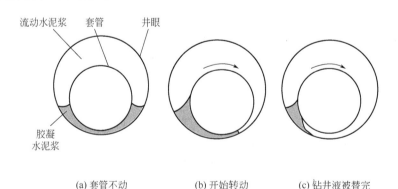

流动水泥浆　套管　井眼

胶凝
水泥浆

(a) 套管不动   (b) 开始转动   (c) 钻井液被替完

图 8-16　旋转套管提高顶替效率示意图

当环空窄间隙处有滞留（或流动较慢）的钻井液时，旋转套管可依靠套管壁拖弋力将钻井液带入进环空的较宽间隙处，从而被流动的水泥浆顶替走。一般认为旋转效果较好；上下活动套管可能在上提套管后发生卡套管从而使套管不能下放到设计放置，给安装井口造成困难。

3）采用紊流或塞流流态注水泥

图8-17为不同流态时液体流速分布情况，图中紊流流态为时均意义上的流速分布。

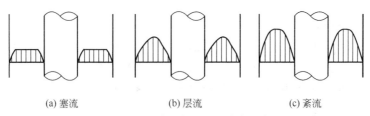

(a) 塞流　　　　　　(b) 层流　　　　　　(c) 紊流

图8-17　不同流态时流速分布示意图

在层流流态，断面流速分布呈尖峰形态；在紊流和塞流流态，断面流速分布相对平缓，因而有利于水泥浆均匀推进顶替钻井液。但是，在偏心环空中，当采用塞流流态时，虽然在本间隙内水泥浆可均匀推进，由于在周向上流速分布不均，可能存在周向上严重推进不均的后果，导致窄间隙顶替效率不高。

紊流顶替不仅断面流速分布比较均匀，最重要的是，紊流顶替液中的紊流旋涡在顶替液与钻井液的交界面上可产生冲蚀、扰动、携带的作用，从而有利于对钻井液的顶替。在偏心环空中，这种冲蚀、扰动、携带作用可逐渐顶替走窄间隙处的钻井液。在偏心环空中，紊流时周向上的流速分布不均的程度也要大大低于层流时的流速分布不均程度（塞流本质上也属于层流），实验中曾测量到可降低27%~76%，因而有利于对窄间隙的顶替。另外，紊流时，单位长度上的摩阻压降大，该摩阻压降对滞留钻井液而言是驱使其流动的动力，因此也有利于顶替。因此，只要井下条件许可（不会压漏地层），人们首选紊流顶替。

4）使用注水泥前置液

由于水泥浆与钻井液的化学成分不同，当用水泥浆直接顶替钻井液时，在二者交界面附近钻井液要与水泥浆混合。一方面，钻井液与水泥浆混合后，可能使水泥浆增稠，导致环空流动摩阻增大，严重时造成井漏，或造成泵送不动而导致不能把水泥浆全部从套管内替出的严重后果。另一方面，钻井液与水泥浆相互混合形成的混合物可能很稠，不容易被随后的水泥浆所顶替，造成混合物窜槽，影响注水泥质量。不管是哪种情况，均称钻井液与水泥浆不相容。

因此，在水泥浆前面通常要注入一段或几段与钻井液及水泥浆均相容的特殊配制的液体，这些液体称为注水泥前置液，简称前置液。

前置液分为两种：冲洗液和隔离液。冲洗液主要起稀释钻井液、冲洗井壁与套管壁的作用（也能隔开钻井液与水泥浆），主要用于紊流注水泥。当与隔离液同时使用时，位于隔离液之前。隔离液的主要作用是隔离钻井液与水泥浆。有两种类型的隔离液，一种是用于塞流注水泥的黏稠型隔离液，一种是用于紊流注水泥的紊流型隔离液。这样，在注水泥过程中，实际顶替钻井液的是前置液。因此，现场上实际使用的常常是前置液紊流或塞流的注水泥顶替技术。

5）注水泥前调整钻井液性能

钻井中钻井液的性能是为了满足钻井作业的需要，但从提高注水泥顶替效率方面来看，有些性能往往是不适宜的。因此，在注水泥前，一般都要对钻井液的性能进行调整。这一点非常重要。调整钻井液性能（密度、流变性）的原则是，在保证井下安全的前提下，尽量降低钻井液的密度、黏度和触变性（静切力）。理论和实验研究均表明，其中降低触变性尤为重要，因触变性太强，钻井液的内部结构力大，非常不利于顶替。

6）增加紊流接触时间

如前所述，紊流顶替最重要的是对钻井液的冲蚀、扰动、携带作用。显然，这种冲蚀、扰动、携带的顶替，需要一定的时间。目前为大部分人接受的观点是需要 10min 的接触时间才能达到有效的顶替。因此要合理设计前置液和水泥浆的用量。

7）调校顶替液与钻井液的密度差

一般要求钻井液、前置液、水泥浆的密度应逐级增大（所谓正密度差），因正密度差将对钻井液产生浮力作用，有利于顶替。但对冲洗液可以例外，因冲洗液所起的主要是稀释钻井液、冲洗井壁与套管壁的作用。

3. 水泥浆的失重与油气水上窜

注水泥刚结束时，水泥浆还是液态，这时环空内液体对地层作用的压力为作用点以上各浆柱的静液压力之和；因为水泥浆密度一般大于钻井液的密度，因此能够起到压住地层的作用。但是，由于一定的原因，水泥浆柱在凝结过程中对其下部或地层所作用的压力将逐渐降低，就好像失掉了一部分重量一样。这种现象称为水泥浆在凝结过程中的失重（简称失重）。当浆柱的压力失重到低于油、气、水层的压力时，地层中的油、气、水就窜入环空内，继而或是发生层间互窜或是沿环空窜至井口。在有高压油、气、水层或层间压差大（如注水开发井网）的井内，流体乱窜的可能性更大。

水泥浆失重的原因很多，目前在水泥浆性能得到大幅度改善之后，水泥浆在凝结过程中的失重主要是水泥浆胶凝悬挂引起的失重，即水泥浆在水化凝结的过程中，在水泥颗粒之间及它们与井壁和套管之间要形成具有一定胶凝强度的空间网架结构；当下部浆柱由于水泥水化体积收缩和失水而发生体积减小时，水泥浆柱要向下移动以弥补下部的体积减小从而向下传递压力，但水泥浆中的网架结构将使水泥浆柱的一部分重量悬挂在井壁和套管上，使压力不能有效向下传递，从而降低了作用在下部地层的有效压力，即导致失重。

目前所采取的预防水泥浆失重及其所导致的油、气、水窜的措施主要有：

（1）注完水泥后及时使套管内卸压，并在环空内加压，弥补水泥浆失重可以防止油、气、水上窜。

（2）使用发气膨胀性水泥，减少体积收缩，延缓或降低水泥浆失重。

（3）采用双凝或多凝注水泥技术，即下部目的层水泥浆凝固时上部水泥浆仍处于液态，仍能保持足够的液柱压力和传压能力，从而压稳地层流体。

四、水泥环质量检测

1. 井温测井

水泥的水化反应是一放热反应，其凝结过程中所放出的热量通过套管传给套管内流体，可使井内温度上升一定数值。而环空中没有水泥的井段，井内温度为正常温度。利用这一特性，可以测定水泥浆在环空中的返高位置（即水泥顶部深度）。图 8-18 为井温测井示意图。

2. 声幅测井

声幅测井（CBL）是使用最广泛的水泥胶结测井方法之一（图8-19），该方法是根据声学原理向地层发射声波或振动信号，再接收并记录信号往返的时间和信号的强度。

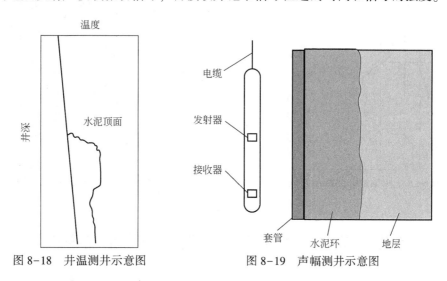

图 8-18　井温测井示意图　　　　图 8-19　声幅测井示意图

因为套管和地层受到声波作用后的往返时间和振幅各不相同，所以，可通过测得的声波振幅和往返时间变化确定套管外水泥固结情况。没有水泥固结的自由套管能够振动并发生强信号；如果水泥将地层和套管固结牢固，则收不到套管振动信号，只能接收到套管处的地层信号。在简单声幅测井曲线中，当水泥与套管固结而未与地层固结时也可收到信号，但由于水泥与地层之间有滤饼干扰，则收到信号就很微弱，所以对水泥与地层固结情况的鉴别就比较困难。

应用声幅测井曲线检测水泥环质量是通过相对幅度进行的（以环空内全为钻井液的自由套管段的声幅值为基准）。

$$相对幅度 = \frac{目的段声幅曲线幅度}{自由套管段声幅曲线幅度} \times 100\%$$

图8-20为某一井段的声幅测井曲线示意图，图中井段 A 的相对声幅在10%~30%之间，该井段为水泥胶结合格井段。井段 B 的相对声幅大于30%，为不合格井段。其余井段的相对声幅值均小于10%，为优质井段。

3. 声波变密度测井

声幅测井测量记录的是套管首波幅度。声波变密度测井（VDL，简称变密度测井）是用接收器将套管波、地层波等声波幅度按到达时间先后全部测量记录，再用一定的方法显示，以评价水泥环质量的测井方法。当进行变密度测井时，同时进行声幅测井（图8-21）。

变密度测井因为能够测量记录地层波，因此能够反映出水泥与地层（俗称第二界面）的胶结情况。将变密度测井结果与声幅测井结果对比分析，可以更全面地评价水泥环质量。

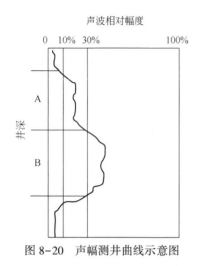

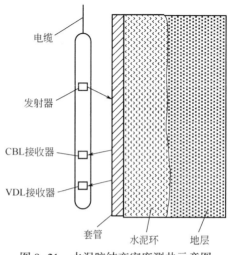

图 8-20 声幅测井曲线示意图   图 8-21 水泥胶结变密度测井示意图

课程思政 深海浩劫——墨西哥湾漏油事件

离岸 40 英里外，广阔的墨西哥湾洋面上矗立着世界顶尖的海上钻井平台——"深水地平线"。2010 年 4 月 20 日，平台副经理麦克·威廉姆斯带领自己的团队即将完成一次破纪录深度的钻井作业时，不料突发井压不稳和压冲导致紧急安全系统失灵，随即引发连环爆炸，深海原油冲破井盖喷涌而出，形成数十米高的油柱，冲天大火随之而来。数百万吨原油倾泻而出，整个钻井平台及附近的海平面都被遮天浓烟和熊熊大火包围，俨然是一副人间炼狱的惨状。126 名钻井工人被困其中，最终导致 7 人重伤、11 人失踪。漏油造成了巨大的环境灾难，是美国历史上最严重的一次漏油事故，对美国的经济、生态环境等造成了严重损失。

在这场史无前例的灾难背后，其实不难发现事故原因是由一连串的失误累计造成的。首先，"深水地平线"钻井平台爆炸沉海前数小时不断出现油管泄漏等异常状况，但未查明异常状况的起因并拟定措施进行解决；其次，员工玩忽职守，为了省下十几万美元没有做水泥浆性能测试，导致固井质量不佳；接着，公司代表为了减少生产成本一意孤行，他认为非核心仪器发生故障没什么，不影响正常生产，将所有人的生命置于危险之中，安全意识极度匮乏；此外，公司从未做出风险预估方案，未明确一旦在深海发生漏油事故应该采用什么技术对油污进行控制。

通过这次事故可以看出，管理者和操作人员在工作上任何漫不经心和不负责任的行为都可能会造成巨大的人员伤亡、经济损失和环境灾难。为了防止此类悲剧的重演，在未来的工作中应切实履行自己的工作职责，实事求是，时刻将安全意识牢记于心。

习 题

1. 简述套管的种类及其功用。
2. 井身结构设计的原则是什么？

3. 套管柱设计包括哪些内容？设计原则是什么？

4. 套管柱在井下可能受到哪些力的作用？主要有哪几种力？

5. 何谓前置液体系？有何作用？

6. 套管柱下部结构包括哪些部件？各有何作用？

7. 水泥浆（石）的性能指标有哪些？其含义和单位是什么？

8. 固井对水泥浆（石）的性能有什么要求？对各性能可通过什么途径进行调节？

9. 顶替效率的含义是什么？怎样表示？

10. 提高注水泥顶替效率的措施有哪些？原理是什么？

11. 什么是失重？造成失重的原因是什么？

12. 注水泥的质量要求是怎样的？

第九章　完　井

完井，顾名思义，指的是油气井的完成（well completion），即根据油气层的地质特性和开发开采的技术要求，在井底建立油气层与油气井井筒之间的合理连通渠道或连通方式。生产层的地质条件各不相同：有的坚硬；有的易坍塌；有的有砂；有的有底水……针对这些条件，在井底建立的油气层与油气井井筒之间的不同连通渠道，也就构成了不同的完井方法。只有根据油气藏类型和油气层的特性并考虑开发开采的技术要求去选择最合适的完井方法，才能有效地开发油气田、延长油气井寿命、提高采收率、提高油气田开发的总体经济效益。

第一节　完井井底结构

在完井过程中，选择完井的井底结构是最重要的一步。完井的井底结构一旦实现，基本上是不可更改的。完井的井底结构对井的钻进有极大的影响，对井的生产方式、井的产量、井的修复和增产有制约作用。在决定完井的井底结构时，储层岩石性质、采油工艺条件是首先考虑的两个因素。

选择完井井底结构要考虑的诸因素有：储集层类型、地层岩性、储集层含油气情况、油气分布情况、完井层段的岩石稳定程度、生产层附近有无高压层和复杂层、储层有无底水或气顶、生产层的孔隙度和渗透率、采油生产的工艺要求等。例如，对于均质硬地层可采用裸眼完井，而非均质硬地层则采用射孔完井；对非稳定地层采用非固井式筛管完井；产层胶结性差，存在出砂问题时，则应采用防砂筛管完井；要进行压裂、酸化的井应下套管固井。基本的完井井底结构见图9-1。井底结构大体可分为四大类：

第一类是封闭式井底，即钻达目的层，下油层套管或尾管后固井封堵产层，然后射孔打开产层，使产层与井眼相连，见图9-1中的（a）、（b）。

第二类是敞开式井底，即钻开产层后不封闭井底，产层岩石裸露，直接与井眼连通；或是在产层段下带孔眼的各种筛管支撑地层，但不用水泥固井，见图9-1中的（c）、（d）、（e）。

第三类是混合式井底，即产层下部是不封闭的裸眼，直接与井眼连通，上部下套管封闭后射孔与井眼连通。见图9-1中的（f）、（g）。

第四类是防砂完井，主要是针对弱的砂岩层的完井。产层可封闭或不封闭，但均应下筛管，再用砾石充填在筛管或其他生产管柱与产层之间，用于防砂，见图9-1中的（h）、（i）、（j）、（k）。

在这四大类中，又可细分为11种常见的完井方法。

（1）单管射孔完井，是典型的封闭式井底结构，见图9-1（a）。在钻出的井眼中只下一根套管固井。除单管射孔完井之外还有多管射孔及封隔器射孔完井等。

（2）先期裸眼完井，是典型的敞开式井底结构，见图9-1（c）。除此之外还有后期裸眼完井。

（3）贯眼完井，是敞开式井底的一种，是在裸眼段下筛管的完井方法，见图 9-1(d)。

（4）衬管完井，也是敞开式井底的一种，是在裸眼段下衬管的完井方法，见图 9-1(e)。

（5）半闭式裸眼完井，即产层的下部是裸眼直接与井眼连通，上部下入套管，固井并射孔的完井方法，见图 9-1(f)。这是混合式井底结构。

（6）半闭式衬管完井法，即产层的下部裸眼中下入衬管，上部下入套管并射孔的完井方法，见图 9-1(g)。这也是半封闭式井底的一种。

（7）管内砾石充填防砂完井，即砂岩层射孔后在井中下入各种防砂筛管，并在套管和筛管的环形空间充填砾石的完井的方法，见图 9-1(b)。这是封闭式井底的一种，也是防砂完井井底结构的一种，属于二次完井。

（8）裸眼砾石充填完井，见图 9-1(h)，是防砂完井的一种。这是在裸露的砂岩层中下筛管，在环形空间用砾石充填的完井方法。

（9）渗透性人工井壁射孔完井法，即用渗透性良好的可凝材料注入套管和砂岩层之间，再用小功率射孔弹射开套管但不破坏注入的渗透层完井的方法，见图 9-1(i)。这是防砂完井的一种。

（10）渗透性人工井壁衬管完井法，即在砂岩层下衬管，并在衬管与岩层之间注入可凝性渗透性材料完井的方法，见图 9-1(j)。

（11）渗透性人工井壁裸眼完井法，即在裸眼井段注入可凝性渗透性材料形成渗透性人工井壁的完井方法，见图 9-1(k)。

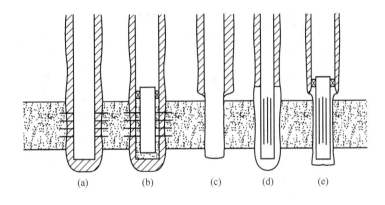

(a)　　(b)　　(c)　　(d)　　(e)

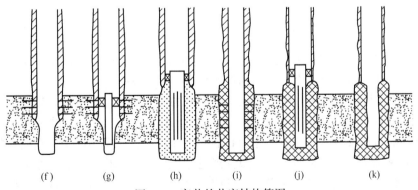

(f)　　(g)　　(h)　　(i)　　(j)　　(k)

图 9-1　完井的井底结构简图

第二节　完井方法

一、射孔完井

射孔完井是国内外使用最为广泛的一种完井方法，在直井、定向井、水平井中都可采用。射孔完井包括套管射孔完井和尾管射孔完井。

套管射孔完井是用同一尺寸的钻头钻穿油层直至设计井深，然后下油层套管至油层底部并注水泥固井，最后射孔。射孔弹射穿油层套管、水泥环并穿透油层一定深度，从而建立起油气流的通道。图 9-2 为直井套管射孔完井示意图。射孔完井动画见视频 9-1。

视频 9-1
射孔完井

尾管射孔完井是在钻头钻至油层顶界后，下技术套管注水泥固井，然后用小一级的钻头钻穿油层至设计井深，用钻具将尾管送下并悬挂在技术套管上。尾管和技术套管的重合段一般不小于 50m。再对尾管注水泥固井，然后射孔。图 9-3 为直井尾管射孔完井示意图。

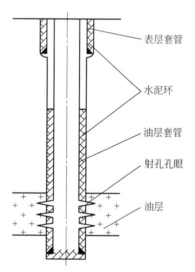

图 9-2　直井套管射孔完井示意图

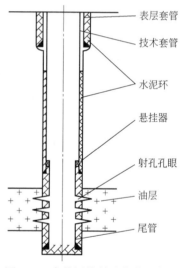

图 9-3　直井尾管射孔完井示意图

对于水平井，一般是技术套管下过直井段注水泥固井后，在水平井段内下入完井尾管、注水泥固井。完井尾管和技术套管宜重合 100m 左右。最后，在水平井段射孔。这种完井方法可将层段分隔开，因此可以进行分层的增产作业，见图 9-4。

射孔弹使用子弹和聚能射孔弹。目前，多用威力更大的聚能射孔弹。聚能射孔弹的成形药柱爆炸后，产生出高温（2000~5000℃）、高压（几千至几万 MPa）的冲击波，使凹槽内的紫铜金属罩受到来自四面八方向药柱轴心的挤压作用。在高温高压下，金属罩的部分质量变为速度达 1000m/s 的微粒金属流。这股高速的金属流遇到障碍物时，产生约 $3×10^4$ MPa 的压力，击穿套管、水泥环及油气层岩石，形成一个孔眼。因此，射孔过程一方面是为油气流建立若干沟通油气层和井筒的流动通道，另一方面又对油气层造成一定的损害。

在射孔完井的油气井中，射孔孔眼是沟通产层和井筒的唯一通道。如果采用恰当的射孔

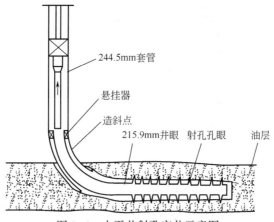

图 9-4　水平井射孔完井示意图

工艺和正确的射孔设计，就可以获得较为理想的产能。多年来，人们对射孔工艺、射孔枪弹与仪器、射孔损害机理及评价方法、射孔优化设计、射孔负压、射孔液等进行了大量的理论、实验和矿场试验研究，使射孔技术取得了迅速的发展。人们已经认识到，射孔是完井工程的一个关键性环节。为此，采用先进的理论和方法，针对储层性质和工程实际情况，优选射孔工艺和优化射孔设计，是搞好射孔完井必不可少的基本条件。

二、裸眼完井

裸眼完井就是井眼完全裸露，井内不下任何管柱。裸眼完井有两种完井工序：一是钻头钻至油层顶界附近后，下技术套管注水泥固井。水泥浆上返至预定的设计高度后，再从技术套管中下入直径较小的钻头，钻穿水泥塞，钻开油层至设计井深完井。此为先期裸眼完井，见图 9-5。另一种工序是不更换钻头，直接钻穿油层至设计井深，然后下技术套管至油层顶界附近，注水泥固井。此为后期裸眼完井，见图 9-6。水平井裸眼完井见图 9-7。裸眼完井在直井、定向井、水平井中都可采用。

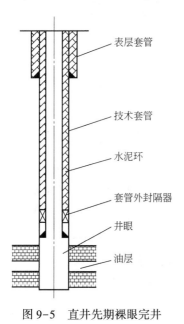

图 9-5　直井先期裸眼完井

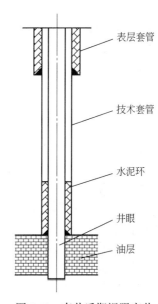

图 9-6　直井后期裸眼完井

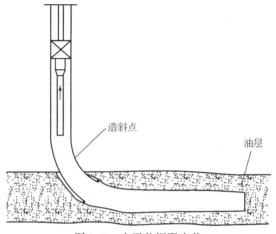

图 9-7　水平井裸眼完井

三、割缝衬管完井

割缝衬管完井是在裸眼完井的基础上，在裸眼井内下入割缝衬，在直井、定向井、水平井中都可采用。与裸眼完井相对应，割缝衬管完井方法也有两种完井工序。第一种是钻头钻至油层顶界后，先下技术套管注水泥固井，再从技术套管中下入直径小一级的钻头钻穿油层至设计井深。最后在油层部位下入预先割缝的衬管，依靠衬管顶部的衬管悬挂器（卡瓦封隔器），将衬管悬挂在技术套管上，并密封衬管和套管之间的环形空间，使油气通过衬管的割缝流入井筒，如图 9-8 所示。第二种是用同一尺寸钻头钻穿油层后，套管柱下端连接衬管下入油层部位，通过管外封隔器和注水泥接头固井封隔油层顶界以上的环形空间，如图 9-9 所示。

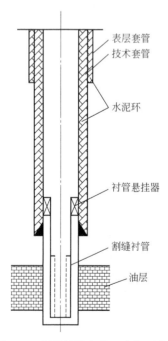

图 9-8　割缝衬管完井（先期固井）

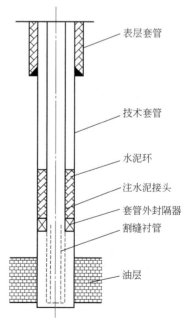

图 9-9　割缝衬管完井（后期固井）

割缝衬管就是在衬管壁上沿着轴线的平行方向或垂直方向割成多条缝眼，如图9-10所示。缝眼的功能是：一方面允许一定数量和大小的能被原油携带至地面的"细砂"通过，另一方面能把较大颗粒的砂子阻挡在衬管外面。这样，大砂粒就在衬管外形成"砂桥"或"砂拱"，如图9-11所示。砂桥中没有小砂粒，因为生产时此处流速很高，把小砂粒都带入井内了。砂桥的这种自然分选，使它具有良好的通过能力，同时起到保护井壁的作用。

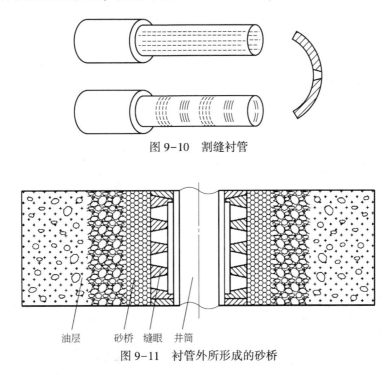

图9-10　割缝衬管

油层　　砂桥　缝眼　井筒

图9-11　衬管外所形成的砂桥

四、砾石充填完井

对于胶结疏松出砂严重的地层，一般应采用砾石充填完井方法。它是先将绕丝筛管下入井内油层部位，然后用充填液将在地面上预先选好的砾石（砾石可以是石英砂、玻璃珠、树脂涂层砂或陶粒）泵送至绕丝筛管与井眼或绕丝筛管与套管之间的环形空间内，构成一个砾石充填层，以阻挡油层砂流入井筒，达到保护井壁、防砂入井之目的。砾石充填完井一般都使用不锈钢绕丝筛管而不用割缝衬管。其原因有：

（1）割缝衬管的缝口宽度由于受加工割刀强度的限制，最小为0.25～0.5mm。因此，割缝衬管只适用于中、粗砂粒油层。而绕丝筛管的缝隙宽度最小可达0.12mm，故其适用范围要大得多。

（2）绕丝筛管是由绕丝形成一种连续缝隙，它的流通面积要比割缝衬管大得多，流体通过筛管时几乎没有压力降。

（3）绕丝筛管以不锈钢丝为原料，其耐腐蚀性强，使用寿命长，综合经济效益高。

砾石充填完井在直井、定向井中都可使用。但在水平井中应慎重，因为搞不好易发生砂卡，从而使砾石充填失败，达不到有效防砂的目的。为了适应不同油层特性的需要，裸眼完井和射孔完井都可以充填砾石，分别称为裸眼砾石充填和套管砾石充填。

在地质条件允许使用裸眼，而又需要防砂时，就应该采用裸眼砾石充填完井方法。其工序是：钻头钻达油层顶界以上约3m后，下技术套管注水泥固井。再用小一级的钻头钻穿水泥塞，钻开油层至设计井深。然后更换扩张式钻头将油层部位的井径扩大到技术套管外径的1.5至2倍，以确保充填砾石时有较大的环形空间，增加防砂层的厚度，提高防砂效果，见图9-12。一般要求砾石层的厚度不小于50mm。

套管砾石充填的完井工序是：钻头钻穿油层至设计井深后，下油层套管于油层底部，注水泥固井，然后对油层部位射孔。要求采用高孔密（30孔/m左右），大孔径（20mm左右）射孔，以增大充填流通面积，有时还将套管外的油层砂冲掉，以便于向孔眼外的周围油层填入砾石，避免砾石和地层砂混合增大渗流阻力。由于高密度充填（高黏充填液）紧实，充填效率高，防砂效果好，有效期长，故当前大多采用高密度充填。套管砾石充填完井见图9-13。

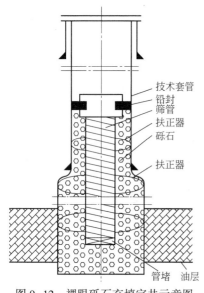

图9-12 裸眼砾石充填完井示意图

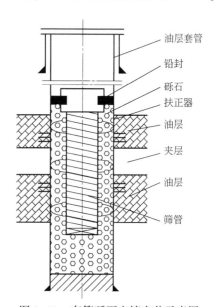

图9-13 套管砾石充填完井示意图

五、其他防砂完井方法

1. 预充填砾石绕丝筛管完井

预充填砾石绕丝筛管是在地面预先将符合油层特性要求的砾石填入具有内外双层绕丝筛管的环形空间而形成的防砂管。将此种筛管下入裸眼井内或射孔套管内，对准出砂层位进行防砂。该种防砂方法其油井产能略低于井下砾石充填，但工艺简便、成本低，国内外均经常采用。该完井方法在直井、定向井、水平井中都可使用。预充填砾石绕丝筛管结构见图9-14。

预充填砾石粒径的选择，双层绕丝筛管缝隙的选择等，皆与井下砾石充填完井相同。外筛管外径与套管内径的差值应尽量小，一般10mm左右为宜，以增加预充填砾石层的厚度，从而提高防砂效果。预充填砾石层的厚度应保证在25mm左右。内筛管的内径应大于中心管外径2mm以上，以便能顺利组装在中心管上。

2. 陶瓷防砂滤管完井

陶瓷防砂滤管采用陶粒作为过滤材料，陶粒的粒径要与油层砂相匹配。陶粒与无机胶结剂按比例配制，经高温烧结成为圆筒形，装在钢管保护套内与防砂管相接，下入井内进行防砂。陶瓷防砂滤管的结构如图9-15所示。陶瓷防砂滤管具有较高的抗折、抗压性能，能耐土酸、盐酸、高矿化度水的腐蚀，已被推广使用。

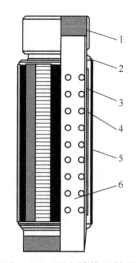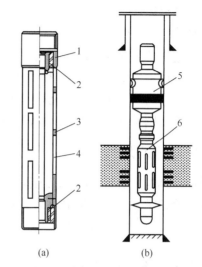

图9-14　预充填绕丝筛管

1—接箍；2—压盖；3—内绕丝筛管；4—砾石；

5—外绕丝筛管；6—中心管

图9-15　陶瓷防砂滤管结构示意图

1—接箍；2—密封圈；3—外管；4—陶瓷管；

5—水力锚；6—陶瓷滤管

3. 金属纤维防砂筛管完井

不锈钢纤维是主要的防砂原件，由断丝、混丝经滚压、梳分、定形而成。它的防砂原理是：大量纤维堆集在一起时，纤维之间就会形成若干缝隙，利用这些缝隙阻挡地层砂粒通过，其缝隙的大小与纤维的堆集紧密程度有关。通过控制金属纤维缝隙的大小（控制纤维的压紧程度）达到适应不同油层粒径的防砂要求。此外，由于金属纤维富有弹性，在一定的驱动力下，小砂粒可以通过缝隙，避免金属纤维被填死。砂粒通过后，纤维又可恢复原状而达到自洁的作用。金属纤维防砂筛管结构见图9-16。

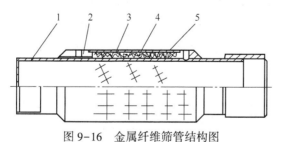

图9-16　金属纤维筛管结构图

1—基管；2—堵头；3—保护管；4—金属纤维；5—金属网

4. 化学固砂完井

化学固砂是以各种材料（水泥浆、酚醛树脂等）为胶结剂，以各种硬质颗粒（石英砂、核桃壳等）为支撑剂，按一定比例拌和均匀后，挤入套管外堆集于出砂层位。凝固后形成具有一定强度和渗透性的人工井壁防止油层出砂。或者不加支撑剂，直接将胶结剂挤入套管外出砂层位，将疏松砂岩胶结牢固防止油层出砂。化学固砂虽然是一种防砂方法，但其在使用上有其局限性，仅适用于单层及薄层，防砂油层一般以 5m 左右为宜，不宜用在大厚层或长井段防砂。化学固砂完井主要在直井中使用。

5. 压裂砾石充填完井

在砾石充填工艺上的突破主要是将砾石充填与水力压裂结合起来，称为压裂砾石充填技术，包括清水压裂充填、端部脱砂压裂充填、胶液压裂充填等三种。其原理就是在射孔井上砾石充填之前，利用水力压裂在地层中造出短裂缝，然后在裂缝中填满砾石，最后在筛管与套管环空充填砾石。同样，压裂砾石充填完井在直井、定向井中都可使用。但在水平井中应慎重，因为处理不好则易发生砂卡，从而使砾石充填失败，达不到有效防砂的目的。

六、完井方法的选择

完井方法的选择是一项复杂的系统工程，需要综合考虑的因素很多，这些因素主要有生产过程中井眼是否稳定、生产过程中地层是否出砂、地质和油藏工程特性、完井产能大小、钻井完井的经济效益、采油工程要求等。一般来说合理的完井方法应该力求满足以下几点要求：

（1）油气层和井筒之间应保持最佳的连通条件，油气层所受的损害最小；

（2）油气层和井筒之间应具有尽可能大的渗流面积，油气入井的阻力最小；

（3）应能有效地封隔油气水层，防止气窜或水窜，防止层间的相互干扰；

（4）应能有效地控制油层出砂，防止井壁垮塌，确保油井长期生产；

（5）应具备进行分层注水、注气、分层压裂、酸化等措施，以及便于人工举升和井下作业等条件；

（6）如为稠油油田，则稠油开采能达到热采（主要蒸汽吞吐和蒸汽驱）的要求；

（7）油田开发后期具备侧钻定向井及水平井的条件；

（8）施工工艺尽可能简便，成本尽可能低。

如上节所述，目前国内外最常见的完井方法有套管（或尾管）射孔完井、割缝衬管完井、裸眼完井、砾石充填完井（包括裸眼井下砾石充填完井或管内井下砾石充填完井），各种完井方法都有其各自适用的条件和局限性。因此，需要了解各种完井方法的特点及适用的地质条件，选择合适的完井方法。以上几种主要完井方法适用的地质条件见表9-1。

表9-1　几种主要完井方法适用的地质条件（垂直井）

完井方法	适用的地质条件
套管射孔完井	（1）砂岩储层、碳酸盐岩裂缝性储层。 （2）有气顶、底水、含水夹层、易塌夹层等复杂地质条件，要求实施分隔层段的储层。 （3）各分层之间存在压力、岩性等差异，要求实施分层处理的储层。 （4）要求实施大规模水力压裂作业的低渗透储层
裸眼完井	（1）岩性坚硬致密，井壁稳定的碳酸盐岩或砂岩储层。 （2）无气顶、无底水、无含水夹层及易塌夹层的储层。 （3）单一厚储层，或压力、岩性基本一致的多储层。 （4）不准备实施分隔层段，选择性处理的储层
割缝衬管完井	（1）岩性较为疏松的中、粗砂粒储层。 （2）无气顶、无底水、无含水夹层及易塌夹层的储层。 （3）单一厚储层，或压力、岩性基本一致的多储层。 （4）不准备实施分隔层段，选择性处理的储层

完井方法	适用的地质条件
裸眼砾石充填完井	(1) 岩性疏松出砂严重的中、粗、细砂粒储层。 (2) 无气顶、无底水、无含水夹层的储层。 (3) 单一厚储层，或压力、物性基本一致的多储层。 (4) 不准备实施分隔层段，选择性处理的储层
套管砾石充填完井	(1) 岩性疏松出砂严重的中、粗、细砂粒储层。 (2) 有气顶、底水、含水夹层、易塌夹层等复杂地质条件，要求实施分隔层段的储层。 (3) 各分层之间存在压力、岩性差异，因而要求实施选择性处理的储层

第三节 完井管柱及井口装置

一口井从上往下是由井口装置、完井管柱和井底结构三部分组成。井口装置的作用是悬挂井下油管柱、套管柱，密封油管、套管和两层套管之间的环形空间以控制油气井生产，回注（注蒸汽、注气、注水、酸化、压裂和注化学剂等）和安全生产的关键设备。而完井管柱则包括油管、套管和按一定功用组合而成的井下工具。井底结构则是连接在完井管柱最下端的与完井方法相匹配的工具和管柱的有机组合体。

下入完井管柱使生产井或注入井开始正常生产是完井的最后一个环节。井的类型（采油井、采气井、注水井、注蒸汽井、注气井）不一样，完井管柱也不一样。即使都为采油井，采油方式不同，完井管柱也不同。目前的采油方式主要有自喷采油（视频9-2）和人工举升（有杆泵、水力活塞泵、电动潜油泵、气举）采油。下面介绍几种典型的完井管柱。

视频 9-2
自喷井

一、油井完井管柱

1. 自喷井完井管柱

投产后油井能保持自喷生产，对这类井的生产管柱要按自喷井生产管柱的技术要求进行设计。合理的自喷生产管柱设计的技术关键是根据油层能量大小考虑采油工程的要求，先确定不同采油方式下的合理油管尺寸。自喷井生产管柱主要有两种，一种是全井合采管柱，一种是分层开采管柱。

全井合采管柱结构简单，如图 9-17 所示。就是一根光油管下接喇叭口，下至油层中部。它适用于单层系的油井或层数不多、层间差异不大的油井。

分层开采管柱结构较复杂，主要由封隔器、配产器和其他配套的井下工具组成。它主要用于层间差异大的自喷井，利用配产器解决层间的干扰和矛盾，充分发挥各层段的潜力，提高采油速度，如图 9-18 所示。

2. 有杆泵井完井管柱

油层无自喷能力，但又有一定深度的动液面，原油黏度适中，就应该首先选择有杆泵抽油系统投产。有杆泵生产管柱主要由泵、杆、管和其他井下工具构成，标准管柱如图 9-19 所示。工作时，动力（电动机）设备带动抽油机驴头做低速往复运动，通过抽油杆带动井下深井泵作。上下往复运动，将油抽到地面。抽油泵的工作原理及抽油机杆、泵组合运行见视频 9-3 及视频 9-4。

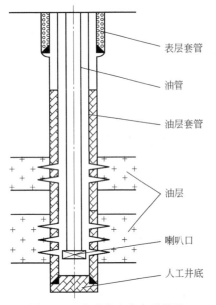

图 9-17　自喷井全井合采管柱

表层套管

油管

油层套管

油层

喇叭口

人工井底

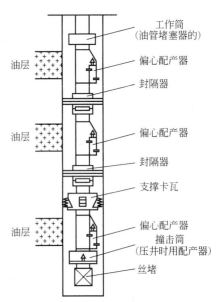

图 9-18　单管分层开采管柱

油层

油层

油层

工作筒
（油管堵塞器的）

偏心配产器

封隔器

偏心配产器

封隔器

支撑卡瓦

偏心配产器
撞击筒
（压井时用配产器）

丝堵

视频 9-3
抽油泵工作原理

视频 9-4
抽油机杆、泵组合运行

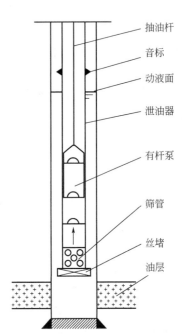

抽油杆

音标

动液面

泄油器

有杆泵

筛管

丝堵

油层

图 9-19　有杆泵井标准完井管柱示意图

深井泵的选择一定要建立在油层采油指数准确的测算上，并根据油层的产液量及其他因素确定。首先依据泵的理论排量确定深井泵的类型和主要的工作参数，根据动液面的深度及合理的沉没度确定泵挂深度，接着就可以进行抽油杆柱的设计计算。

3. 电动潜油泵井完井管柱

电动潜油泵采油系统主要由井下机组、地面设备和电缆三大部分构成。井下机组包括电动潜油泵、油气分离器、潜油电机和保护器；地面设备包括变压器和控制屏。电动潜油泵采油系统属于离心泵采油的机械采油系统，由于离心泵本身的工作特性决定了它属于中高扬程范围，适用于中、高产量的油井，原油的性质是低、中黏度，低、中气油比。

电动潜油泵采油系统的井下管柱包括电动潜油泵机组、封隔器及其他配套的井下工具。电动潜油泵的下入位置应在射孔井段顶部以上，在液流进入电动潜油泵之前，从电动机周围流过，能较好地冷却电动机，保护电动机不因温升破坏绝缘材料而烧毁。

视频 9-5
电动潜油泵工作原理

电动潜油泵井下管柱的不同结构及功能如图 9-20 所示。电动潜油泵还可下入"Y"管柱结构进行测试。电动潜油泵的工作原理见视频 9-5。

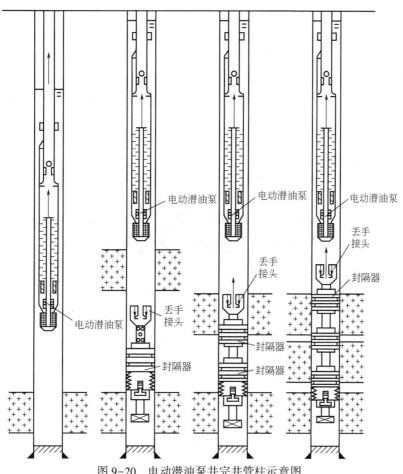

图 9-20　电动潜油泵井完井管柱示意图

二、气井完井管柱

现在我国的天然气井生产管柱已发展成为能射孔，能重复酸化、排液、测试、动态测井和完井生产一次下入的完井管柱，同时也是生产管柱。天然气中往往含有 H_2S 和 CO_2 等腐蚀性气体，因此必须采用抗腐蚀管柱，并在气层以上下入抗 H_2S 材料的封隔器密封油套管的环形空间，在油套管环形空间中注入缓蚀剂，如图 9-21 所示。

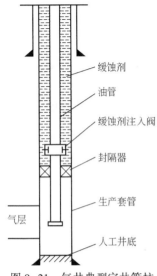

图9-21　气井典型完井管柱

（图中标注，从上至下）缓蚀剂　油管　缓蚀剂注入阀　封隔器　生产套管　人工井底　气层

三、常见的井下完井工具

1. 封隔器

封隔器，是指连接于井下管柱上，用于封隔油管与套管或裸眼井壁环形空间的工具，它的主要作用是将油层分隔开，再配合其他井下工具，实现分层采油、分层注水、分层测试、分层研究、分层管理、分层改造等。封隔器的密封由弹性密封元件来实现，弹性密封元件在所施加力的作用下从油管外膨胀至套管壁。当封隔器坐封时，此密封防止了环空压力和流体跨封隔器的连通，图9-22为封隔器实物图。

按照封隔件的密封方式，可将封隔器分为：

（1）扩张式：靠径向力作用于封隔件内腔使其外径扩大而实现密封的封隔器；

（2）压缩式：靠轴向力压缩封隔件使其外径变大而实现密封的封隔器；

（3）自封式：靠封隔件外径与内管壁的过盈和工作压差而实现密封的封隔器；

（4）楔入式：靠楔入件楔入封隔件使封隔器直径变大而实现密封的封隔器；

（5）自膨胀式：靠介质作用使封隔件的体积发生膨胀变形而实现密封的封隔器。

图9-22　封隔器示意图

2. 配产器

配产器是与封隔器配合来进行分层配产和不压井起下作业的井下工具。它由工作筒和活动芯子（堵塞器）两部分组成。

工作筒分别由上、下接头与油管连接，活动芯子可以从井口投入工作筒内，也可以用打捞头捞出来。井下油嘴装在活动芯上（按产量大小选用不同尺寸的油嘴），工作筒有两个孔道，一个是上下通道，使下层原油通过；另一个是进油侧孔，使该层原油流入，经油嘴流到活动芯子上部，与下部原油汇集，再经过油管流到地面。

偏心配产器与配产器的组成及工作原理基本相同，只是堵塞器不占据中心位置而坐入工作筒中心线一侧的偏孔内（图9-23）。

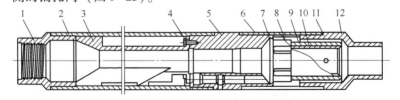

图9-23　偏心配产器工作原理图

1—上接头；2—上连接套；3—扶正体；4—螺钉；5—工作筒主体；6—下连接套；
7—螺钉；8—支架；9—导向体；10—螺钉；11—O形胶圈；12—下接头

3. 井下安全阀

井下安全阀（subsurface safety valve，SSSV）是连接在油管柱一定位置上的安全装置，在出现异常情况时能够实现有关内流体阻断，防止生产设施的破坏和保护人员安全。井下安全阀的打开和关闭可在地面由液压管线供给的压力控制，或直接由井下条件控制，如图9-24所示。

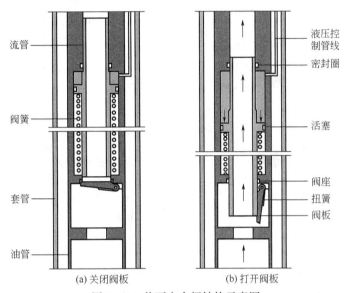

(a) 关闭阀板　　　　　　　(b) 打开阀板

图9-24　井下安全阀结构示意图

地面控制的井下安全阀，其控制类型有控制管线式和同心管控制式。控制管线式是用单独的控制管线，将控制信号传递给井下安全阀。同心管控制式，是利用一个同心管装置传送控制信号给井下安全阀。其作用原理是将地面压力信号作用于井下安全阀的控制活塞上，实现安全阀的开启。在失去液压作用时，活塞在弹簧反方向作用下，使井下安全阀关闭。

井下控制的井下安全阀直接由井内压力操纵，安全阀的工作不用液压机构控制。安全阀安装在井内是常开的，在超出正常生产状态时停止生产。这种阀不能在地面控制，如果失灵地面无法控制。所以目前更多地选择使用地面控制的井下安全阀。

4. 抽油泵

抽油泵是有杆抽油系统的井下关键设备，安装在油管柱的下部沉没在井液中，通过抽油机、抽油杆传递动力抽汲井内的液体。它所抽汲的液体中常会含有蜡、砂、气、水及腐蚀性物质，可在数百米以上的井下工作，泵内压力会高达20MPa以上。为了使抽油泵能适应井下复杂的工作环境和恶劣的条件，对抽油泵的基本要求是：结构简单、强度高；工作可靠，使用寿命长；便于起下而且规格类型能满足不同油田的采油工艺需要。

抽油泵主要由泵筒、柱塞、固定阀和游动阀四部分组成。泵筒即为缸套，其内装有带游动阀的柱塞。柱塞与泵筒形成密封，用于从泵筒内排除液体。固定阀为泵的吸入阀，一般为球座型单流阀，抽油过程中该阀位置固定。游动阀为泵的排除阀，它随柱塞运动。

柱塞上下运动一次称一个冲程，也称一个抽汲周期，其间完成泵进液和排液过程，如图9-25所示。

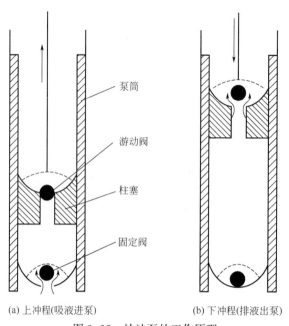

(a) 上冲程(吸液进泵)　　　　　　　(b) 下冲程(排液出泵)

图 9-25　　抽油泵的工作原理

1) 上冲程

在理想情况下，抽油杆向上拉动柱塞，如图 9-25(a) 所示。柱塞上的游动阀受油管内液柱压力一开始就关闭。此时，泵内（柱塞下面）容积增大，压力降低。固定阀在油套环空液柱压力（沉没压力）与泵内压力之差的作用下被打开，原油被吸入泵内。与此同时，如果油管内已逐渐被液体所充满，柱塞上面的一段液体将沿油管排到地面。所以，上冲程是泵内吸入液体、井口排出液体的过程。造成吸液进泵的条件是泵内压力（吸入压力）低于沉没压力。

2) 下冲程

抽油杆柱向下推动柱塞，如图 9-25(b) 所示。固定阀一开始就关闭，柱塞挤压固定阀和游动阀之间的液体，使泵内压力增高。当泵内压力增加到大于柱塞以上液体压力时，游动阀被顶开，柱塞下面的液体通过游动阀进入柱塞上面，使泵排除液体。由于有相当于冲程长度的一段光杆从井外进入油管，井口将排挤出相当于这段光杆体积的液体。所以，下冲程是泵向油管内排液的过程，造成泵排除液体的条件是泵内压力高于柱塞以上的液柱压力。

5. 电动潜油泵

电动潜油泵又称电动潜油离心泵，一般指整套装置，又称潜油电泵机组。电动潜油泵整套装置分为井下、地面和电力传送 3 个部分。其井下部分主要由潜油泵、潜油电动机、油气分离器和保护器组成；地面部分主要有变压器、控制柜和井口；电力传送部分有电缆等。电动潜油泵整套机组如图 9-26 所示。

1) 结构特点

电动潜油泵采用多级离心泵，一般简称电泵。电动潜油泵由多级叶轮组成，为多级串联离心泵，由固定部分和转动部分组成。固定部分主要由壳体、泵头（上部接头）、泵座（下

— 168 —

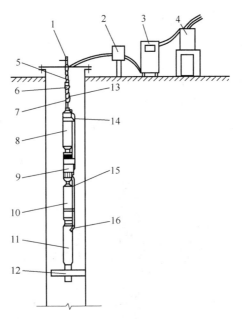

图 9-26 电动潜油泵机组示意图

1—井口；2—接线盒；3—控制柜；4—变压器；5—油管；6—泄油器；
7—单流阀；8—多级离心泵；9—油气分离器；10—保护器；11—潜油电动机；
12—扶正器；13—电缆；14—电缆卡子；15—电缆护罩；16—电缆头

部接头）、导轮和扶正轴承等组成；转动部分主要由轴、键、叶轮、垫片、轴套和限位卡簧等组成。相邻两节泵的泵壳用法兰连接，轴用花键套连接。

电动潜油泵有以下特点：

（1）外形细长，直径小，长度大，叶轮和导轮级数多；

（2）垂直悬挂运转，轴向卸载，径向扶正。

2）工作原理

电机带动电泵轴上的叶轮高速旋转，叶轮内液体的每一质点受离心力作用，从叶轮中心沿叶片间的流道甩向叶轮四周，压力和速度同时增加，经过导轮流道被引向上一级叶轮，这样逐级流经所有的叶轮和导轮，使液体压能逐次增加，最后获得一定的扬程，将井内液体输送到地面。

3）保护器

保护器是用来补偿电机内润滑油的损失，平衡电机内外压力，防止井内液体进入电机，并承受泵的轴向负荷。

4）适用条件

（1）电动潜油泵的沉没度要求大于 300m。

（2）一般油井含砂量小于 0.05%。若含砂量大，则须采取相应的防砂措施。

（3）一般油井原油黏度小于 400mPa·s（50℃脱气不含水原油）。

（4）一般油井原油含蜡量小于 25%。

5）注意事项

① 一般油井井斜不超过 3°/30m。若采用斜井机组，则井斜不超过 8°/30m；

② 电泵油井管柱不能承受拉力或压力。

四、完井井口装置

在油气井的测试和生产中必须有一套可靠的井口装置，以便能有控制、有计划地进行井内的作业和生产。完井井口装置是在地面用以悬吊、安放井下管柱和井口控制闸门等部件的，它包括套管头、油管头和采油树三大部件，如图9-27所示。

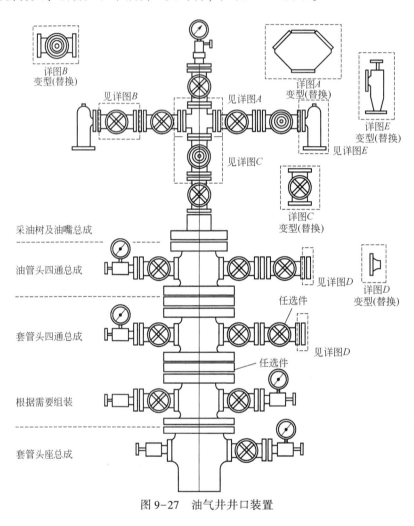

图9-27　油气井井口装置

<h1 style="text-align:center">第四节　油气井投产</h1>

一、投产前准备

油气井完井后，即可进入投产环节。在投产前需要进行必要的措施使其达到预期的生产能力。为此，要做好以下准备工作。

1. 通井

通井的目的是用通径规来检验井筒是否畅通无阻。通井工序不仅在投产作业中应用，而且对以后的生产中重要的管柱工具在下井前及大修过程中也是一项重要的工序。通井用的主要工具为通径规、铅模等。

通径规是检查套管、油管内通径的简单且常用的工具，用它可以检查套管、油管内通径是否符合标准，如图9-28所示。

当通径规遇阻起出后，应下入铅模通井检查，以确定落物或井下套管变形的情况。铅模结构如图9-29所示。铅模通井打印，下钻速度不宜过快，以免中途顿碰使铅模变形，影响分析结果。铅模起出后要对铅模做技术描述并拍照存档。

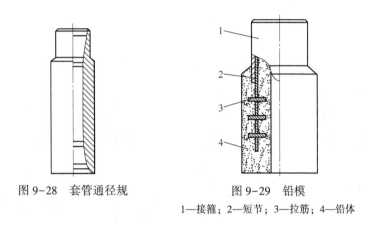

图9-28　套管通径规　　　　　　图9-29　铅模

1—接箍；2—短节；3—拉筋；4—铅体

2. 刮管

刮管的目的是将套管内壁上的水泥及炮眼毛刺清除掉，以保证下井工具正常工作及封隔器坐封成功。常用刮削工具有胶筒式套管刮削器和弹簧式套管刮削器。其基本原理都是当刀片遇阻时，胶筒或弹簧受到刀片的径向挤压力后给刀片一个径向的推进力以保证刀片的刮削力。

3. 洗井

洗井的目的在于将井筒内的脏物用洗井液冲洗带出井筒，为以后的施工作好准备。常用的洗井液主要是盐水，有时也加入一些添加剂，对洗井液总的技术要求是对油气层不造成损害。

洗井方式分为正循环洗井和反循环洗井两种。正循环洗井是指从油管泵入洗井液，由套管返出；反循环洗井是指从套管泵入洗井液，由油管返出。正、反循环各有不同的特点。当泵的压力和排量一定时，正循环洗井井底回压较小，洗井液在套管中上返的速度较慢；反循环洗井井底回压较大，洗井液在油管中上返的速度较快。因此，当泵的排量足够大时，应采取正循环洗井方式，这样对油层的回压小，井内脏物不易伤害油层；当泵的排量较小时，可以采用反循环洗井方式，洗井液上返速度快，携带脏物能力强，但对油层回压较大，易伤害油层。因此，一般都采用正循环洗井方式，大排量、连续循环洗井。

二、排液

1. 替喷排液

有的油气井在正压差射孔后，由于液柱压力高于油层压力，油井不能自喷。替喷排液法的实质就是减小井内液体的相对密度，使井内液柱的回压低于油层的压力而达到诱喷的目的。具体施工是用低比重液体替出井中的压井液。替喷法排液诱导油流的优点在于生产压差的形成均匀缓慢，不致引起由于井壁的坍塌而使油层出砂。常规的替喷法有以下几种：

1）一次替喷法

一次替喷法就是把油管下到人工井底以上 1m 左右，用替喷液把压井液替出，然后上提油管到油层中部或上部完井（见视频 9-6、图 9-30）。它只限于用在自喷能力不很强、替完替喷液到油井喷油之间有一段间歇，来得及上提油管的油井。

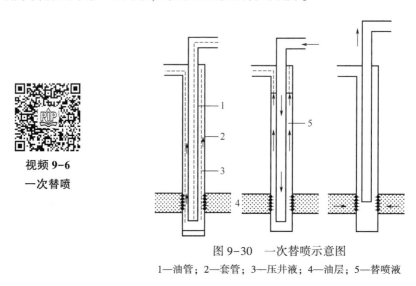

视频 9-6
一次替喷

图 9-30　一次替喷示意图
1—油管；2—套管；3—压井液；4—油层；5—替喷液

2）二次替喷法

二次替喷法是先把油管下到人工井底以上 1m 左右，替入一段替喷液，再用压井液把替喷液替到油层部位以上，之后上提油管至油层中部，最后用替喷液替出油层顶部以上的全部压井液，这样既替出井内的全部压井液又把油管提到了预定的位置（见视频 9-7、图 9-31）。

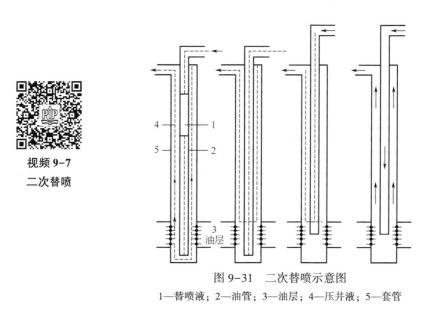

视频 9-7
二次替喷

图 9-31　二次替喷示意图
1—替喷液；2—油管；3—油层；4—压井液；5—套管

2. 抽汲排液

抽汲就是用一种专用工具将井内液体抽到地面，以达到压低液面，即降低液柱对油层的回压的一种排液措施。由于抽汲的诱流强度比替喷大些，所以它一般适用于喷势不大的自喷井或有自喷能力但在钻井过程中，由于钻井液漏失，失水严重使油层受到损害的油井。

抽汲的主要工具是油管抽子。常用的抽子有无凡尔抽子（又称两瓣抽子）和凡尔抽子。抽子接在钢丝绳上用修井机、钻机或电动绞车作动力，通过地滑车、井架天车再下入井中，在油管中上下活动。上提时将抽子以上的液体排出井口，在抽子下面产生低压，油层中的液体就不断地抽出地面。

抽汲不但有降压诱喷的作用，还有解除油层某种堵塞的作用。抽汲的效率取决于抽汲的强度，而抽汲强度又与抽汲速度、抽子与管壁间的密封程度和抽子的沉没度三个因素有关。合理的抽汲工艺参数应当根据排液的要求计算确定。

对油层压力低于静水柱压力的极低压、低渗、低产的油井也常用提捞法排液诱流。此排液方法的主要工具是提捞筒，用绳索把它下入井中液面以下，将液体一筒一筒地提捞到地面，以降低液柱对油层的回压。但这种方法费工又费时、效率低。

3. 气举排液

气举排液就是采用高压气体压缩机将气体压入井中使井中压井液排出的诱导油流的方法。气举只准许采用氮气、天然气、二氧化碳气。气举不允许使用空气，因为在油井里，氧气在与可燃气体混合的总体积中的含量达到 13.4% ~ 13.7% 时，如遇到明火将会发生爆炸；空气与天然气混合，当天然气占混合气总体积的 5% ~ 15% 时，如遇明火就会发生爆炸。因此，绝对禁止使用空气进行气举是一条必须遵循的安全技术措施。气举排液最突出的特点是井内液体回压能急速下降。所以它只能适用于油层岩石胶结牢固的砂岩或碳酸盐岩的油井的排液，对于一些胶结疏松的砂岩，要控制好捞空深度和气举排液速度，以免破坏油层结构而出砂。气举排液有以下几种方式：

1）常规气举排液

常规气举排液又有正、反举之分。正举是从油管中压入气体，气液混合物从油管、套管环形空间中上升喷至地面；反举是从油管、套管环形空间压入气体，油气混合物从油管喷至地面。常规气举排液见视频 9-8。

视频 9-8
常规气举排液

2）多级气举阀气举排液

这种气举排液方法，就是根据排液的需要设计好多级气举阀管柱，其关键是选择好气举阀的类型并计算好各级阀的下入深度。

多级气举阀气举排液的特点是油井液柱回压的下降是逐级降低的，比常规气举的急速下降要缓和一些。

3）连续油管气举排液

连续油管是指管内通径和管外直径在整根管长上处处等同的小直径油管。常规油管是刚性的，通过螺纹一节一节地连接起来下入井内。而连续油管却是柔性的，像钢丝绳一样盘绕在油管滚筒上装载到连续油管车上。根据作业要求下入井中，完成作业后又由滚筒起出并排放好，待下次作业时再下井使用。

连续油管是近些年在国外发展起来的有多种用途的作业设备，气举排液是它的一种主要作业。采用连续油管进行气举排液，首先就是用连续油管车将连续油管下入生产管柱中，然后再将连续油管与液氮泵车（或制氮车）连通。液氮泵车将低压液氮升至高压，再使高压液氮蒸发，从连续油管注入生产管柱中。蒸发了的高压氮气就将油管柱中的压井液从连续油管和生产管柱的环形空间举升到地面，这样就减小了压井液对油层的回压、达到诱导油流的目的。

连续油管排液有两个最显著的特点：首先是掏空深度大，最深可达4000m；其次是排液速度快，排出1000m的液柱大约仅用30min。其最大的特点是连续油管是从井口逐步向下排液，逐步降低井底回压，减少了对油层的损害。

连续油管外径系列有：$1\frac{1}{4}$in（31.8mm），$1\frac{1}{2}$in（38mm），2in（50.8mm）等，近年已发展到$3\frac{1}{2}$in（89mm）或更大直径。

液氮泵车是连续油管车的主要配套设备。液氮泵车包括：液氮罐、高压三缸泵、热回收式蒸发器、控制装置和仪表。主要功能是储存、运输液氮并能将低压增为高压，并使高压液氮蒸发后将它注入井中。目前可达到的参数是：液氮罐容量7.57m³，最大工作压力105MPa，最大排量10194.1m³/h。

制氮车是近年发展的先进设备，有拖挂及车载两种型式。设备的主要特点是采用当今先进的膜技术，从空气中直接分离出氮气。该设备具备收集氮气系统及氮气增压系统，性能好、排量大、氮气排出工作压力高、能长时间连续运转。目前可达到的主要技术参数如下：氮气最大输出排量为10~15m³/min，最高工作压力为26~35MPa，氮气纯度大于95%。制氮车与连续油管车联合作业，在超深井、井内液柱压力高、管柱结构较复杂的井排液时速度快、效率高。

4. 混气水排液

用气水混合物替出井中的压井液，由于混合物的密度小于压井液的密度，可使井内液柱对油层的回压降低。混气水排液的方法是从套管（有时也可以从油管）用压风机和水泥车同时注气和泵水来替置井内液体。由于混合物的密度可以由控制气量和水量来调节，因此，施工时可使混气水的密度由大到小逐渐变化，从而使井底回压逐渐下降，地层与井底的压差逐渐增大，这样就能较好地克服气举法使井底压力急剧下降的缺点。这种排液的方法适用于那些既不能用替喷排液，也不宜于用气举排液的油井。

5. 泡沫排液

由于泡沫流体独特的结构而具有静液柱压头低、滤失量小、携砂性能好、摩阻损失小、助排能力强、对油层损害小等特性。因此，泡沫流体已广泛地用作钻井液、完井液、洗井液、压裂液、酸化液等。由于液氮设备的发展与配套，使泡沫流体技术的应用进一步扩大。

泡沫流体指由不溶性或微溶性气体分散于液体中所形成的分散体系，其中气体为分散相，液体为分散介质。产生泡沫的首要条件是气体与液体发生接触；其次，需加入某些表面活性剂（称为起泡剂）及稳定剂，使产生的泡沫稳定。

三、油气井增产措施

如果通过上述排液措施处理的井还不能投产的话，则需要进行解堵处理。解堵的目的是要最大限度地沟通地层与井筒之间的流通通道，使井顺利投产并确保油气井获得尽可能高的产能。

常见的解堵措施有化学剂解堵、挤油解堵、酸化解堵、水力压裂解堵、高能气体压裂解堵、超声波振荡解堵、水力振荡解堵等。

1. 化学剂解堵

化学解堵剂主要由有机溶剂、水溶性聚合物溶剂、黏土防膨剂、降黏剂等按一定的比例混合配制而成。地层情况不同，配方也不一样。所以，具体配方一般都根据地层情况由实验而定。化学剂解堵的机理为：

（1）有机溶剂对石油中的高分子物质有强烈的溶解能力；

（2）对地层岩石中的易膨胀黏土具有较强的防止膨胀作用和稳定黏土作用；

（3）对稠油乳液具有较好的降黏作用；

（4）对外来的高分子聚合物具有良好的溶解性能。

2. 挤油解堵

挤油解堵主要用于解除水锁损害。将凝析油或轻质油挤入地层，通过挤入地层的油提高水浸带的油相渗透率，从而解除水锁损害，恢复地层原貌。常规挤油解堵的用量为 $20\sim25m^3$，大型常规挤油解堵的用量可达 $100m^3$ 左右。

3. 基质酸化解堵

基质酸化解堵是在低于地层破裂压力的条件下，通过向地层中注入酸液，酸溶蚀地层中的胶结物（黏土、碳酸盐矿物、含铁矿物等）和部分砂粒（石英、长石等）或者溶解孔隙中的堵塞物（钻井液、水泥浆、地层微粒、结垢、结蜡、细菌等），经过返排将反应产物排出地层，达到恢复或提高酸化带内地层渗透率的目的。基质酸化解堵一般用于砂岩地层，也可用于碳酸盐岩地层及其他变质岩地层。

4. 水力压裂解堵

水力压裂解堵包括加砂水力压裂和酸压裂。在砂岩地层，只能进行加砂水力压裂。而在碳酸盐岩地层及其他变质岩地层，既可以进行加砂水力压裂，也可以进行酸化压裂。

水力压裂解堵的机理是：

（1）改善渗流方式，由径向渗流变为线性渗流。

（2）大大提高渗流面积，增大倍数可达几十到几千倍。

（3）产生的裂缝解除了或绕过了近井带的堵塞，并有可能沟通远处的高渗透区。

加砂水力压裂解堵是在高于地层破裂压力的条件下，向地层中注入压裂液，形成裂缝，再注入携砂液（携带有支撑剂的压裂液），由于支撑剂的支撑作用闭合后形成具有一定导流能力的裂缝，其特点是必须加支撑剂。

而酸压裂解堵则是在高于地层破裂压力的条件下，向地层中注入酸液，形成裂缝，酸液溶蚀裂缝壁面，产生凹凸不平的沟槽，闭合后形成具有一定导流能力的裂缝，其特点是不加支撑剂。

5. 高能气体压裂解堵

高能气体压裂是利用特定的发射药或推进剂在油井（或注水井）的目的层段高速燃烧，产生高温、高压气体压裂油层形成多条自井眼为中心呈放射状的径向裂缝。由于这些裂缝的自支撑作用，形成了具有一定导流能力的通道，解除了井眼附近的堵塞，达到提高油层产能

（或提高注入能力）的目的。由于高能气体压裂属于无支撑剂压裂，因此它不能用于低渗透地层的压裂改造，而更多的是用于近井地带的解堵。

6. 声波法解堵

声波法解堵包括声音共振法解堵和超声波振荡解堵。

声音共振法解堵是在井内下入一种专用声波共振工具，对准产层部位，产生频率为200～10000Hz、声强高达200dB以上的声波，使井下工具、近井地带的地层发生共振，从而达到解堵的目的。

超声波的应用很广泛，如医学上用于粉碎人体内的尿结石等。所以，石油工程中也利用超声波发射装置在井内产生超声波振荡，从而解除近井地带的地层堵塞。

7. 水力振荡解堵

水力振荡解堵是近年发展起来的一种解除近井地带地层堵塞的新技术。其核心是振荡器，高压水流从地面经油管进入水力振荡器，高压水先从进口喷嘴A射入轴对称腔室B后再从出口喷嘴C射出。从出口喷嘴C射出的高压水流就成为高频振荡射流，利用此高频振荡射流即可解除地层的堵塞（见图9-32）。

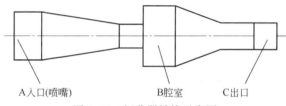

A入口(喷嘴)　　　B腔室　　　C出口

图9-32　振荡器结构示意图

课程思政　新851井井口装置损坏的经验与教训

新851井是一口国内少见的高温、高压、高产的特大天然气井，是新场构造须二地层的重大发现井，也是川西致密碎屑岩深层天然气勘探领域的一次重大突破。稳产输气1年后，井内油管断落，177.8mm套管上部刺漏天然气，244.5mm套管超内压力破裂，在生产输气的同时，井内的高压天然气窜入244.5mm套管与311.1mm套管之间的环空，而且有逼近311.1mm套管允许抗内压强度的趋势，出现重大生产安全隐患。如果311.1mm套管破裂，势必造成井喷，窜出地表的天然气流极易着火爆炸，井场员工和周围人民的生命财产将受到极大威胁，将不可避免地受到破坏。

新851井出现险情后，公司领导及时亲临现场组织抢险。各方面技术专家经多次论证，当机立断，决定实施压井封井，并于2002年2月25日成功地压井封井，使该井重大安全隐患和险情从根本上得以解除，为新场气田以后的科学合理勘探开发创造了条件。新851井的重大隐患和险情得到排除，但也付出了极大的代价，压井封井费用达2000多万元，这口功勋井就此结束了短暂的生命。

新851井属典型的高温、高压、高产气井，气体中含有一定的CO_2、微量H_2S及少量水，生产环境极其恶劣。CO_2及少量水是造成新851井口装置腐蚀的主要原因，采用的35CrMo钢材质制造井口装置不适应此恶劣生产环境。此外，井口装置过流面几何尺寸的变化在天然气流量过大时十分剧烈，冲刷腐蚀严重，特别是在形成电化学坑蚀后作用更加明显。在各种因素的综合作用下，最终造成了新851井井口装置损害。从新851井以后，我国油田企业更加重视高温、高压、高产气井的完井技术，目前已经形成了完整的高温高压完井技术及井筒完整性管理理论。

习　题

1. 当前最常用的完井方式有哪些？

2. 对出砂地层，为什么要防砂？

3. 理想的完井方式要满足哪几个条件？

4. 如何优选完井方法？

5. 从大的方面可将完井方法分为哪两大类？按照完井方法是否具备防砂的功能来分，则又可分成哪两大类？

6. 防砂型完井具体有哪些种类？

7. 射孔完井包括哪两类？

8. 排液措施有哪些？

9. 解堵措施有哪些？

第十章　储层保护

在油气钻井、完井、修井、改造和生产过程中，造成油气产出和驱替液注入能力下降的现象称为储层损害。储层损害的实质是油气层流动能力的降低，涉及从钻井、完井到生产过程的多个环节，且这些环节的损害具有叠加性。认识和诊断储层损害原因及损害过程的各种手段、防止和解除储层损害的各种技术措施则通称为储层保护技术。

第一节　储层损害基本类型

储层被钻开前，其岩石、矿物和流体处于一种物理化学平衡状态。钻井、完井、修井、注水和增产等作业或生产过程都可能改变原来的环境条件，使这种物理化学平衡状态发生改变，引起储层损害而导致油气井产能降低。认识清楚储层损害发生的具体环节、主要类型及作用过程，有助于有针对性地提出储层保护技术和解除损害的措施。

一、储层损害类型概述

对于某一油气藏和具体作业环节而言，如何有效地认识主要的损害类型尤为重要。大量研究工作和现有评价手段已经能够清楚地说明储层损害主要原因。目前比较普遍接受的分类方案如图 10-1 所示，分为物理损害、化学损害、生物损害和热力损害 4 大类。

物理损害是指钻井、完井、压井、增产改造过程中，设备和工作液直接与油气层发生作用造成渗透率下降。化学损害包括不利的工作液与储层岩石以及地层流体反应造成的油气层损害。生物损害是指油气层原有的细菌或者随入井工作液一起进入储层的细菌，当油气层环境变得适宜它们生长时，会快速繁殖新陈代谢造成油气层损害。热力损害主要发生在热力采油过程，如注蒸汽或火烧油层时高温可能造成矿物溶解、矿物转化或润湿性变化等，影响采收率和油相的渗透率。由图 10-1 可知，即使是一种看起来较简单的损害类型，也包含着多种复杂的作用过程，且涉及钻完井、改造等多个作业环节。本节主要讨论钻完井过程的主要储层损害类型。

二、固相侵入损害

入井工作液通常含有两种类型的固相颗粒：一种是为了达到工艺性能要求而必须加入的有用颗粒，如钻完井液中的黏土、加重剂和桥堵剂等；另外一种是对油气层有害的固相颗粒，如钻完井液中的钻屑和注入流体中的固相杂质。如图 10-2 所示，当井筒液柱压力大于地层流体压力时，工作液中的固相会随流体一起进入油气层，当侵入的固相沉积下来时会缩小油气层的流道空间，严重时甚至会完全堵死油气层。

外来固相颗粒对油气层的损害有以下特点：（1）颗粒一般在近井地带造成较严重的损害；（2）颗粒粒径小于孔径，当浓度较低时，虽然颗粒侵入深度大，其损害程度可能较低，但损害程度会随时间的增加而增加；（3）对中、高渗透率砂岩油气层的，尤其是裂缝性油

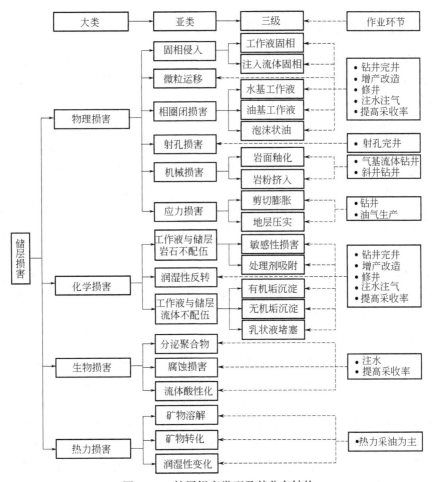

图 10-1　储层损害类型及其分布结构

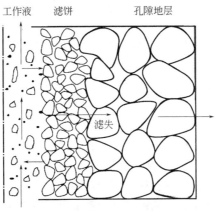

图 10-2　固相侵入损害示意图

气层而言，外来固相颗粒侵入的深度和造成的损害程度更为严重。

影响外来固相颗粒对储层损害程度和侵入深度的因素主要有：（1）固相颗粒粒径与孔喉直径的匹配关系；（2）固相颗粒的浓度；（3）施工作业参数，如压差、剪切速率和时间。当液柱压力太大时，有可能压裂地层或使天然裂缝开启，导致大量的工作液漏入储层，产生损害。影响这种损害的因素同时还包括地层的岩石力学性质。

三、工作液与储层流体不配伍损害

入井工作液与储层流体不配伍是指当外来流体的化学组分与地层流体的化学组分不相匹配时，将会在储层中引起沉淀、乳化、促进细菌繁殖等最终影响储层渗透性的现象，主要表现为无机垢/有机垢沉淀和乳状液堵塞。

1. 无机垢/有机垢沉淀

外来流体与油气层流体不配伍可形成碳酸盐垢（如 $CaCO_3$）和硫酸盐垢（如 $CaSO_4$、$BaSO_4$、$SrSO_4$ 等）等无机垢沉淀。无机垢沉淀的形成主要与工作液和油气层流体中盐类的组成及浓度、流体的 pH 值等因素有关。一般而言，当两种液体中含高价阳离子（如 Ca^{2+}、Ba^{2+}、Sr^{2+} 等）和高价阴离子（如 SO_4^{2-}、CO_3^{2-} 等），且其浓度达到或超过形成沉淀的溶度积时，就可能形成无机垢沉淀。此外，当工作液的 pH 值较高时，可使 HCO_3^- 转化成 CO_3^{2-} 离子，引起碳酸盐沉淀。

当外来流体与油气层原油不配伍时，可能生成石蜡、沥青和胶质等有机垢沉淀，不仅会堵塞油气层的孔道，还可能使油气层的润湿性发生反转。有机垢的沉淀主要与外来工作液的 pH 值、流体的表面张力以及流体的温度等因素有关。

2. 乳状液堵塞

入井工作液通常含有各种化学添加剂，这些添加剂进入油气层后，可改变油水界面性能，使外来油与地层水或者外来水与油气层中的油相混合，形成油或水为外相的乳状液。乳状液是两种或多种互不相溶流体（包括气体）的混合物，它们并不以分子状态相互分散。乳状液由外相（连续相）和内相（分散相）组成。乳状液引起的储层损害主要体现在两个方面：一方面，乳状液提高了流体的黏度，增加了流动阻力；另一方面，乳状液的尺寸大于孔喉尺寸时会堵塞孔喉。影响乳状液形成的因素主要有：表面活性剂的性质和浓度；微粒的存在与否；储层的润湿性。

四、工作液与储层岩石不配伍损害

入井流体与储层岩石不配伍是指当钻井液、完井液等外来流体的化学组分、物理性质等引起地层岩石水化膨胀、黏土微结构失稳、分散、脱落，进而堵塞储层流动通道的现象。入井流体与储层岩石不配伍可能会造成水敏性损害、碱敏性损害、酸敏性损害和化学剂吸附等。

若进入油气层的工作液与油气层中的水敏性矿物（如蒙脱石）不配伍，将会引起这类矿物水化膨胀或分散/脱落，导致油气层渗透率下降，造成水敏损害。当高 pH 值的工作液侵入油气层时，工作液与储层中的碱敏性矿物发生反应造成黏土微结构失稳、分散/脱落、新的硅酸盐沉淀和硅凝胶体生成，导致油气层渗透率下降，造成碱敏损害。油气层酸化处理后，释放大量微粒，矿物溶解释放出的离子还可能再次生成沉淀，这些微粒和沉淀将堵塞油气层的流道，导致酸敏损害，轻者可削弱酸化效果，重者导致酸化失败。工作液和注入流体中的聚合物及其他高分子处理剂易在岩石基块和裂缝表面的黏土矿物上吸附和滞留，由于它们具有较大的分子尺寸，降低了有效的流道空间，导致油气层聚合物吸附滞留损害。

五、相圈闭损害

相圈闭与不利的毛管压力和相对渗透率效应有密切关系，相圈闭的基本表现是，由于某一相流体（气、油、水）饱和度暂时或永久性地增加造成所希望产出或注入流体相对渗透率的下降。当油基工作液进入气层或者含油污水注入地层中可造成油相圈闭；凝析气藏开发一段时间后，当井底压力低于气藏露点压力时，凝析液在井眼附近聚集形成油相圈闭；如果在低于泡点压力下开采黑油油藏，溶解气的溢出会增加气相饱和度，可能导致气相圈闭。水基工作液侵入储层后，会增加水相饱和度，形成水相圈闭，降低油气相渗透率，导致产量下降。

在作业引起的相圈闭损害类型中，水相圈闭更为常见。根据产生毛管阻力的方式，可分为贾敏损害和水锁损害。贾敏损害是由于非润湿液滴对润湿相流体流动产生附加阻力，而导致润湿相渗透率降低（图10-3）。水锁损害是由于非润湿相驱替润湿相造成毛管阻力，导致润湿相渗透率降低（图10-4）。根据水相圈闭损害成因可将其分为热力学水相圈闭和动力学水相圈闭两大类。对于低渗油层和致密气层而言，由于初始含水饱和度经常低于束缚水饱和度，且油气层毛管压力大，水锁损害尤其严重。当地层初始含水饱和度低于束缚水饱和度时，气驱替外来水时最多只能将含水饱和度降至束缚水饱和度，必然会出现水相圈闭损害；对外来水返排缓慢，即在有限的时间内含水饱和度降不到束缚水饱和度的数值，也是造成水相圈闭损害的原因之一。

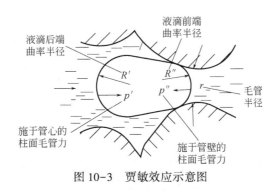

图 10-3 贾敏效应示意图

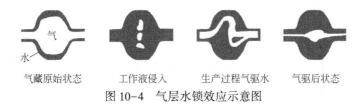

图 10-4 气层水锁效应示意图

六、应力敏感损害

储层岩石在地下受到垂向应力、侧应力和孔隙流体压力的共同作用。上覆岩石产生的垂向应力与埋藏深度和岩石的密度有关，对于岩石的某一点而言，上覆岩石压力可以认为是恒定的。在钻井过程中，由于岩石的变形和应力的重新分布，井壁岩石的压缩和剪切膨胀就会产生应力损害。损害程度决定于井眼轨迹取向、岩石力学性质和原地应力场参数。

储层压力与油气井的开采压差和时间有关。随着开采的进行，储层压力逐渐下降，这样岩石的有效应力就增加，使流道被压缩，尤其是裂缝—孔隙型流道更为明显，导致储层渗透率下降而造成应力敏感性损害，影响应力敏感损害的因素包括压差、储层自身的能量和油气藏类型等。

第二节　储层损害评价技术

储层损害评价技术主要包括室内评价和矿场评价两种。室内评价是借助于各种仪器设备测定储层岩石与外来工作液作用前后渗透率的变化，或是测定储层物化环境发生变化前后渗透率的改变来认识和评价储层损害的一种重要手段。储层损害的室内评价主要包括储层敏感性评价和工作液对储层的损害评价两方面。其目的是弄清储层潜在的损害因素和损害程度，并为损害机理分析提供依据，或者在施工之前比较准确地评价工作液对储层的损害，这对于优化后续的各类作业措施和保护储层的系统工程技术方案具有非常重要的意义。储层损害矿场评价技术是保护油气层这一系统工程的重要组成部分，使用矿场评价技术可以评价钻井、完井直到油气田开发生产各项作业过程中油气层的损害程度，评价保护油气层技术在现场实施后的实际效果，并总结分析问题所在。

一、储层敏感性评价

储层敏感性评价最先包括速敏、水敏、盐敏、碱敏、酸敏等五敏实验，随着技术的不断发展，增加了应力敏感实验和温度敏感实验，具体实验方法基本按《储层敏感性流动实验评价方法》（SY/T 5358—2010）执行，其目的在于找出储层发生敏感的条件和由敏感引起的储层损害程度，为各类工作液的设计、储层损害机理分析和制定系统的储层保护技术方案提供科学依据。

1. 速敏评价实验

1）速敏概念和实验目的

速敏是指在试油、采油、注水等作业过程中，当流体在储层中流动时，由于流体流动速度变化引起地层微粒运移、堵塞孔隙喉道，造成储层岩石渗透率发生变化的现象。对于特定的储层，由储层中微粒运移造成的损害主要与储层中流体的流动速度有关，流速过大或者压力波动过大都会促使微粒运移。

因此速敏评价实验之目的在于：

（1）找出由于流速作用导致微粒运移从而发生损害的临界流速，并找出由速度敏感引起的储层损害程度。

（2）为以下的水敏、盐敏、碱敏、酸敏等实验及其他的各种损害评价实验确定合理的实验流速提供依据。一般来说，由速敏实验求出临界流速后，可将其他各类评价实验的实验流速定为0.8倍临界流速，因此速敏评价实验必须要先于其他实验。

（3）为确定合理的注采速度提供科学依据。

2）原理及作法

以不同的注入速度向岩心中注入实验流体，并测定各个注入速度下岩心的渗透率，从注入速度与渗透率的变化关系上，判断储层岩心对流速的敏感性，并找出渗透率明显下降的临界流速。由速敏性引起的渗透率变化率按式（10-1）计算：

$$D_{vn} = \frac{|K_n - K_i|}{K_i} \times 100\% \tag{10-1}$$

式中，D_{vn} 为不同流速下所对应的岩样渗透率变化率，%；K_n 为不同流速下所对应的岩样渗透率，$10^{-3}\ \mu m^2$；K_i 为初始渗透率，$10^{-3}\ \mu m^2$。

随流速增加，岩样渗透率变化率 D_{vn} 大于 20% 时所对应的前一个点的流速即为临界流速。速敏损害率按式(10-2) 计算：

$$D_v = \max(D_{v2}, D_{v3}, \cdots, D_{vn}) \tag{10-2}$$

式中，D_{vi} 为速敏损害率，%。

速敏程度评价标准见表 10-1。

表 10-1　速敏损害程度评价指标

损害程度	≤5%	5%~30%（含）	30%~50%（含）	50%~70%（含）	>70%
速敏程度	无	弱	中等偏弱	中等偏强	强

3）速敏评价实例

速敏实验结果一例如图 10-5 所示，临界流速为 1.5mL/min，速敏损害程度弱。

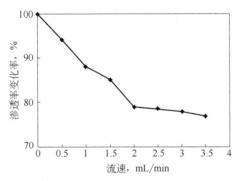

图 10-5　速敏实验结果一例

2. 水敏评价实验

1）水敏概念及实验目的

水敏是指低矿化度的工作液进入储层后引起黏土膨胀、分散、运移，使得渗流通道发生变化，导致储层岩石渗透率发生改变的现象。水敏的产生主要与储层中黏土矿物的特性有关，如蒙皂石、伊/蒙混层矿物在接触到淡水时会发生膨胀，而高岭石在接触到淡水时由于离子强度突变会扩散运移。水敏实验的目的在于评价产生黏土膨胀或微粒运移时引起储层渗透率变化的最大程度，为各类工作液的设计提供依据。

2）原理及评价指标

首先用初始测试流体测定岩样的初始渗透率，然后再用中间测试流体（½初始流体矿化度盐水）测定岩样的渗透率，最后用蒸馏水测定岩样的渗透率，从而确定淡水引起岩心中黏土矿物的水化膨胀及造成的损害程度。初始测试流体是指测定岩样初始渗透率所用流体，应选择现场地层水、模拟地层水或同矿化度下的标准盐水。无地层水资料的可选 8%（质量分数）标准盐水作为初始测试流体。

岩样渗透率变化率按式(10-3) 计算：

$$D_{wn} = \frac{|K_i - K_n|}{K_i} \times 100\% \tag{10-3}$$

式中，D_{wn} 为不同类型盐水所对应的岩样渗透率变化率，%；K_n 为岩样渗透率，$10^{-3}\,\mu m^2$；K_i 为初始渗透率，$10^{-3}\,\mu m^2$。

水敏损害率按式（10-4）计算：

$$D_w = \frac{|K_i - K_w|}{K_i} \times 100\% \qquad (10\text{-}4)$$

式中，D_w 为水敏损害率，%；K_w 为水敏实验中蒸馏水所对应的岩样渗透率，$10^{-3}\,\mu m^2$。

水敏评价指标见表 10-2。

表 10-2　水敏损害程度评价指标

损害程度	≤5%	5%~30%（含）	30%~50%（含）	50%~70%（含）	70%~90%（含）	>90%
水敏程度	无	弱	中等偏弱	中等偏强	强	极强

3）水敏评价实例

水敏实验结果一例如图 10-6 所示，水敏损害率 57%，水敏程度中等偏强。

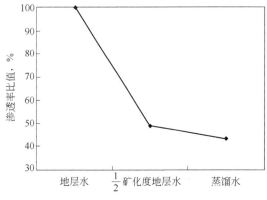

图 10-6　水敏实验结果一例

3. 盐敏评价实验

1）盐敏概念及实验目的

盐敏是指一定矿化度的注入水进入储层后引起黏土膨胀或分散、运移，使得储层岩石渗透率发生变化的现象。储层产生盐敏的根本原因是储层黏土矿物对于注入水的成分、离子强度及离子类型很敏感。盐敏损害机理与水敏损害机理类似，如蒙皂石、伊/蒙混层与低矿化度流体接触时发生、高岭石在储层流体离子强度突变时会扩散运移等。因此，盐敏评价实验的目的是找出盐敏发生的条件，并确定由盐敏引起的储层损害程度，为各类工作液的设计提供依据。

2）原理及评价指标

通过向岩心注入不同矿化度等级的盐水（按地层水的化学组成配制）并测定各矿化度下岩心对盐水的渗透率，根据渗透率随矿化度的变化来评价盐敏损害程度，找出盐敏损害发生的条件。根据实际情况，一般要作升高矿化度和降低矿化度两种盐敏评价实验。对于降低矿化度的盐敏评价试验，第一级盐水仍为地层水，将盐水按一定的浓度差逐级降低矿化度，直至注入液的矿化度接近零为止，求出的临界矿化度为 C_{c1}。对于升高矿化度的盐敏评价实验，第一级盐水为地层水，将盐水按一定的浓度差逐级升高矿化度，直至找出临界矿化度 C_{c2} 或达到工作液的最高矿化度为止。由盐度变化引起的岩样渗透率变化率同式（10-3）。随流体矿化度的变化，岩石渗透率变化率大于 20% 时所对应的前一个点的流体矿化度即为临界矿化度。

3）盐敏评价实例

盐敏实验结果一例如图 10-7 所示，临界矿化度为 8250mg/L。

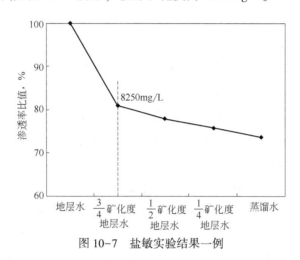

图 10-7 盐敏实验结果一例

4. 碱敏评价实验

1）碱敏概念及实验目的

地层水 pH 值一般呈中性或弱碱性，而大多数钻井液的 pH 值在 8~12 之间，三次采油中的碱水驱也有较高的 pH 值。当高 pH 值流体进入储层后，将造成储层中黏土矿物和硅质胶结的结构破坏（主要是黏土矿物解理和胶结物溶解后释放微粒），从而造成储层的堵塞损害；此外，大量的氢氧根与某些二价阳离子结合会生成不溶物，造成储层的堵塞损害。因此，碱敏评价实验的目的是找出碱敏发生的条件（主要是临界 pH 值），并确定由碱敏引起的储层损害程度，为各类工作液的设计提供依据。

2）原理及评价指标

通过注入不同 pH 值的地层水并测定其渗透率，根据渗透率的变化来评价碱敏损害程度，找出碱敏损害发生的条件。实验流速的选择参考速敏实验结果，配置的碱液 pH 值从 7.0 开始，按 1~1.5 个 pH 值单位的间隔提高碱液的 pH 值，一直到 pH 值为 13.0。由碱度变化引起的岩样渗透率变化率同式(10-3)。岩石渗透率随流体碱度变化而降低时，岩样渗透率变化率大于 20% 时所对应的前一个点的流体 pH 值为临界 pH 值。碱敏评价指标同表 10-1。

3）碱敏评价实例

碱敏实验结果一例如图 10-8 所示，临界 pH 值为 9，损害程度中等偏弱。

5. 酸敏评价实验

1）酸敏概念及实验目的

酸化是油田广泛采用的解堵和增产措施，酸液进入储层后，一方面可改善储层的渗透率，

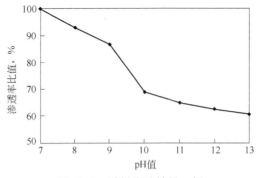

图 10-8　碱敏实验结果一例

另一方面又与储层中的矿物及地层流体反应产生沉淀并堵塞储层的孔喉。储层的酸敏性是指储层与酸作用后引起渗透率降低的现象。因此，酸敏实验的目的是研究各酸液条件下储层的酸敏程度，其本质是研究酸液与储层的配伍性，为储层基质酸化和酸化解堵设计提供依据。

2）原理及评价指标

酸敏实验包括鲜酸（一定浓度的盐酸、氢氟酸、土酸）和残酸（可用鲜酸与另一块岩心反应后制备）的敏感实验。首先用与地层水相同矿化度的氯化钾溶液测定岩样酸处理前的液体渗透率。砂岩样品反向注入 0.5~1.0 倍孔隙体积酸液，碳酸盐岩样品反向注入 1.0~1.5 倍孔隙体积 15%HCl。停止驱替后，关闭夹持器进出口阀门，砂岩样品与酸反应时间为 1h，碳酸盐岩样品与酸反应时间为 0.5h。酸岩反应后正向驱替与地层水相同矿化度的氯化钾溶液，测定岩样酸处理后的液体渗透率。酸敏损害率按式（10-5）计算：

$$D_{ad} = \frac{K_i - K_{ad}}{K_i} \times 100\% \qquad (10-5)$$

式中，D_{ad} 为酸敏损害率，%；K_i 为初始渗透率，$10^{-3} \mu m^2$；K_{ad} 为酸液处理后实验流体所对应岩样渗透率，$10^{-3} \mu m^2$。

酸敏实验损害程度评价指标同表 10-1。

3）酸敏评价实例

某油田酸敏损害实验结果一例见表 10-3。

表 10-3　酸敏损害程度评价一例

岩心编号	K_i，$10^{-3} \mu m^2$	K_{ad}，$10^{-3} \mu m^2$	D_{ad}，%	损害程度
14	0.781	0.486	37.77	中等偏弱
25	0.617	0.419	32.09	中等偏弱
32	0.954	0.626	34.38	中等偏弱

6. 应力敏感评价实验

1）应力敏感概念及实验目的

在油气藏的开采过程中，随着储层内部流体的产出，储层孔隙压力降低，储层岩石原有的受力平衡状态发生改变。应力敏感性考察在施加一定的有效应力时，岩样的物性参数随应力变化而改变的性质。它反映了岩石孔隙几何学及裂缝壁面形态对应力变化的响应。因此，应力敏感性评价的目的在于了解岩石所受净上覆压力改变时孔喉喉道变形、裂缝闭合或张开的过程，并导致岩石渗流能力变化的程度。

2）原理及评价指标

以初始净应力为起点，按照设定的净应力值缓慢增加净应力，净应力加至最大净应力值时停止增加，净应力可参照 2.5MPa、3.5MPa、5.0MPa、7.0MPa、9MPa、11MPa、15MPa、20MPa 执行，也可根据油气藏实际情况和实验研究进行选择，设置的净应力点不能少于 5 个。在每个设定净应力点处应保持 30min 以上。净应力加至最大净应力值后，按照实验设定的净应力间隔，一次缓慢降低净应力至原始净应力点。在每个设定净应力点处应保持 1h 以上。

按式（10-6）计算净应力改变过程中不同净应力下岩样渗透率变化率：

$$D_{stn} = \frac{|K_n - K_i|}{K_i} \times 100\% \qquad (10-6)$$

式中，D_{stn} 为净应力改变过程中不同净应力渗透率变化率，%；K_i 为初始渗透率，$10^{-3}\,\mu m^2$；K_n 为净应力改变过程中不同净应力下的渗透率，$10^{-3}\,\mu m^2$。

应力敏感评价指标同表 10-1。随净应力的增加，岩石渗透率变化率大于 20% 时所对应的前一个点的净应力为临界应力。最大岩心渗透率损害率按式（10-7）计算：

$$D_{st} = \max(D_{st1}, D_{vst2}, \cdots, D_{stn}) \qquad (10-7)$$

式中，D_{st} 为应力敏感性损害率，%。

不可逆渗透率损害率按式（10-8）计算：

$$D'_{st} = \frac{K_i - K'}{K_i} \times 100\% \qquad (10-8)$$

式中，D'_{st} 为不可逆应力敏感性损害率，%；K' 为恢复到初始净应力点时岩心渗透率，$10^{-3}\,\mu m^2$。

3）应力敏感评价实例

应力敏感损害实验结果一例如图 10-9 所示。最大岩心渗透率损害率为 83%，不可逆渗透率损害率为 25%。

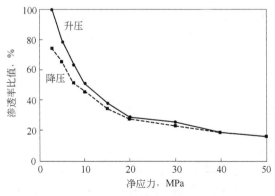

图 10-9　应力敏感实验结果一例

二、工作液对储层的损害评价

入井工作液主要包括钻井液、水泥浆、完井液、压井液、洗井液、修井液、射孔液和压裂液等，涉及多个作业环节。工作液损害评价的目的在于，了解特定实验条件下，储层岩石接触工作液时发生的物理化学作用对岩石渗流能力的影响程度。通过预先开展不同工作液对储层的损害程度评价，可以为工作液配方和施工工艺参数优选提供依据。按工作液是否处于循环或搅动状态可分为静态损害评价和动态损害评价，按工作液侵入或返排方式可分为线性流损害评价和径向流损害评价。

1. 岩心工作液损害评价

线性流工作液损害实验主要测定工作液侵入岩心前后的渗透率变化，以评价工作液对油气层的损害程度并优选工作液配方。其特点在于，工作液和模拟地层流体均为一维线性流动。线性流损害评价主要包括工作液的静态损害评价、工作液的动态损害评价、长岩心损害深度和损害程度评价。

1）工作液的静态损害评价

该方法主要利用各种静滤失实验装置测定工作液滤入岩心前后渗透率的变化，以评价工作液对储层的损害程度并优选工作液配方。实验时，要尽可能模拟地层的温度和压力条件。用式（10-9）来计算工作液的损害程度：

$$R_s = (1 - K_p / K_o) \times 100\% \tag{10-9}$$

式中，R_s 为损害程度，%；K_p 为损害后岩心的有效渗透率，$10^{-3} \mu m^2$；K_o 为损害前岩心的有效渗透率，$10^{-3} \mu m^2$。R_s 值越大，损害越严重，评价指标同表 10-1。

2）工作液的动态损害评价

在尽量模拟地层实际工况条件下，评价工作液对储层的综合损害（包括液相和固相及添加剂对储层的损害），为优选损害最小的工作液和最优施工工艺参数提供科学的依据。动态损害评价与静态损害评价相比能更真实地模拟井下实际工况条件下工作液对储层的损害过程，两者的最大差别在于工作液损害岩心时状态不同，静态评价时，工作液为静止的，而动态评价时，工作液处于循环或搅动的运动状态，显然后者的损害过程更接近现场实际，其实验结果对现场更具有指导意义。动态情况下，计算损害程度 R_s 仍然用式（10-9），评价指标也同样用表 10-1。

3）长岩心损害深度和损害程度评价

上述动态评价的结果，反映了沿整个岩心长度上的平均损害程度，但渗透率的降低并不一定在整个岩心长度上，也许只在前面某一段。因此，准确地测出工作液侵入岩心的真实损害深度，对于指导今后的生产具有非常重要的意义。可以采用多点渗透率仪来测量工作液侵入长岩心的损害深度和损害程度，它的工作原理如图 10-10 所示。

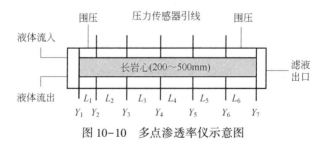

图 10-10 多点渗透率仪示意图

将数块岩心装入多点渗透率仪的夹持器内组成长岩心，测量损害前的基线渗透率曲线，然后用工作液损害岩心，再测量损害后的恢复渗透率曲线，利用损害前后渗透率曲线对比求损害深度和分段损害程度，如图 10-11 所示。

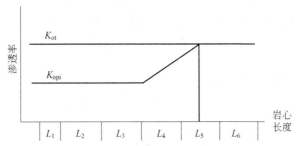

图 10-11　利用损害前后渗透率曲线对比求损害深度

K_{oi}—损害前基线渗透率曲线；K_{opi}—损害后恢复渗透率曲线

损害深度 $= L_1+L_2+L_3+L_4+0.5×L_5$

分段污染程度 $R_{si}=(1-K_{opi}/K_{oi})×100\%$ 　　$(i=1,2,3,4,5,6)$

利用此实验结果与试井数据对比，可以更准确地确定储层损害深度和损害程度。

4）其他评价实验简介

其他评价实验包括体积流量评价实验、系列流体评价实验、离心法测毛细管压力快速评价实验、正反向流动实验、润湿性实验、相对渗透率曲线评价实验等。各实验的目的及用途见表 10-4。

表 10-4　储层损害的其他评价实验

实验项目	实验目的及用途
正反向流动实验	观察岩心中微粒受流体流动方向的影响及运移产生的渗透率损害情况
体积流量评价实验	在低于临界流速的情况下，用大量的工作液流过岩心，考察岩心胶结的稳定性；用注入水作实验可评价油层岩心对注入水量的敏感性
系列流体评价实验	了解储层岩心按实际工程施工顺序与各种外来工作液接触后所造成的总的损害及其程度
酸液评价实验	按酸化施工注液工序向岩心注入酸液，在室内预先评价和筛选保护储层的酸液配方
润湿性评价实验	通过测定注入工作液前后储层岩石的润湿性，观察工作液对储层岩石润湿性的改变情况
相对渗透率曲线评价实验	测定储层岩石的相对渗透率曲线，观察水锁损害的程度；测定注入工作液前后储层岩石的相对渗透率曲线，观察工作液对储层岩石相对渗透率的改变及由此发生的损害程度
膨胀率评价实验	测定工作液进入岩心后的膨胀率，评价工作液与储层岩石（特别是黏土矿物）的配伍性
用离心法测毛细管压力快速评价实验	用离心法测定工作液进入储层岩心前后毛细管压力的变化情况，快速评价储层的损害

2. 全直径岩心工作液损害评价

1）工作原理

岩心损害评价实验虽然能够评价工作液对岩心损害的程度，但由于没有模拟地层条件（包括井筒流动、地应力和地层温度等），评价结果与地层条件的损害程度相差甚远。全直径岩心工作液损害评价的特点在于：考虑了工作液和模拟地层流体径向流动，能够模拟井筒和井周应力环境，同时能够模拟多种流体协同损害对油气井产能的影响。该损害评价示意图如图 10-12 所示，采用全直径岩心非贯通式钻孔模拟井眼和井周附近地层，通过调节不同阀门的开闭模拟工作液损害过程和油气井生产过程。相对于常规岩心实验评价结果，由于可以模拟井下实际工况（温度、压力、地应力），其可靠性更高。

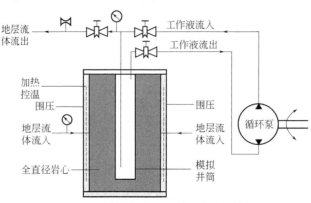

图 10-12　全直径岩心工作液损害示意图

2）实例评价

采用西南石油大学研发的"SWPU UBD Ⅱ型 HTHP 钻完井多功能模拟评价系统"开展模拟井筒—地层条件的储层损害评价，旨在最大程度模拟地应力、温度和井筒流动条件。该装置由高温高压全直径岩心夹持器系统、围压/轴压系统、控温系统、气相驱替系统、渗透率测量系统、声波测量系统、天平测量系统、工作液循环系统、形变采集系统、数据采集和控制系统组成。通过模拟地层温度（0~150℃）、地应力（0~120MPa）、井筒流动压力（0~60MPa）以及地层压力（0~90MPa），能够开展直井/水平井钻完井与改造过程单一流体或系列工作液对全直径岩样的损害评价实验。图 10-13 为川西致密砂岩岩样测试的径向流损害实验评价结果，钻井液损害后产气量降低了 45%，完井液损害后产气量又降低了 9%，压裂液作用后产量降低了 4%，即全直径岩心经过钻井液、完井液和压裂液的叠加损害后，产气量降低了 58%。

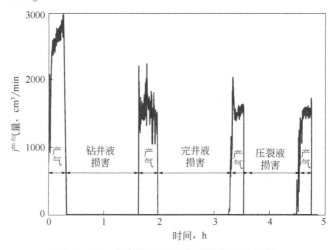

图 10-13　全直径岩心工作液损害评价实例

三、储层损害矿场评价

储层损害矿场评价方法主要包括试井评价、产量递减曲线分析和储层损害测井评价。正确使用矿场评价技术可以及时发现油气层，准确评价油气层，减少决策失误。此外，还可以结合试井分析诊断储层损害原因，进一步研究完善各项作业中保护储层技术措施及增产措施。矿场评价是对油气井原地实际情况进行动态分析，其评价范围大，可反映井筒附近几十米甚至数百米范围内的油气层有效渗透率和损害程度。

1. 储层损害试井评价

在勘探开发不同阶段，运用试井分析方法，经过对测试取得的压力、产能、流体物性等资料的分析处理，可得到表征储层损害程度的表皮系数、堵塞比、附加压降等重要参数及表征储层特征的其他参数，见表10-5。使用试井过程所获得的压力曲线进行解释时，在均值油藏单相流动情况下，如测压时间足够长，压力—时间半对数曲线出现直线段，可用霍纳法求取储层有效渗透率和表皮系数。但对于某些非均质性、多相流的油气层，达到直线段的时间可长达数月，而实际试井时间只有3~5天，无法使用霍纳法，可使用如典型曲线拟合法、灰色指数法等现代试井解释方法。

表10-5 勘探开发不同阶段试井分析可以获得的参数

测试类型		流体性质	产能	地层压力	渗透率	表皮系数	堵塞比	附加压降	边界距离	边界性质	驱动类型	储量	注水前缘	备注
中途测试		√	√	√	√	√	√	√	—	—	—	—	—	测试时间不宜过长，控制在8~24小时，避免卡钻
完井试油测试		√	√	√	√	√	√	√	√	√	—	—	—	非自喷井开井阶段避免自行关井，以保恢复资料质量
开发井测试	生产井	√	√	√	√	√	√	√	√	√	√	√	—	气井要完成两次完整的开关井，以保证无阻流量和真实表皮系数的求取
	注水井	—	—	√	√	√	√	√	√	√	—	—	√	要保证恒量注入
作业评价测试		√	√	√	√	√	√	√	√	√	√			

注："√"表示能获得的参数，"—"表示不能获得的参数。

2. 产量递减曲线分析

油气井生产动态随时间推移而变化，进行油气井产量递减分析对于正确诊断和识别储层损害具有重要意义。根据油气田或油气井产量的正常递减规律，当油气田或油气井的年（月）产量递减率过大时，或者是在油井开采的初期或修井作业后出现产量锐减，都可根据产量递减动态分析来判断是储层损害，还是油气层能量衰减或水淹等造成的。

常用的产量递减分析曲线有：

（1）产量—时间关系曲线。

（2）产量—时间半对数关系曲线。

（3）产量—累积产出量关系曲线。

（4）产量—累积产出量半对数关系曲线。

（5）规整化产量—物质平衡时间的双对数关系曲线。

3. 储层损害测井评价

储层损害测井评价是储层损害矿场评价的重要组成部分，与试井评价互为补充。钻完井过程中，井眼周围的地层会不同程度地受到入井工作液的侵入影响，如果这种侵入使储层渗透率减小，则储层受到入井工作液的损害。利用测井资料可判断油气层是否受到侵入损害，并评价侵入深度和损害程度。

1）工作液侵入对测井响应的影响

工作液侵入储层后，造成井眼附近的油气层中所含流体性质与原状油气层性质不同。当液柱压力高于地层孔隙压力时，工作液侵入深度取决于岩石的孔隙度和渗透率、工作液的性能以及井眼和地层间的压差。对于给定的钻完井液类型，在与其接触的油气层的渗透性和润湿性及压差一定时，孔隙度越小，侵入深度越大。在测井曲线上，显示出探测半径不同的仪器响应值不同，如微电极曲线、深浅电阻率测井曲线和时间推移测井曲线将出现幅度差，井径曲线将显示有缩径。

2）工作液侵入测井评价方法

（1）时间推移测井资料反映钻完井液滤液侵入。受测井技术发展的制约，时间推移测井，尤其是电阻率时间推移测井，曾经作为复杂地层条件下识别和确定油气层的重要方法和手段，在不少油气田得到广泛应用。在裸眼井中用电阻率测井方法，在不同时间进行测井，根据测井曲线数值变化，可分析出钻井完井液滤液对油气层的波及深度、影响范围，并定性判别储层损害。值得注意的是，时间推移测井要求采用的测井仪器性能稳定，测量条件一致。否则，时间推移测井资料容易失真。

（2）深、浅双侧向测井和微球性聚焦测井求侵入带直径。不同的测井方法，其探测范围不同。深、浅双侧向测井和微球型聚焦测井的探测范围依次是深、中、浅。当油气层受到钻井完井液滤液侵入时，深、浅双侧向和微球型聚焦测井曲线显示有幅度差。侵入带直径可以用经过井眼和围岩校正后的深、浅双侧向测井的读值以及微球形聚焦测井读值一起在校正图版上求得。需说明的是，虽然深、浅双侧向测井曲线和微球形聚焦测井曲线组合确定滤液侵入直径是目前比较普遍采用的常规评价方法，但该方法的实施依赖一系列图版完成，仅能提供侵入直径的近似值，且得不到井周地层流体性质的变化规律，还需结合其他方法评价储层损害深度。

第三节　油气井作业过程储层保护措施

钻完井过程降低储层损害是保护储层系统工程的第一个工程环节，其目的是交给试油或采油部门一口无损害或低损害、固井质量优良的油气井。储层损害具有累加性，钻井完井过程对储层的损害影响油气层的及时发现和油气井的初期产量，同时会对后续各项作业效果带来不利影响。因此做好钻完井过程的储层保护，对提高勘探开发效益至关重要。

一、储层保护基本原理

钻完井过程的储层保护是一项系统工程。要做好这项系统工程，首先就要了解储层环境与井筒环境之间的相互作用机理。储层环境包括储层流体、岩石、孔隙压力、温度等，一旦储层被钻开，井筒与储层之间将发生物质与能量交换，储层原有系统平衡将被打破。井筒环境包括井筒流体、流体压力以及温度等，在与地层发生物质与能量交换的过程中，如果地层流体流入井筒的能力降低，则发生储层损害，这是储层损害的根本原因。因此，如何采取正确的措施，确保在钻完井作业后，储层流体仍然具有较好流入井筒的能力，是储层保护的关键。储层损害不仅与储层固有的工程地质特征和油气藏环境（内因）有关，还与钻完井工程作业条件（外因）有关。本节首先探讨影响储层损害的工程因素，然后分析储层保护对入井工作液的基本要求。

1. 影响储层损害的工程因素

1）压差

压差是造成储层损害的主要原因之一。钻井完井液的滤失量通常随压差的增大而增加，因此工作液侵入储层的深度及其损害程度均随正压差的增加而增大。此外，如果钻井完井液有效液柱压力超过地层破裂压力或漏失压力，钻井完井液就可能沿裂缝通道漏失到储层深部，加剧储层损害。负压差可以缓解钻井完井液侵入储层，减小储层的损害程度，但不适当的负压差可能导致储层出砂、裂缝性地层应力敏感等，造成储层损害。

2）浸泡时间

储层被钻开后，工作液固相或滤液在压差作用下侵入储层，侵入量、侵入深度及其对储层的损害程度均随作业时间等增长而增加，因此，浸泡时间是影响储层损害程度的一个重要工程因素。

3）环空返速

环空返速越大，钻井完井液对井壁滤饼的冲蚀越严重，因此，钻井完井液的动滤失量随环空返速的增高而增加，钻井完井液固相和滤液侵入深度及损害程度也随之增加。此外，钻井完井液当量密度随环空返速增高而增加，因此，钻井完井液对储层的压差也随之增高，加剧了储层损害。

4）工作液性能

工作液的性能与储层损害密切相关。钻井完井液固液相侵入深度和损害程度均随钻井完井液毛管自吸作用、静滤失量、动滤失量的增大和滤饼质量的变差而增加。钻完井过程起下钻、开泵等所造成的压力波动随钻井完井液的塑性黏度和动切力增大、最终凝胶强度的增加而增加。此外，井壁坍塌压力随钻井完井液抑制能力的减弱而增加，维持井壁稳定所需钻井完井液密度就要随之增高，若坍塌层与储层在同一个裸眼段，且坍塌压力高于地层压力，则钻井完井液液柱压力与地层压力之差增高，可能加重储层损害。

在各种特殊轨迹的井眼实施钻完井作业时，钻井完井液性能的优劣对储层损害的间接影响更加明显。

2. 储层保护对工作液的基本要求

储层保护的基本原则是尽量保持工作液与地层流体和岩石的良好配伍性，并避免工作液进入地层。根据储层保护基本原则，需要对入井工作液的性能进行严格调整和控制，有如下基本要求：

1）工作液密度可调以满足不同孔隙压力储层井筒压力调节的需要

在我国，储层压力系数从 0.4 到 2.87，部分低压、低渗、岩石坚固的储层，需采用负压差钻进来减少对储层的损害，因而必须研究出从空气到密度为 $3.0g/cm^3$ 的不同类型工作液才能满足各种需要。

2）减轻或避免工作液中固相颗粒对储层的损害

工作液中除保持必需的膨润土、加重剂、暂堵剂等外，应尽可能降低工作液中膨润土和无用固相的含量。依据所钻储层的孔喉直径，选择匹配的固相颗粒尺寸大小、级配和数量，尽可能减少固相侵入量与侵入深度。此外，还可以根据储层特性选用暂堵剂，在油井投产时再进行解堵。对于固相颗粒堵塞会造成储层严重损害且不易解堵的井，钻开储层时，应尽可能采用无固相或无膨润土相工作液。

3）工作液必须与储层岩石配伍

针对水敏性储层，需要加强工作液的抑制性，避免水敏损害，例如氯化钾钻井液、钾胺基聚合物钻井液、两性离子聚合物钻井液、阳离子聚合物钻井液、正电胶钻井液、油基钻井液和油包水钻井液等。针对盐敏性储层，需要控制工作液的矿化度在高低两个临界矿化度之间，过低的工作液矿化度和过高的工作液矿化度均会引起储层渗透率下降。针对碱敏性储层，钻井液的 pH 值应尽可能控制在 7~8，过高的 pH 值会导致较强的碱敏损害，如需调控 pH 值，最好不用烧碱作为碱度控制剂，可用其他种类的、对储层损害程度低的碱度控制剂。对于非酸敏储层，可选用酸溶处理剂或暂堵剂，堵塞后可以实施酸化解堵。对于速敏性储层，应尽量降低作业的正压差和负压差，避免微粒运移堵塞。采用油基或油包水钻井液、水包油钻井液时，最好选用非离子型乳化剂，以免发生润湿反转等。

4）工作液必须与储层流体配伍

确保入井工作液与储层流体配伍，应考虑以下因素：滤液中所含的无机离子和处理剂不与地层中流体形成沉淀物；滤液与地层中流体不发生乳化堵塞；滤液具有较低的表面张力，减轻或避免水锁损害；滤液中所含细菌在储层所处环境中不会繁殖生长。

5）工作液的组分与性能都能满足保护储层的需要

所用各种处理剂对储层渗透率影响小。尽可能降低钻井液在各种状况下的滤失量及滤饼渗透性，改善流变性，降低当量钻井液密度和起下管柱或开泵时的压力波动。此外，钻井液的组分还必须有效地控制处于多套压力层系裸眼井段中的储层可能发生的损害。

6）工作液的润湿性要求

除了配伍性之外，由于油气储层岩石颗粒表面均具有亲油或亲水的特征，可以利用不同流体对储层岩石的润湿性，减轻或避免流体进入储层。如对于气藏岩石，大部分表现为亲水特征，可以利用低表面张力的工作液，减轻液相对储层的损害。

二、控制固液相的储层保护措施

基于储层损害是工作液的组分侵入储层后引起的一系列物理的、化学的或者物理化学的变化，导致储层渗透率下降的认识，保护储层的措施是设法有效地控制侵入组分使其对储层的总体损害最小，例如控制侵入深度或者控制侵入组分对储层的损害；或者是采用避免工作液组分对储层的侵入，进而避免工作液损害。基于第一节的分析，可知钻完井主要的储层损害类型包括：固相侵入堵塞、不配伍损害、相圈闭损害、应力敏感性损害等。因此，应当根据不同作业环节储层损害的特点，采取相应的储层保护措施。

1. 屏蔽暂堵技术

屏蔽暂堵技术主要用来解决裸眼井段多压力层系的保护储层技术难题。当长裸眼井段中存在多套压力系地层时，下列因素都会引起储层损害，如：（1）上部井段存在高孔隙压力或处于强地应力作用下的易探讨泥岩层或易发生塑性变形的盐膏层和含盐膏泥岩层，下部为低压油气层；（2）多套低压油气层之间存在高孔隙压力的易坍塌泥岩互层；（3）老油区因采油或注水而形成过高压差。

屏蔽暂堵技术的思路是：如图 10-14 所示，当油气层被钻开时，利用钻井完井液液柱压力与油气层压力之间形成的压差，在极短时间内，使钻井完井液中人为加入的各种类型和尺寸的固相粒子快速进入油气层通道的孔喉处，在井壁附近形成渗透率接近零的堵塞带。此堵塞带不仅能有效地阻止后续的钻井、固井作业期间钻井完井液和水泥浆中的固相和滤液继续侵入油气层，而且堵塞带的厚度小于射孔弹穿透深度，固该堵塞带又称为屏蔽暂堵带。

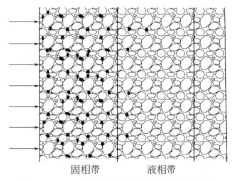

固相带　　液相带

图 10-14　孔隙性储层屏蔽暂堵示意图

这一暂堵带侵入储层浅、厚度薄，而且具有一定的强度和韧性、渗透率极低，能够有效阻止钻井液、水泥浆、压井液中的固相和液相继续侵入地层，有效减轻固液相侵入损害程度，从而达到保护储层的目的。暂堵层形成后，在完井投产作业过程中，通过酸洗、射孔等措施解堵，有效恢复地层流体流入井筒的能力。屏蔽暂堵技术是目前中、高渗透率储层最常用的一项储层保护技术。

屏蔽暂堵技术在孔隙结构均质性较好的储层取得了较好的油气层保护效果，同时该技术也从常规砂岩油气藏延伸到其他油气藏类型，如裂缝性油气藏、致密油气藏、疏松砂岩稠油油藏等。

2. 成膜封堵技术

我国油田绝大部分为陆相沉积，其中一部分油田为河流相沉积，位于同一区块不同部位的井同一组油层各层孔隙度、渗透率在横向、纵向、层内、层间非均质程度高。对于此类油层，为了减少对油层的潜在损害，钻井完井液必须对不同渗透率油层均能有效地阻止其固相和液相侵入储层。

成膜封堵地侵入保护储层技术采用在钻开油气层的钻井完井液中加入 HTHP 降滤失剂、特种封堵剂、沥青或树脂可变性粒子，成膜剂等处理剂，快速在油气层形成渗透率为零、厚度小于 1cm 的内外滤饼封堵带。钻井完井液中膨润土、加重剂、岩屑、特种封堵剂中的固相共同在不同渗透率的油气层孔道中架桥、填充形成内外滤饼；可变形粒子、特种封堵剂进一步填充上诉固相在油气层孔喉中所形成的小孔隙；膨润土、HTHP 降滤失剂、沥青或树脂类可变形粒子等在油气层表面形成外滤饼，进一步降低封堵带的渗透率；成膜剂在内外滤饼表面成膜，封堵孔喉未被架桥粒子、填充粒子、降滤失剂封堵的空间；从而在钻开油气层极短时间内，在油层近井壁形成钻井完井液动滤失趋于零、厚度小于 1cm 的成膜封堵环带，有效阻止固液相侵入储层。

三、预防和解除水锁损害的措施

如第一节所述，水相圈闭（特别是水锁）是相圈闭损害中最为常见的类型，且对于低渗油层和致密气层而言，水锁损害尤为明显，表现为易损害、损害机理复杂、损害程度严重，且损害后解除困难。因此，在钻井、完井以及其他气井增产作业措施中要立足"预防为主，解除为辅"的基本原则。

1. 预防水锁损害的技术原则

1）选择适宜的工作流体

气井作业中不适宜的工作流体是导致水锁损害的最本质外因。如果确认地层有严重的潜在水锁损害，就应避免将水基工作液引入地层。使用气体类流体（如空气、N_2、CO_2、气态烃等）作为工作液可以有效避免气层的水锁损害。

如果在作业过程中必须采用含有水相的工作液，应当尽量降低其滤失量。最为常用的方法是在工作液中加入适当的降滤失剂。另外一种实践证明非常有效的方法是在水相工作液中混入气体，如 N_2、CO_2 等，形成泡沫流体，并在其中加入稳定剂和降滤失剂进一步降低其滤失量。

降低水相工作液的表面张力，削弱其侵入地层时的毛细管压力自吸效应和降低气体反排时的阻力也是减轻水锁效应的常用方法。加入表面活性剂或低表面张力的互溶剂（如甲醇）可以起到降低表面张力的作用，若同时注入 CO_2 气，其增能作用还会局部增大反排压力梯度，促进滤液返排。

2）确定合理的作业压差

在不得不采用水基工作液时，合理的气井作业压差对降低水锁损害程度起着关键作用。在正压差钻井完井作业中，当采用屏蔽暂堵技术时，过低的压差不能快速形成滤饼；而过高的正压差则可能导致滤饼被击穿，固相和液相侵入加剧。但实践证明，在低渗透致密砂岩钻完井过程中依靠形成滤饼来降低水锁损害的能力是非常有限的，因为在滤饼形成的过程中地层可能已经发生水锁损害。欠平衡钻井完井作业是通过压差控制防止水锁损害的另一条途径，并逐渐被广泛使用。但一般认为，在水基欠平衡钻井作业中，毛细管力的逆流自吸效应和流体滞留作用仍不可避免，并且在欠平衡过程中缺少滤饼的保护。

3）缩短暴露时间

在水相工作液已经接触气层的情况下，尽量缩短暴露时间显得尤为重要。水相的侵入和毛细管力自吸效应是时间的函数。暴露时间越长，侵入量越大，侵入深度也越大，水锁损害就越严重。在钻井完井作业中，提高钻速和减少钻井事故是缩短暴露时间的有效途径。在压裂、酸化等增产作业中促进工作液的快速返排也是缩短暴露时间的重要途径。

2. 解除水锁损害的技术思路

在水锁损害不可避免或者已经发生的情况下，根据具体情况采取经济有效的减轻或解除措施以恢复和增加产能十分重要。其技术思路包括：

1）增大压降

通过增大损害带压降的方法增加气体反排时的驱动能量，可以在一定程度上提高气体渗透率的恢复速率和恢复程度。但很多低渗透致密砂岩气藏往往具有低的气藏压力特征，并且希望通过气藏自身能量驱替的途径来使含水饱和度降低到很低的程度几乎不可能。因此，这种方法的广泛有效性受到限制，特别是压力衰竭式气藏。

2）延长关井时间

气井作业产生水锁损害后，侵入带剖面的水相饱和度将发生变化，从近于100%到未损害带的原始含水饱和度。由于毛细管自吸作用，关井一段时间，水逐渐被更大体积的地层吸收，使近井周围含水饱和度降低，甚至接近束缚水饱和度，但几乎不可能恢复至原始含水饱和度。此时气体可以产出，并达到一定的产量规模，这种例子是常见的。但是，这种扩散往往需要相当长的时间，往往以年为计量单位。因此，延长关井时间是一种消极的解除方法。

3）降低表面张力

通过降低表面张力促进侵入水相的快速反排是比较有效的损害解除方法。向地层注入互溶剂，如乙醇、甲醇等，将侵入水相推向地层深部扩散或者形成混合溶液，降低近井损害区域的表面张力，这在很早就被证明是行之有效的解除方法。另外一种方法是向水锁损害带注入 CO_2。一方面，CO_2 可推动水相向地层深部扩散，在近井区域形成气体通道；另一方面，CO_2 可溶解于水相，降低气—液界面张力，还能增加混气水相的内能，加速水相反排。再一种途径就是将表面活性剂溶液直接注入地层，降低损害带的表面张力。但由于气—水分子结构差异大，表面活性剂难以跨越气—水界面，界面张力下降幅度较低。并且表面活性剂可以吸附在黏土矿物上，还可能与地层水中的金属离子反应生成沉淀，反而造成储层损害。因此，通过表面活性剂来解除水锁损害并不总是可行的。

4）注入干气

室内气驱实验的结果往往产生这样的认识，即通过长时间的采气过程，气体流过损害带就可以把水蒸发掉。但实际情况是，经过漫长的地质历史时期，在气藏温度、压力下，天然气与原生水处于热力学平衡状态，天然气已经饱和了水蒸气，无力溶解更多的水。采气生产只能将水饱和度逐步下降，趋于束缚水饱和度，再进一步降低则非常困难。通过较长时间注入干气或氮气，使圈闭带的水蒸发掉则是可行途径。类似地下储气库井的情形，随着管线干气的不断注入，注气井的注入能力亦不断增加。如果是高矿化度盐水，注入干气一定要谨慎从事，否则可能产生无机盐垢。

5）地层热处理

地层热处理技术早在19世纪末就被提出，并在国外一直处于探索和实践中。已有的结论认为，地层热处理可以消除有限厚度气层的水锁损害及活跃性黏土矿物产生的损害。这项技术使用特殊的井下柔性管传送加热工具。通过柔性管注气并在井下加热，将热气注入地层，直接处理井眼周围地层。

6）直接穿越损害带

直接穿越损害带可以被称为进攻型的解除水锁损害技术。直接穿越水锁损害带的途径包括深穿透射孔、井内爆炸、水力压裂、泡沫压裂、气体压裂等。在易受损害的低渗透致密砂岩气藏开发中，压裂技术是应用最为广泛的增产技术。但是，在采取这些进攻型的解除技术时，避免工作液带来的二次水锁损害是取得良好增产效果的前提。

7）消除钻井液滤饼堵塞

钻井液对储层的损害是造成钻井完井后地层表皮系数高的一个主要原因。钻井液在井壁上形成滤饼，既降低井壁的渗透率，又可通过毛细管末端效应增加钻井液滤液在地层中的永久性水锁效应给地层带来复合损害。

四、压力控制保护储层的措施

除了对入井工作液性能进行严格调控外，还可以采用欠平衡钻完井技术，减少或避免固液相侵入造成的储层损害。欠平衡钻完井技术是通过降低井筒液柱压力，避免井筒工作液进入地层，从而达到保护储层的目的。第六章简要介绍了欠平衡及控压钻井技术，欠平衡钻井又称负压钻井，是相对于常规平衡钻井而言的，是指在钻井时井底流体压力小于地层孔隙压力，地层流体有控制地进入井筒并且循环到地面上的钻井技术。在此过程中，很好地减轻或避免了井筒工作液进入储层造成损害。欠平衡钻完井技术按入井的流体性质，可以分为液体欠平衡钻完井（油基、水基）和气基流体钻完井（纯气体、雾化、泡沫、充气）。本节对欠平衡钻井储层保护相关要点进行简要说明。

1. 液体欠平衡钻完井技术

在常规过平衡钻井中，正压差造成的储层损害是最主要的。在正压差的驱动下，钻井液侵入储层，造成固液相损害。正压差下工作液侵入的深度与正压差的大小和作用时间有关，正压差越大，作用时间越长，损害带越深。可见，固相损害、液相损害的根源在于正压差下的外来流体侵入。如果采用欠平衡钻井，在欠平衡条件下钻井液不会进入储层或者很少进入储层，在返排投产时，又有地层流体流入井内，可以帮助消除储层损害，这就是液体欠平衡钻井保护储层的基本原理。

液体欠平衡钻完井利用液基流体实现欠平衡钻完井作业，相比常规过平衡钻完井，液体钻完井具有的优势包括：液体欠平衡钻完井最大程度上减少了过平衡作业中入井工作液侵入地层，降低了入井工作液对储层的固液相损害；能够及时准确发现油气层，获得原始地层含油气资料，同时能够充分保护储层，提高最终采收率。

要通过欠平衡钻井有效保护储层，最好是进行全过程欠平衡钻完井作业。也就是说，在钻进、起下钻、取心、测井、完井等整个作业过程中，始终保持井底压力低于地层孔隙压力。这样就可以确保从钻开直至投产的全过程，储层不会受到正压差作业引起的储层损害，从而有效保护储层。欠平衡钻完井也是目前最为常用的储层保护技术之一。

2. 气体钻完井技术

气体钻井是指利用气基流体（如纯气体、雾化液、泡沫液和充气液）作为循环介质进行钻完井的欠平衡钻完井技术。它往往适用于具有较低孔隙压力、坍塌压力，或者较为致密的储层。相比其他钻完井技术，气体钻井井底无正压差，从根本上避免了固液相侵入损害，同时还能有效克服井漏及其引起的储层损害；如果气体钻井后不进行压井作业，直接投产，可以避免后续液体环境作业带来的储层损害，从而将钻完井损害降到最小，能有效提高勘探发现率和最终采收率。

总体上，保护储层的技术措施各有特点，但也各有不同的适用条件。需要根据不同工程地质条件，遵循系统保护的原则，选择合理的钻完井储层保护措施。

课程思政　西南石油大学油井完井技术中心

西南石油大学油井完井技术中心成立于 1988 年，是在承担"七五"国家重点科技攻关项目"保护油层、防止污染的钻井完井技术"和执行联合国开发计划署（UNDP）项目"援建中华人民共和国油井完井技术中心（CPR/88/051）"的基础上，由原中国石油天然气总公司开发生产局（1988 年）批准建设、西南石油大学组织实施而创建的多学科研究机构。

1987 年，时任西南石油学院院领导的张绍槐在得知 UNDP 要在石油部援建 4~5 个技术中心，其中有完井中心，可能还有压裂中心、提高采收率中心等。学院党委决定主动争取，指定张绍槐具体负责，依托国家 863 项目"保护油层防止污染的钻井完井技术"撰写申请报告。通过初审后，UNDP 派专家 Ostrander 先生进校实地考察，张绍槐用英文汇报，阐述为什么要办完井中心、怎么办、主要工作内容、现在的基本条件和实验室、师资、在手的科研项目等。最终 UNDP 批准了西南石油学院的报告，并由石油部通知西南石油学院。

西南石油大学油井完井技术中心"七五"以来一直处于国内领先地位，主导着我国储层保护技术发展方向。中心编写了影响深远、奠定学科意义的《保护储集层技术》（1993）、《保护油气层技术》（1995 年第一版，2000 年第二版，2010 年第三版，2016 年第四版）、《现代完井工程》（1996 年第一版，2002 年第二版，2012 年第三版及英文版），做出了创建学科性质的贡献。

依托完井技术中心，西南石油大学建成了我国的欠平衡钻井基础研究基地。经过1990—2000 年十余年的基础研究和现场实践，终于比较明确地回答了欠平衡钻井发展的战略性决策问题和重要的战术性实施问题，并形成了欠平衡钻井决策、设计、施工、分析的实验评价体系和支持理论体系。这些成果不但有效地推动、支持了我国欠平衡钻井技术的发展，而且就资料跟踪来看，该基础理论体系的覆盖范围和深入程度，都是国际上所未有的。在欠平衡钻井、控压钻井领域，我国与国外是并驾齐驱的，在气体钻井尤其是产层气体钻井领域，国内已经领先于国外。

习　题

1. 储层损害的主要原因可分为哪四大类？分别指的是什么？
2. 外来固相颗粒对油气层的损害有什么特点？
3. 工作液与储层流体不配伍损害有哪些类型？

4.什么是贾敏损害和水锁损害?

5.油气层的室内评价包括哪些方面?在五敏评价实验中,为什么应首先进行速敏实验?

6.储层损害矿场评价主要有哪些方法?

7.影响储层损害的工程因素有哪些?

8.什么叫屏蔽暂堵技术?其技术要点是什么?

参考文献

陈平，等，2005. 钻井与完井工程［M］. 北京：石油工业出版社.

陈平，等，2011. 钻井与完井工程［M］. 2版. 北京：石油工业出版社.

陈涛平，胡靖邦，2000. 石油工程［M］. 北京：石油工业出版社.

陈涛平，吴晓东，2005. 石油工程概论［M］. 北京：石油工业出版社.

陈庭根，管志川，2000. 钻井工程理论与技术［M］. 东营：石油大学出版社.

郭伟，刘桂和，王清江，2015. 钻井工程［M］. 北京：石油工业出版社.

韩志勇，1989. 定向井设计与计算［M］. 北京：石油工业出版社.

郝俊芳，1992. 平衡钻井与井控［M］. 北京：石油工业出版社.

郝俊芳，龚伟安，1987. 套管强度计算与设计［M］. 北京：石油工业出版社.

金业权，刘刚，2012. 钻井装备与工具［M］. 北京：石油工业出版社.

李皋，孟英峰，唐洪明，等，2012. 低渗透致密砂岩水锁损害机理及评价技术［M］. 成都：四川科学出版社.

刘瑞文，2010. 现代完井技术［M］. 北京：石油工业出版社.

刘希圣，1981. 钻井工艺原理（上）［M］. 北京：石油工业出版社.

刘向君，罗平亚，2004. 岩石力学与石油工程［M］. 北京：石油工业出版社.

龙芝辉，张锦宏，2010. 钻井工程［M］. 北京：中国石化出版社.

孙艾茵，刘蜀知，刘绘新，2008. 石油工程概论［M］. 北京：石油工业出版社.

万仁溥，2000. 现代完井工程［M］. 2版. 北京：石油工业出版社.

王德新，1999. 完井与井下作业［M］. 东营：石油大学出版社.

王瑞和，1995. 钻井工艺技术基础［M］. 北京：石油大学出版社.

王瑞和，李明忠，2001. 石油工程概论［M］. 北京：石油大学出版社.

徐同台，熊友明，等，2016. 保护油气层技术［M］. 4版. 北京：石油工业出版社.

鄢捷年，黄林基，1993. 钻井液优化设计与实用技术［M］. 东营：石油大学出版社.

张桂林，2003. 石油作业井控技术［M］. 东营：石油大学出版社.

张浩，卢渊，伊向艺，等，2016. 致密砂岩气藏损害机理及保护技术［M］. 北京：科学出版社.

赵金洲，张桂林，2005. 钻井工程技术手册［M］. 北京：中国石化出版社.

赵万春，2012. 钻井与完井工程［M］. 哈尔滨：哈尔滨工业大学出版社.

BENNION D B，BIETZ R F，THOMAS F B，et al.，1994. Reductions in the productivity of oil and low permeability gas reservoirs due to aqueous phase trapping［J］. Journal of Canadian Petroleum Technology，33（9）：45-54.